高等学校"十三五"规划教材

C 语言程序设计技术

尚展垒　陈嫄玲　王鹏远　苏　虹　等编著

中国铁道出版社有限公司
CHINA RAILWAY PUBLISHING HOUSE CO., LTD.

内 容 简 介

　　C 语言处理功能丰富，表达能力强，使用灵活方便，执行程序效率高，可移植性强；具有丰富的数据类型和运算符，语句非常简单，源程序简洁清晰；可以直接处理硬件系统和对外围设备接口进行控制。C 语言是一种结构化的程序设计语言，支持自顶向下、逐步求精的结构化程序设计技术。本书详细介绍了 C 语言程序设计的基本原理和方法。全书共分 14 章，主要介绍了程序设计的基础知识，C 语言的语法基础，程序的控制结构，函数的概念及使用要点，数组、结构、联合、链表等复合数据结构的使用，数据文件的使用以及位运算等内容。

　　本书适合作为高等学校各专业程序设计课程教材，也可供自学的读者使用。

图书在版编目（CIP）数据

C 语言程序设计技术/尚展垒等编著.—北京：
中国铁道出版社，2019.1（2020.1 重印）
高等学校"十三五"规划教材
ISBN 978-7-113-25460-5

Ⅰ.①C… Ⅱ.①尚… Ⅲ.①C 语言-程序设计-
高等学校-教材 Ⅳ.①TP312.8

中国版本图书馆 CIP 数据核字(2019)第 010478 号

书　　名：C 语言程序设计技术
作　　者：尚展垒　陈嬿玲　王鹏远　苏　虹　等编著

策　　划：翟玉峰　　　　　　　　　　读者热线：（010）63550836
责任编辑：翟玉峰　徐盼欣
封面制作：刘　颖
责任校对：张玉华
责任印制：郭向伟

出版发行：中国铁道出版社有限公司（100054，北京市西城区右安门西街 8 号）
网　　址：http://www.tdpress.com/51eds/
印　　刷：北京铭成印刷有限公司
版　　次：2019 年 1 月第 1 版　　2020 年 1 月第 2 次印刷
开　　本：787 mm×1 092 mm　1/16　印张：23.5　字数：604 千
印　　数：3 001～6 000 册
书　　号：ISBN 978-7-113-25460-5
定　　价：49.00 元

前　言

C 语言从诞生之日起就一直保持着旺盛的生命力，并且不断地发展壮大、日臻完善，已经成为目前使用最广泛的编程语言之一。与其他高级语言相比，C 语言处理功能丰富，表达能力强，使用灵活方便，执行程序效率高，可移植性强；具有丰富的数据类型和运算符，语句非常简单，源程序简洁清晰；可以直接处理硬件系统和对外围设备接口进行控制。C 语言是一种结构化的程序设计语言，支持自顶向下、逐步求精的结构化程序设计技术。另外，C 语言程序的函数结构也为实现程序的模块化设计提供了强有力的保障。因此，纵然有 C++、Java 和 Python 这样的后继者，但到目前为止，它们依然没有取代 C 的迹象。

本书的编者全部是一直工作于高等学校教学一线，承担"C 语言程序设计"课程教学多年的大学教师，有丰富的教学经验，长期从事 C 语言编程工作，并有着将自己积累的"C 语言程序设计"经验介绍给大家的强烈愿望。在教学实践中，作者感受最深的就是，学习者普遍反映 C 语言难学难懂，而事实上，学习者感觉难的部分往往并不是 C 语言的核心内容。学习的过程就是一个学习者与教师、学习者与教材交互的过程，有一本好的教材，再遵照一定的学习规律，这个交互过程就能很好地完成。本书参考多个高等院校程序设计课程教学大纲，与教育部高等学校大学计算机课程教学指导委员会的要求保持高度一致，章节结构合理，内容层次分明，从认识、了解、掌握、应用等几个层次精心组织内容，由浅入深，循序渐进，便于学生掌握知识要点。书中的实例都是经过编者精心挑选和设计的，具有新颖性、代表性、典型性，并且全部在 Microsoft Visual Studio 2010 下调试通过。本书在介绍核心语法的基础上，以培养编程能力为首要目标，把那些烦琐的细节问题留待以后慢慢研究。

本书共分 14 章，将 C 语言的内容由浅入深、层次分明地给读者娓娓道来。每个章节既有逻辑清晰的语法讲解，又有丰富的编程实例，非常适合编程初学者思维模式的培养及训练。

本书主要内容如下：第 1 章"程序设计基础"介绍了程序设计的基本知识、结构化程序设计方法以及软件编制步骤等，使读者对软件的编制有一个概念上的认识和理解，并能将这些方法应用于后续章节的学习中。第 2 章"C 语言的基本数据类型"介绍了 C 语言的基本知识，重点阐述了各数据类型的特点及变量的声明方法，使读者掌握变量、地址、存储数据之间的关系。第 3 章"运算符与表达式"介绍了 C 语言的各类运算符及表达式的语法要求及运算规则，使读者能在编程时选用适合的表达式。第 4 章"编译预处理与标准库函数"介绍了 C 语言中编译预处理的相关命令，包括宏定义、文件包含、条件编译，以及 C 语言标准的库函数分类和常用的数学库函数、随机函数等。第 5 章"选择结构"介绍了选择结构的相关语法及应用实例，使读者能够使用选择结构解决编程时所涉及的相关问题。第 6 章"循环结构"介绍了循环结构的相关语法及应用实例，使读者能够灵活使用循环结构解决编程时所涉及的相关问题。第 7 章"函数"介绍了函数的相关知识，重点介绍了函数的基本使用方法、函数参数的传值调用和传址调用，使读者能够综合使用函数参数的传值调用和传址调用来解决实际问题。第 8 章"数组"介绍了 C 语言中数值型一维数组和二维数组的相关知识，使读者能够在编程中熟练使用数组解决相关问题。第 9 章"字符数组与字符串"介绍了字符数组与字符串的相关知识，使读者能够处理与字符数组和字符串相关的问题。第 10 章"结构和联合"介绍了结构和联合的基本概念，使读者能够综合使用数组、指针以及结构和联合来解决一些实际问题。第 11 章"文件"介绍了文件的概念以及处理文件问题所涉及的函数，使读者在掌握常用文件函数的基础上来解决一些实际问题。第 12 章"指针与链表"介绍了指针的高级使用，使读者能够处理涉及指针数组、函数指针和指针函数的相关问题，同时，介绍了链表的概念、创建、输出等，使读者学会用链表来解决一些实际问题。第 13 章"位运算"介绍了位运算的相关知识，使读者能够对位运算有一个较为系统的认识并能够使用所学的位运算知识解决相关问题。第 14 章"从 C 到 C++"介绍 C 和 C++在基本操作上的区别，使读者对 C++的基本操作有初步的了解。以上各部分都可以独立教学，自成体系，教师可根据情况适当取舍。

在本书的编写过程中参考了许多同行的著作，在此一并表达感谢之情。感谢郑州轻工业大学和中国铁道出版社的大力支持，感谢各位编辑的辛苦工作，正由于各位领导的帮助和支持，才使本书得以成书付印。

本书由郑州轻工业大学的尚展垒、陈嫄玲、王鹏远、苏虹、程静、张凯、李萍编著，其中尚展垒、陈嫄玲、王鹏远任主编，苏虹、程静、张凯任副主编，参加编写的还有李萍老师。各章编著分工如下：第 1、6 章由陈嫄玲编著，第 2、3 章由苏虹编著，第 4、7 章由程静编著，第 5、11 章由李萍编著，第 10、12 章由尚展垒编著，第 8、14 章和附录由王鹏远编著，第 9、13 章由张凯编著。在组织编著过程中，尚展垒负责本书的架构计划，陈嫄玲和王鹏远负责本书的统稿工作。

如果您能够愉快地读完本书，并告之身边的朋友，原来 C 语言并不难学，那就是编者最大的欣慰。尽管编者尽了最大努力，也有良好而负责任的态度，但是由于学识所限，加之时间仓促，书中难免存在不妥和疏漏之处，恳请各位读者批评指正，以便再版时更正。

编　者
2018 年 10 月

目 录

第①章 程序设计基础

随着科学技术的飞速发展，计算机技术日新月异，计算机程序设计语言也层出不穷，作为程序设计初学者，首先应该了解什么是程序、什么是程序语言、如何进行程序设计等基本问题。本书作为一门程序设计的教材，将以 C 语言程序设计为主线，详细讲述 C 程序设计的基本概念、语法规则和基本方法。本章首先就程序设计技术的基本知识进行概述，然后在对程序设计语言与计算思维等概念介绍的基础上，重点就算法的概念、特征、描述方式，结构化程序设计技术，软件开发的过程和 C 语言特点以及运行环境等内容进行逐一介绍。

本章知识要点：

◎ 程序设计和计算思维的概念。

◎ 算法的概念、特征以及描述方式。

◎ 结构化程序设计和模块化结构。

◎ 软件的编制步骤。

◎ C 程序设计语言的产生与特点。

◎ 认识简单 C 程序。

1.1 程序设计与计算思维

对于使用计算机的大多数人来讲，当希望计算机来完成某一项工作时，将面临两种情况：一是可以借助现成的应用软件完成，例如，设计一个网页可以使用 Dreamweaver，写一份报告可以使用 Word，做一个产品介绍可以使用 PowerPoint，处理一幅图片可以使用 Photoshop 等；二是没有完全适合自己的应用软件。这时就必须将要解决问题的步骤编写成一条条指令，而且这些指令还必须能够被计算机间接或直接地接受并执行。换句话说，为了使计算机达到预期目的，就要先得到解决问题的步骤，并依据对该步骤的描述编写计算机能够接受和执行的指令序列——程序，然后运行程序得到所要的结果，这就是程序设计。

学习程序设计，主要是为了进一步了解计算机的工作原理和工作过程。例如，知道数据是怎样存储和输入/输出的，知道如何解决含有逻辑判断和循环的复杂问题，知道图形是用什么方法画出来以及怎样画出来等。这样在使用计算机时，就可以不但知其然而且知其所以然，能够更好地理解计算机的工作流程和程序的运行状况，为以后维护或修改应用程序以适应新的需要打下良好的基础。

程序设计是计算机应用人员的基本功。一个有一定经验和水平的计算机应用人员不应当和一般的计算机用户一样，只满足于能使用某些现成的软件，而是应当具有自己开发应用程序的能力。现成的软件不可能满足一切领域的需求，即使是现在有满足需要的软件产品，随着时间的推移和条件的变化它也可能会变得不适应。因此，计算机应用人员应当具备能够根据本领域的需要进行必要的程序开发的能力。

1.1.1　程序

程序就是完成或解决某一问题的方法和步骤，是使计算机为执行某种任务（例如解题、检索数据或对一个系统进行控制等）而需要执行的一条条指令的有序集合。

计算机是一个由物理元件组成的机器。像飞机、汽车或割草机等机械设备一样，一台计算机只有成功启动并运行相应的控制程序，才能完成操作人员想要做的任务。区分计算机和其他机械类型机器的关键是它们各自是如何执行任务的，例如一辆汽车是由坐在车内的驾驶人控制和驾驶的，而对于一台计算机来说，这个驾驶人就是程序。也就是说，计算机程序是为了使计算机完成一个预定的任务而设计的一系列指令的集合。

计算机指令是一组符号，它表示人对计算机下达的命令。人通过指令来告诉计算机"做什么"和"怎么做"，每一条指令都对应计算机的一种操作。指令由两部分组成：一部分叫操作码，它表示计算机该做什么操作；另一部分叫操作数，它表示计算机该对哪些数据做怎样的操作。计算机所能执行的全部操作指令称为它的指令系统，不同类型的计算机系统有不同的指令系统。

如果需要计算机完成工作，就要将其步骤用多条指令的形式描述出来，并把指令存放于计算机内部存储器中，需要结果时就向计算机发出一个简单的命令，计算机就会自动逐条指令顺序执行，直到全部指令执行完毕并得到预期的结果。然而，这些编写程序的指令是只有计算机才能理解的二进制 0 和 1 编码，这种编码方式编写的程序不好掌握和记忆，也不利于程序编写和软件发展。因此，计算机科学家们研制了各种计算机能够识别而且接近于人类自然语言的计算机语言，这就是常说的程序设计语言。

1.1.2　程序设计语言

程序设计语言通常称为编程语言，是一组用来定义计算机程序的语法规则。一种程序设计语言能够准确地定义计算机所需要使用的数据，并能精确定义在不同情况下所应当采取的操作。程序设计语言按照使用的方式和功能可分为机器语言、汇编语言和高级语言，高级语言又分为面向过程语言和面向对象语言。

1. 机器语言

机器语言（Machine Language）是直接用二进制编码指令表示的计算机语言，就是机器指令的集合，它与计算机同时诞生，属于第一代计算机语言，其指令是由 0 和 1 组成的一串代码，有一定的位数，并被分成若干段，各段编码表示不同的含义。机器语言也称面向机器的语言，用机器语言编写的程序称为机器语言程序或指令程序（机器码程序），其能被机器本身直接识别和执行。机器语言对不同型号的计算机来说一般是不同的。

如某种计算机字长为 16 的指令 1011011000000000，它表示让计算机进行一次加法操作；而指令 1011010100000000 则表示进行一次减法操作。早期的程序设计均使用机器语言。程序员将用 0、1 数字编成的程序代码打在纸带或卡片上，1 打孔，0 不打孔，再将程序通过纸带机或卡片机输入计算机，进行运算。例如，应用 8086 CPU 完成运算 s=768+12288-1280，机器码如下：

```
10110000000000000000000011
00000101000000000110000
00101101000000000000101
```

假如将程序错写成以下这样：

```
10110000000000000000000011
00000101000000000110000
0001011010000000000000101
```

此时很难发现其中的错误。机器语言的每条二进制编码指令仅由 0 和 1 组成，不易记忆、不易查错、不易修改，可移植性和重用性差。上面只是一个非常简单的小程序，就暴露了机器码的晦涩难懂和不易查错。写如此小的一个程序尚且如此，一个至少要有几十行机器码的程序，其情况将更加复杂。为了克服上述缺点，出现了另一种采用一定含义的符号英文单词缩写指令助记符来表示指令的程序语言——汇编语言。

2．汇编语言

汇编语言（Assembly Language）也是面向机器的程序设计语言。在汇编语言中，用助记符（Mnemonic）代替操作码，用地址符号（Symbol）或标号（Label）代替地址码。所以，这种用符号代替机器语言的二进制码的计算机语言又称符号语言。

汇编语言编写的程序，机器不能直接识别，必须用一种软件将汇编语言翻译成机器语言，这种具有翻译功能的软件就是汇编软件。汇编软件把汇编语言翻译成机器语言的过程称为汇编。

汇编语言相对机器语言而言易读、易写、易记，它与机器语言指令是一一对应的，所以汇编语言不具有高级语言（如 Pascal 语言、C 语言）通用性强的特点，而是与计算机内部硬件结构密切相关，为某种计算机独有。汇编语言源程序汇编的过程如图 1-1 所示。

图 1-1　汇编语言源程序汇编的过程

尽管汇编语言具有执行速度快和易于实现对硬件的控制等优点，但它仍存在着机器语言的某些缺点。首先，汇编语言依赖于硬件体系，与 CPU 的硬件结构紧密相关，不同的 CPU 其汇编语言是不同的，所以汇编语言程序不能移植；其次，进行汇编语言程序设计，必须了解所使用硬件的结构与性能，对程序设计人员有较高的要求，因此这种语言难以普及应用。为此便产生了第三代接近人类自然语言的高级语言。

3．高级语言

高级语言是以人类自然语言为基础的程序设计语言，程序代码中可以含有 if、while、end 等关键字，这些关键字的含义也和自然语言相同。高级语言不依赖于特定计算机的结构与指令系统，用同一种高级语言编写的源程序，一般可以在不同计算机上运行而获得同一结果，与计算机的硬件结构没有多大关系。

目前常用的高级语言有 BASIC、C、C++、Fortran、Pascal、Java、Python 等。一般来说，高级

语言在编程时不需要对机器结构及其指令系统有深入的了解，所以用高级语言编写的程序通用性好、便于移植。

高级语言接近于自然语言，便于程序员编写程序，但这样的程序不能被机器直接理解和执行。要想被机器理解和执行，必须转换为机器能理解的机器语言。高级语言转换为机器语言有两种方式：解释型和编译型。

通常为了将机器语言和高级语言进行区别，将用高级语言编写的程序称为源文件（或源程序 source program），编译之后的机器可以直接辨认并执行的文件称为可执行文件（.exe），而由 0 和 1 构成的机器语言称为目标程序文件（object program，文件扩展名一般为.obj）。

编译就是将源程序直接转换为目标程序的过程。由编译型语言编写的源程序需要经过编译、汇编和连接才能输出目标代码，然后机器执行目标代码，得出运行结果。目标代码由机器指令组成，一般不能独立运行，因为源程序中可能使用了某些汇编程序不能解释引用的库函数，而库函数代码又不在源程序中，此时还需要连接程序完成外部引用和目标模块调用的连接任务，最后输出可执行代码。C、C++、Fortran、Pascal、Ada 都是编译实现的。高级语言源程序解释跟编译很类似，不同之处在于编译是直接一次性生成目标文件（.obj），而解释则是一条条地解释执行源文件。也因为这种差别，编译型语言（如 C/C++）生成的目标文件是针对特定 CPU 体系的，所以 C 语言程序进行移植后要重新编译。而解释型语言（如 Java、JavaScript、VBScript、Perl、Python、Ruby、MATLAB）等由于是在运行过程中才会被翻译成目标 CPU 指令，所以在不同 CPU 体系下都可以执行，不需要重新编译。解释型语言在运行程序的时候才翻译，每个语句都是执行的时候才翻译。这样解释型语言每执行一次就要翻译一次，效率比较低，但跨平台性好。目前较流行的 Java 和 Python 是比较特殊的解释型语言，Java 程序也需要编译，但是没有直接编译为机器语言，而是编译成为字节码，然后在 Java 虚拟机上用解释方式执行字节码。Python 也采用了类似 Java 的编译模式，先将 Python 程序编译成 Python 字节码，然后由一个专门的 Python 字节码解释器负责解释执行字节码。

总体来说，相对面向机器的低级语言而言，高级语言具有以下优点：

（1）高级语言更接近人类自然语言，易学、易掌握，一般工程技术人员只要几周时间的培训就可以胜任程序员的工作。

（2）高级语言为程序员提供了结构化程序设计的环境和工具，使设计出来的程序可读性好、可维护性强、可靠性高。

（3）高级语言与具体的计算机硬件关系不大，因而所写出来的程序可移植性好，重用率高。

（4）高级语言将繁杂琐碎的事务交给编译程序做，自动化程度高，开发周期短，使程序员可以集中时间和精力去提高程序的质量。

高级语言完全采用了符号化的描述形式，用类似自然语言的形式描述对问题的处理过程，使得程序员可以认真分析问题的求解过程，不需要了解和关心计算机的内部结构和硬件细节，更易于被人们理解和接受。

20 世纪 80 年代以前的高级语言是面向过程的语言，也称结构化程序设计语言。在面向过程程序设计中，问题被看作一系列需要完成的任务，函数则用于完成这些任务，解决问题的焦点集中于函数。其概念最早由 E. W. Dijikstra 于 1965 年提出，是软件发展的一个重要里程碑。它的主要观点是采用自顶向下、逐步求精、模块化的程序设计方法，使用三种基本控制结构构造程序，即任何程序都可由顺序、选择、循环三种基本控制结构组成。

随着计算机的发展，从 20 世纪 80 年代以来，众多的第四代非过程化语言、第五代智能化语言竞相推出。第四代语言就是面向对象语言（Object-Oriented Language），这是一种全新的开发方式。使用面向过程的语言编写程序时，程序员需要告诉计算机怎么做；而使用面向对象语言，程序员仅需要告诉计算机做什么。面向对象语言是以对象作为程序基本结构单位的程序设计语言，程序设计的核心是对象，对象是程序运行的基本成分。面向对象是按人们认识客观世界的系统思维方式，采用基于对象（实体）的概念建立模型，模拟客观世界分析、设计、实现软件的办法。通过面向对象的理念使计算机软件系统能与现实世界中的系统一一对应。面向对象语言的发展有两个方向：一种是纯面向对象语言，如 Smalltalk、Eiffel 等；另一种是混合型面向对象语言，即在过程式语言及其他语言中加入类、继承等成分，如 C++、Objective-C 等。面向对象语言刻画客观系统较为自然，便于软件扩充与复用。

程序设计语言并不像其他事物的发展一样，高级的出现会完全取代低级。虽然目前极少直接使用机器语言，但是在实时控制中，特别是在对程序的空间和时间要求很高，需要直接控制设备的场合，汇编语言还在大量应用。面向对象语言虽然功能强大，与现实世界较接近，然而面向过程是程序设计的基础，用面向对象语言开发的程序中也脱离不开面向过程的思想。对于程序设计的初学者来说，只有学习好面向过程的程序设计技术，才能为后续掌握更高级的程序设计技术打下坚实的基础，所以本书采用目前较为流行的 C 语言作基础，主要介绍面向过程的 C 语言的程序设计的基本概念和方法。

1.1.3　计算思维

计算思维（Computational Thinking）是 2006 年 3 月美国卡内基·梅隆大学计算机科学系主任周以真（Jeannette M. Wing）教授在美国计算机权威期刊 *Communications of the ACM* 杂志上给出明确定义的一个概念。周教授提出，计算思维是运用计算机科学的基础概念进行问题求解、系统设计以及人类行为理解等涵盖计算机科学之广度的一系列思维活动。

周教授为了让人们更易于理解，又将它更进一步地定义为：通过约简、嵌入、转化和仿真等方法，把一个看来困难的问题重新阐释成一个人们知道问题怎样解决的方法。计算思维是一种递归思维，是一种并行处理、能把代码译成数据又能把数据译成代码、多维分析推广的类型检查方法；是一种采用抽象和分解来控制庞杂的任务或进行巨大复杂系统设计的方法，是基于关注分离的方法（SoC 方法）；是一种选择合适的方式去陈述一个问题，或对一个问题的相关方面建模使其易于处理的思维方法；是按照预防、保护及通过冗余、容错、纠错的方式，并从最坏情况进行系统恢复的一种思维方法；是利用启发式推理寻求解答，也即在不确定情况下的规划、学习和调度的思维方法；是利用海量数据来加快计算，在时间和空间之间、在处理能力和存储容量之间进行折中的思维方法。

计算思维吸取了问题解决所采用的一般数学思维方法，现实世界中巨大复杂系统的设计与评估的一般工程思维方法，以及复杂性、智能、心理、人类行为的理解等的一般科学思维方法。计算思维建立在计算过程的能力和限制之上，计算方法和模型使人们敢于去处理那些原本无法由个人独立完成的问题求解和系统设计。

计算思维利用启发式推理来寻求解答，其核心问题是人的思维方式及问题求解能力的培养。在学习过程中，一个重要的内容是以系统化、逻辑化的计算思维方式去思考问题和解决问题，着重培养计算思维能力，强化工程化、系统化程序设计的观念和能力。

1.2 算　　法

算法是程序设计的精髓。一个计算机程序要描述问题的每个对象和对象之间的关系，要描述对这些对象进行处理的处理规则。其中关于对象及对象之间的关系是数据结构的内容，而处理规则就是求解的算法。针对问题所涉及的对象和要完成的处理，设计合理的数据结构可以有效地简化算法，数据结构和算法是程序最主要的两个方面。计算机科学家、Pascal 语言的发明者尼克劳斯·沃思（Niklaus Wirth）曾提出一个著名的公式：程序=算法+数据结构。计算机解题的过程中，无论是形成解题思路还是编写程序，都是在实施某种算法。解题思路是推理实现的算法，编写程序是操作实现的算法。

1.2.1 算法的概念

什么是算法？当代著名计算机科学家 D. E. Knuth 在他的一本书中写到："一个算法，就是一个有穷规则的集合，其中之规则规定了一个解决某一特定类型问题的运算序列。"简单地说，算法就是确定的解决问题方法和有限步骤。

不是只有科学计算才有算法，在日常生活中做任何一件事情，都是按照一定规则、一步一步地进行的。比如在工厂中生产一部机器，首先把零件按一道道工序进行加工，然后，再把各种零件按一定规则组装成一部完整机器，这个工艺流程其实就是算法；在农村，种庄稼有耕地、播种、育苗、施肥、中耕、收割等各个环节，这些栽培技术也是算法。在计算机科学中，算法要用计算机算法语言描述和实现，算法代表用计算机求解一类问题的精确、有效的方法。

计算机算法通常可以分为两大类：一类是用于解决数值计算，称为数值算法，如科学计算中的数值积分、解线性方程等计算方法；另一类是用于解决非数值计算，称为非数值算法，如信息管理、文字处理、图像图形处理，以及排序、分类、查找等操作的实现方法。

下面通过三个问题的解决过程来说明一下算法设计的基本思维方法。

【例 1-1】设计算法，求 5!（5 的阶乘）。

算法分析：$5!= 1 \times 2 \times 3 \times 4 \times 5$，首先给出最原始的解题方法。

步骤 1：先求 1×2，得到结果 2。

步骤 2：将步骤 1 得到的结果乘以 3，得到结果 6。

步骤 3：将步骤 2 得到的结果乘以 4，得到结果 24。

步骤 4：将步骤 3 得到的结果乘以 5，得到结果 120。

步骤 5：输出 120，算法结束。

这样的算法虽然正确，但是太烦琐，重要的是不具有解决此类问题的通用性，遇到类似问题就要重新设计算法。此问题只要求计算 5 的阶乘，算法要书写 5 个步骤，如果要计算 50 的阶乘呢？照此方法就要书写 50 个步骤。显然，这不是一个好的算法。

为此，可以设计改进算法如下：

步骤 1：令 t=1。

步骤 2：令 i=1。

步骤 3：计算 t×i，乘积仍然放在变量 t 中，可表示为 t×i→t。

步骤 4：令 i 的值加 1，即 i+1→i。

步骤 5：如果 i>5，执行步骤 6；否则，返回步骤 3 执行。

步骤 6：输出 t，算法结束。

不难看出，这样改进后，计算任意正整数 n 的阶乘都可以使用该算法，仅仅需要将步骤 5 的条件修改为 "i>n" 即可。所以，这是一个较好的算法，不仅正确地解决了该问题，并且更具有通用性，可以解决同类问题。

【例 1-2】设计算法，计算分段函数 $f(x)$ 的值。

$$f(x)=\begin{cases} 3x+1 & (x\leqslant 1) \\ x^2+10 & (x>1) \end{cases}$$

算法分析：本题属于分段函数题目，根据输入 x 的值决定采用哪个表达式计算。设计使用计算机解题的算法如下：

步骤 1：将 x 的值输入计算机中。

步骤 2：判断 $x\leqslant 1$ 是否成立，如果条件成立，执行步骤 3；否则执行步骤 4。

步骤 3：按照表达式 $3x+1$ 计算 $f(x)$ 的结果，然后执行步骤 5。

步骤 4：按照表达式 x^2+10 计算 $f(x)$ 的结果，然后执行步骤 5。

步骤 5：输出 $f(x)$ 的值。

步骤 6：算法结束。

【例 1-3】设计算法，对给定的两个正整数 m 和 n（m 大于等于 n），求它们的最大公约数。

算法分析：本题属于数值运算题目，在数学中学习过短除法和辗转相除法求解最大公约数，假设 $m=48$，$n=20$，用短除法求最大公约数的过程如图 1-2 所示，用辗转相除法求最大公约数的过程如图 1-3 所示，其中 r 表示余数。

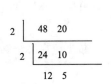

最大公约数为：2×2

图 1-2　短除法求最大公约数

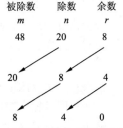

余数为 0，则除数 4 为最大公约数

图 1-3　辗转相除法求最大公约数

如果使用短除法求最大公约数，因为 m 和 n 的取值不同，短除的次数无法控制，且每次公约数的选取也不好控制，所以不容易用规范的步骤实现。

如果采用辗转相除法，求 48 和 20 的最大公约数的步骤可归纳如下：

第一次：$m/n=48/20$，得余数 r 为 8，将 n 作为新的 m，以 r 作为新的 n，继续相除。

第二次：$m/n=20/8$，得余数 r 为 4，将 n 作为新的 m，以 r 作为新的 n，继续相除。

第三次：$m/n=8/4$，得余数 r 为 0，当余数 r 为 0 时，此时的 n 就是两数的最大公约数，所以 48 和 20 的最大公约数为 4。

我们知道，对于不同的 m 和 n，辗转的次数是不固定的。如何能设定辗转条件来求解任意 m 和 n 的最大公约数呢？通过分析，应该以 "判断余数 r 是否为 0" 作为辗转的结束条件，每次辗转后，余数 r 为 0 则辗转结束，余数 r 不为 0 则继续辗转。

由此，可得出使用计算机解题的辗转相除法求解最大公约数的算法描述如下：

步骤 1：将两个正整数分别存放到变量 m 和 n 中。

步骤 2：求余数，将 m 除以 n，所得到的余数存放到变量 r 中。

步骤 3：判断余数 r 是否为 0，如果余数为 0 则执行步骤 5，否则执行步骤 4。

步骤 4：更新被除数和除数，将 n 的值放入 m 中，余数 r 的值放入 n 中，然后转向执行步骤 2。

步骤 5：输出 n 当前的值。

步骤 6：算法结束。

通过以上几个例子，可以初步了解如何针对问题设计算法。每个算法都是由一系列的操作指令组成的，主要包括基本操作和控制结构两个基本要素，基本操作包括加、减、乘、除、判断、置数等功能，控制结构包括顺序、分支、重复等基本结构。研究算法的目的不是精确地求问题的解，而是研究怎样把各种类型的问题的求解过程分解成一些基本的操作。

1.2.2　算法的特征

算法是有穷规则的集合，通过这些规则可以确定出解决某些问题的运算序列。对于该类问题的任何输入值，都需要一步一步地执行计算，经过有限步骤后，终止计算并产生输出结果。一个算法应该具有以下 5 个重要的特征：

（1）有穷性：算法的有穷性是指算法必须能在执行有限个步骤之后终止。有穷性的限制是指一个实用的算法，不仅操作的步骤是有限的，不能无休止地执行下去，而且要尽可能的少。有穷性应该是在合理的范围内，合理限度应该以人类常识和需要进行界定，没有统一的标准。例如，一个算法需要计算机运算上万年的时间才能完成，那么这个算法即使有穷也没有实际使用意义。

（2）确定性：算法的每一步骤必须有确切的定义，不能有模棱两可的二义性。

（3）可行性：算法中执行的任何计算步骤都可以分解为基本的可执行的操作步骤，即每个计算步骤都可以在有限时间内完成，这也称为有效性。例如，一个数被 0 除的操作就是无效的，应当避免这种操作。

（4）零个或多个输入：一个算法中有零个或多个输入。这些输入数据应在算法操作前提供。算法也可以没有输入，如程序只输出一段文字信息到屏幕。

（5）一个或多个输出：一个算法中应有一个或多个输出，以反映算法执行后的结果。算法的目的是用来解决一个给定的问题，没有输出的算法是毫无意义的。如例 1-3 求两个数的最大公约数，经过运算，输出两个数的最大公约数，这就是输出的信息；否则，算法就没有意义了。

程序设计人员面对程序设计的需求，要按照以上 5 个特征设计出解决问题的算法，然后选用合适的程序设计语言实现算法，编写出程序代码，调试运行，直至问题得以正确解决。

1.2.3　算法的描述

原则上来说，算法可以用任何形式的语言和符号工具来表示，采用不同的算法描述工具对算法的质量有很大影响。算法常用的描述方法有自然语言、程序流程图、N-S 图、伪代码、程序设计语言等。

1. 自然语言

自然语言就是人们日常生活中使用的语言，可分为英语、汉语或其他语言等。理想状态下，算法的描述过程应当使用自然语言表达，因为用自然语言描述的算法通俗易懂，无须任何专业训练就能看明白。然而，自然语言描述算法有很多不足之处，如篇幅冗长、语法和语意上不太严格、容易出现描述的歧义性等。例如，小王对小李说，他的母亲今天来了。从字面上，这样一句话可以理解成小王的母亲来了，也可以理解成小李的母亲来了，理解上存在歧义性。另外，在描述分支和循环等方面也很不方便，因此除了很简单的问题，一般不用自然语言表示算法。

2. 程序流程图

程序流程图（Program Flow Chart）是最早提出的用图形表示算法的工具，也称传统流程图。用它表示算法，具有直观性强、清晰性好、便于阅读、易于理解等特点，也便于转换成计算机程序设计语言，是软件开发人员经常使用的算法描述方式，具有程序无法取代的作用。程序流程图画法简单、结构清晰、逻辑性强，可以避免自然语言的篇幅冗长和歧义性等问题，但如果程序流程图符号运用不规范，也会使得算法显得混乱，所以要特别注意算法的结构化。图 1-4 所示是常用的程序流程图符号。

【例 1-4】用程序流程图表示求 5! 的算法。将例 1-1 分析的改进算法用程序流程图描述，如图 1-5 所示。

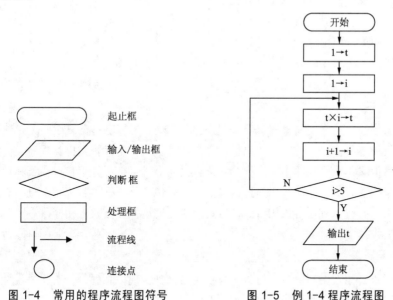

图 1-4　常用的程序流程图符号　　　　图 1-5　例 1-4 程序流程图

【例 1-5】用程序流程图表示，求分支函数 $f(x)$ 的算法，程序流程图如图 1-6 所示。

$$f(x)=\begin{cases}3x+1 & (x\leqslant 1)\\ x^2+10 & (x>1)\end{cases}$$

【例 1-6】用程序流程图表示例 1-3 的算法，程序流程图如图 1-7 所示。

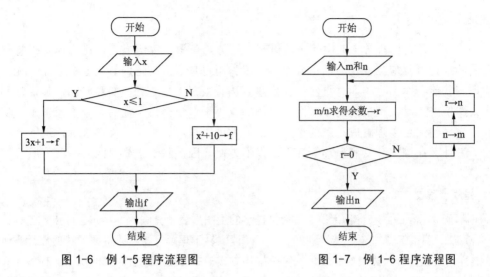

图 1-6　例 1-5 程序流程图　　　　　图 1-7　例 1-6 程序流程图

3. N-S 图

N-S 图又称盒图或 N-S 流程图，是 1973 年美国学者 I. Nassi 和 B. Shneiderman 提出的一种新型流程图形式，其中 N 和 S 是两位学者的姓氏首字母。这是一种去掉了流程线的流程图，算法的描述是在一个矩形框内，每个框内又可以包含下级矩形框，一个矩形框表示一个独立功能的 N-S 图。其符合结构化程序设计要求的特点，比较适合在软件工程中进行使用。

【例 1-7】将例 1-1 求 5!的算法用 N-S 流程图表示，如图 1-8 所示。

图 1-8　例 1-7 的 N-S 图

4. 伪代码

虽然用流程图描述算法直观易理解，但画起来比较麻烦，当算法稍微复杂时，算法修改很不方便。为使算法设计容易修改，使用伪代码描述算法比较合适。伪代码又称类程序设计语言，是一种近似高级语言但又不受语法约束的一种算法语言描述形式，是用介于自然语言和计算机语言之间的文字符号来描述算法。用伪代码描述的算法中可以包含计算机语言语句，也不必像计算机语言语法那样严格，有些地方还可以用自然语言进行描述。这样的方式方便修改算法，很大程度上可以简化算法的设计工作。

5. 程序设计语言

直接使用程序设计语言书写算法，可以令算法由设计到实现一步到位，对程序设计语言非常熟悉的程序员来说，直接使用程序设计语言编写算法很方便，这种方法的优点是避免了算法到程序设计语言的转换；其缺点是要求程序员在书写时严格谨慎，必须按照程序设计语言的语法规则编写语句，否则无法运行，同时改成其他程序设计语言编程时，又需按照新的程序设计语言规则重新编写，对于不熟悉程序设计语言的人来说，看不懂书写的算法。

综上所述，对于设计好的任何一个算法，无论用哪一种方法，都可以作为描述手段，每一种方法都有其特点。但是一般情况下，为了更规范、准确、直观地描述出解决问题的步骤，大多采用程序流程图。

1.3　结构化程序设计和模块化结构

面向过程的语言使用的是结构化的程序设计方法。结构化程序设计（Structured Programming）是 E. W. Dijikstra 在 1965 年提出的，曾被称为软件发展中的第三个里程碑。结构化程序设计是进行以模块功能和处理过程设计为主的详细设计的基本原则。

1.3.1　结构化程序设计

结构化程序设计的主要观点是采用自顶向下、逐步求精及模块化的程序设计方法，任何程序都可由顺序、选择、循环三种基本控制结构构造。

结构化程序设计强调实现某个功能的算法，而算法的实现过程是由一系列操作组成的，这些操作之间的执行次序就是程序的控制结构。

结构化程序设计具有以下几方面特点。

（1）主张使用顺序、选择、循环三种基本结构来嵌套连接成具有复杂层次的"结构化程序"，每个基本控制结构只有一个入口、一个出口。

顺序结构程序流程图如图 1-9 所示，程序执行按照语句顺序执行完语句 A 再执行语句 B。

选择结构又称分支结构。分支结构的执行是依据一定的条件选择执行路径，而不是严格按照语句出现的物理顺序。分支结构又分为单分支结构、双分支结构和多分支结构。单分支结构程序流程图如图 1-10 所示，语句 A 的执行是有条件的，如果条件 P 成立，则执行，否则不执行。双分支结构程序流程图如图 1-11 所示，程序流程首先判断条件 P，条件 P 成立则执行语句 A，条件 P 不成立则执行语句 B。多分支结构即根据条件的取值不同，程序的流程有多条路径可选择。

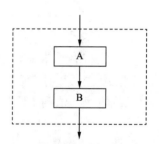

图 1-9　顺序结构程序流程图

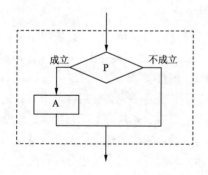

图 1-10　单分支结构程序流程图

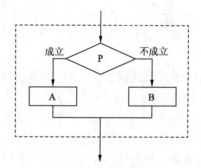

图 1-11　双分支结构程序流程图

循环结构分为当型循环和直到型循环。当型循环程序流程图如图 1-12 所示，程序流程首先判断条件 P，若条件 P 成立则执行语句 A，执行完后再返回判断条件 P，若成立继续执行语句 A，一旦条件 P 不成立则跳出循环。直到型循环程序流程图如图 1-13 所示，程序流程首先执行语句 A，执行完后判断条件 P，若条件 P 不成立，继续执行语句 A，直到条件 P 成立则跳出循环。

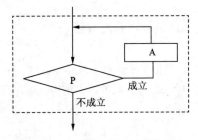

图 1-12　当型循环程序流程图

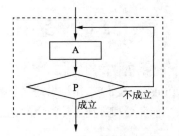

图 1-13　直到型循环程序流程图

三种基本控制结构的 N-S 图表示如下：

① 顺序结构：顺序结构的 N-S 图如图 1-14 所示，程序流从 A 矩形框到 B 矩形框。

② 选择结构：选择结构的 N-S 图如图 1-15 表示，当条件 P 成立时，程序执行 A 框流程；当条件 P 不成立时，执行 B 框流程。

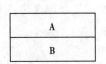

图 1-14　顺序结构的 N-S 图

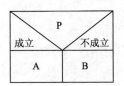

图 1-15　选择结构的 N-S 图

③ 循环结构：循环结构的 N-S 图分别如图 1-16（a）和图 1-16（b）来表示。图 1-16（a）表示当条件 P 成立时，始终执行 A 框流程；否则，就终止执行 A 框流程。图 1-16（b）表示始终执行 A 框流程，直到条件 P 成立时终止执行 A 框流程。

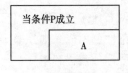

（a）当型循环　　　　　（b）直到型循环

图 1-16　循环结构的 N-S 图

（2）严格控制 GOTO 语句的使用。GOTO 语句又称无条件转移语句，它可以使程序流程自由跳转，但是 GOTO 语句的滥用却会造成程序流程的混乱。在结构化程序设计中，不主张使用 GOTO 语句，以免造成程序流程的混乱，使理解和调试程序都产生困难。

（3）"自顶而下、逐步求精"的设计思想。程序设计时，应先考虑总体，后考虑细节；先考虑全局目标，后考虑局部目标。不要一开始就过多追求众多的细节，先从最上层总目标开始设计，逐步使问题具体化，对复杂问题，应设计一些子目标作为过渡，逐步细化。其出发点是从问题的总体目标开始，抽象低层的细节，先专心构造高层的结构，然后再一层一层地分解和细化。这使设计者能把握主题，高屋建瓴，避免一开始就陷入复杂的细节中，使复杂的设计过程变得简单明了，过程的结果也容易做到正确可靠。

（4）"独立功能，单出口、单入口"的模块结构，减少模块的相互联系使模块可作为插件或积木使用，降低程序的复杂性，提高可靠性。编写程序时，所有模块的功能通过相应的子程序（函数或过程）的代码来实现。程序的主体是子程序层次库，它与功能模块的抽象层次相对应，使得程序流程简洁、清晰，增强了可读性。

（5）主程序员组。这是为适应模块化开发而要求的，是解决软件开发的人员组织结构问题。

结构化程序中的任意基本结构都具有唯一入口和唯一出口，在程序的静态形式与动态执行流程之间具有良好的对应关系。结构化程序设计主要强调的是程序流程简洁、清晰，可读性强。

1.3.2　模块化结构

结构化程序设计的一个重要方面就是程序结构采用模块化。模块化就是以功能块为单位进行程序设计，实现其求解算法。简单地说，就是程序的编写不是直接逐条录入计算机语句和指令，直到全部功能完成，而是首先对整个系统进行分析，按功能需求分解成多个子模块，然后逐步细化，直至分解成最基本的功能相对独立的功能模块，然后用子程序或函数等形式实现各模块，各模块之间尽量用较少的数据传递。模块化的目的是降低程序复杂度，使程序设计、调试和维护等操作简单化。

模块化结构一方面可以将任务规范地分解，便于协同开发；另一方面功能模块可以被多次调用，可以大大提高代码的重用度。C 语言程序的模块以函数形式实现，函数是构成 C 语言源程序的基本单位。

1.4　软件的编制步骤

日常生活中可以使用计算机进行画图、制表或者听歌曲、看电影。计算机作为一种批量生产的设备，只有安装不同的软件，才能处理不同的问题。换句话说，如果没有计算机软件的产生及其广泛应用，计算机也就不会在今天的工作以及生活中产生如此大的影响。

一个软件的开发，包含需求分析、可行性分析、初步设计、详细设计、形成文档、建立初步模型、编写详细代码、测试修改、发布等多个步骤。面对软件开发任务，首先要找到解决问题的突破口，先要搞明白需要做什么，然后再考虑如何做。至于采用什么表示方法（简单文本、UML 图、E-R 图）、什么语言开发工具都是次要的问题。

总体来看，软件开发过程主要包括以下四个阶段：

（1）确定软件开发需求。

（2）软件设计与开发。

① 问题分析。

② 选择一个全面的解决问题的算法方案。

③ 编写程序。

④ 调试程序。

（3）文档整理。

（4）软件维护。

1.4.1　确定软件开发需求

确定软件开发需求阶段主要包含问题定义和可行性研究两个阶段。

（1）问题定义阶段。这个阶段必须回答的关键问题是："要解决的问题是什么。"

（2）可行性研究阶段。这个阶段要回答的关键问题是："上一个阶段所确定的问题是否有行得通的解决办法。"

确定软件开发需求阶段的任务不是具体地解决客户的问题，而是准确地回答"目标系统必须做什么"这个问题。这个阶段的另外一项重要任务，是用正式文档准确地记录目标系统的需求，这份文档通常称为规格说明（Specification），主要包括用户视图、数据词典和用户操作手册。除了以上工作，作为项目设计者应当完整地做出项目的性能需求说明书。因为往往性能需求只有懂技术的人才可能理解，这就需要技术专家和需求方进行真正的沟通和了解。

1.4.2　软件设计与开发

对于程序设计初学者来说，编写出来一个符合语法规则、运行结果正确的程序是程序设计的首要目标；对于优秀程序员来说，除了程序的正确性以外，更加注重程序的可读性、可靠性以及较高的结构化程序设计理念。一般程序设计主要包含以下 4 个步骤：

（1）分析问题，建立模型。这个步骤务必确定待解决的问题已经非常明确，能够为解决问题的算法提供必要的信息。因为只有完全理解了问题，才能清晰地定义和分析问题。这个步骤中针对解决的问题，必须明确输出的对象、输入的数据、预期输出的结果以及输入到输出过程中的数学模型。一般情况下，许多问题的数学模型和解决方法非常简单，以至于人们都未感觉到解决问题模型的存在。但是对更多的问题来说，数学模型建立对错与好坏在很大程度上决定了程序开发的正确性和复杂性。

（2）明确一个全面的算法解决方案。在这个步骤中，根据建立的数学模型，选择并确定一个合适的解决问题的算法。这里算法是泛指解决问题的方法和步骤，而不仅仅是具体的精确"计算"。有时候确定一个全面的算法比较容易，而有时选择一个全面的解决方案比较困难。

（3）编写程序。这个步骤将确定好的解决问题算法转换为程序，这就涉及对算法的编码。若问题分析和解决方案具体步骤已经确定，编写程序代码就是按部就班的机械式工作，按照确定好的数据结构和算法解决方案，采用某种程序设计语言严格地描述出来。

（4）调试程序。调试程序的最终目的是测试程序运行的结果是否正确，是否能够满足用户的需求，根据测试结果进行调整，直到测试取得预期的结果。在测试的过程中，不仅要用预期正确的用例，还要尽量多采用预期错误的用例，以尽可能地发掘出程序的设计漏洞。调试的过程是"测试—修改—再测试—再修改"往复循环的过程，直至设计出的程序是正确的、健壮的。

1.4.3　文档整理

很多人会误认为软件开发的任务就是编写程序，而事实上，除了编写程序代码，还有重要的一项任务是文档整理。为什么要进行文档整理呢？可以设想一下，绝大多数程序员会忘记他们几个月前自己所开发程序的大部分细节。如果他们或者其他程序员需要对程序做后续的修改工作，就不得不将大量宝贵的时间浪费在了解原来的程序是如何工作的这个事情上。然而，清晰的说明文档可以避免这些问题的发生。很多的案例教训给了我们这样的提醒，如果没有足够的说明文档，会造成很多工作不得不重新去完成，这足以说明文档整理在整个软件开发过程中具有相当重要的作用。事实上，很多的开发文档在程序的分析、设计、编码和测试阶段都要整理出来。完成文档整理需要收集文档信息、增加辅助资料，然后按照需要的格式表示出来。文档整理阶段一般开始于确定程序开发需求阶段，且一直延续到软件维护阶段。

尽管对问题解决来说，不是所有人都是按照这个方式进行文档整理，但是以下 6 个文档整理是必需的：①需求分析文档；②已经编码的算法描述文档；③编写代码期间对程序代码的注释；④对程序后续的修改和变化描述文档；⑤每次包含输入和运行取得结果的测试运行文档；⑥一个能详细讲述如何使用程序的用户手册。

1.4.4　软件维护

完成系统测试、验收后的，整体项目才算告一段落。然而系统升级、维护等工作是系统开发中一个不可缺少的环节，有必要通过各种维护活动使系统一直满足用户的需要正常运行，作为一个完善的系统开发过程，需要跟踪软件的运营状况并持续修补升级，直到这个软件被彻底淘汰为止。在系统维护中通常有以下 4 类维护：

（1）改正性维护，也就是诊断和改正在使用过程中发现的软件错误。

（2）适应性维护，即修改软件以适应环境的变化。

（3）完善性维护，即根据用户的要求改进或扩充软件使它更完善。

（4）预防性维护，即修改软件为将来的维护活动预先做准备。

软件开发的实践表明，在开发的早期阶段越仔细，后期的测试和维护费用就会越少。因而，应特别重视系统分析和设计阶段。

1.5　C 程序设计语言的产生与特点

C 语言是一种得到广泛重视并普遍应用的计算机语言，也是国际上公认的最重要的几种通用程序设计语言之一。C 语言是一种结构化程序设计语言，它层次清晰，便于按模块化方式组织程序，易于调试和维护。C 语言的表现能力和处理能力极强。它不仅具有丰富的运算符和数据类型，便于实现各类复杂的数据结构，而且可以直接访问内存的物理地址，进行位（bit）一级的操作。由于 C 语言实现了对硬件的编程操作，因此 C 语言集高级语言和低级语言的功能于一体，它既可用来写系统软件，也可用来写应用软件。

1.5.1　C 程序设计语言的历史

C 语言是在 20 世纪 70 年代初问世的。C 语言的根源可以追溯到 ALGOL60。ALGOL 是在计算机发展史上首批清晰定义的高级语言，1960 年左右推出的 ALGOL60 版本结构严谨，非常注重语法、分程序结构，因此对于后来许多重要的程序设计语言（如 Pascal、PL/I、SIMULA67 等）产生过重要的影响。但它是面向过程的语言，与计算机硬件相距甚远，不适合编写系统软件。1963 年英国剑桥大学在 ALGOL60 的基础上推出更接近硬件的 CPL 语言，但 CPL 太复杂，难于实现。1967 年，剑桥大学的 M. Rinchards 对 CPL 语言作了简化，推出了 BCPL 语言。1970 年贝尔实验室的 K. Thompson 以 BCPL 为基础，设计了更简单也更接近硬件的 B 语言（取 BCPL 的第一个字母）。B 语言是一种解释性语言，功能上也不够强，为了很好地适应系统程序设计的要求，贝尔实验室的 D. M. Ritchie 把 B 发展成称之为 C 的语言（取 BCPL 的第二个字母）。C 语言既保持了 BCPL 和 B 的优点，如精练、接近硬件等，又克服了它们的缺点，如过于简单、数据无类型等。1973 年 K. Thompson 和 D. M. Ritchie 用 C 改写了 UNIX 代码，并在 PDP-11 计算机上加以实现，即 UNIX 版本 5，这一版本奠定了 UNIX 系统的基础，使 UNIX 逐渐成为最重要的操作系统之一，同时也逐渐展露了 C 语言的强大功能。图 1-17 展示了 C 语言的由来。

后来，C 语言多次做了改进，但主要还是在贝尔实验室内部使用。直到 1975 年 UNIX 第 6 版公布后，C 语言的突出优点才引起人们的普遍关注。随着 UNIX 的日益广泛使用，C 语言迅速得到推广。C 语言和 UNIX 可以说是一对孪生兄弟，在发展过程中相辅相成。1978 年以后，C 语言先后移植到大、中、小、微型机上，已独立于 UNIX 和 PDP 了。之后，C 语言风靡全世界，成为世界上应用最广泛的几种计算机语言之一。

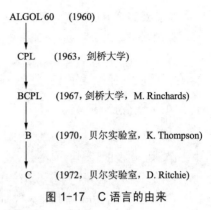

图 1-17　C 语言的由来

1.5.2　C 程序设计语言的特点

C 语言是一门通用计算机编程语言，广泛应用于底层开发。C 语言的设计目标是提供一种能以简易的方式编译、处理低级存储器、产生少量的机器码以及不需要任何运行环境支持便能运行的编程语言。

尽管 C 语言提供了许多低级处理的功能，但仍然保持着良好跨平台的特性，以一个标准规格写出的 C 语言程序可在许多计算机平台上进行编译，甚至包含一些嵌入式处理器（单片机或称 MCU）以及超级计算机等作业平台。

C 语言产生的目的是为描述和实现 UNIX 操作系统提供的一种工具语言，但并没有被束缚在任何特定的硬件或操作系统上，它具有良好的可移植性。C 语言的使用覆盖了几乎计算机的所有领域，包括操作系统、编译程序、数据库管理程序、CAD、过程控制、图形图像处理等。

C 语言之所以能够被世界计算机界广泛接受，正是因为其本身具有不同于其他语言的突出特点。

1．C 语言的主要优点

（1）简洁紧凑、灵活方便。C 语言一共只有 32 个关键字，9 种控制语句，程序书写形式自由，区分大小写。它把高级语言的基本结构和语句与低级语言的实用性结合了起来。C 语言可以像汇编语言一样对位、字节和地址进行操作，而这三者是计算机最基本的工作单元。

（2）运算符丰富。C 语言的运算符包含的范围很广泛，共有 34 种运算符。C 语言把括号、赋值、逗号、问号、强制类型转换等都作为运算符处理，从而使 C 语言的运算类型极其丰富，表达式类型多样化。灵活使用各种运算符可以实现在其他高级语言中难以实现的运算。

（3）数据类型丰富。C 语言的数据类型有整型、实型、字符型、数组类型、指针类型、结构体类型、联合类型等，能用来实现各种复杂的数据结构的运算，C 语言引入了指针概念，使程序效率更高。

（4）表达方式灵活实用。C 语言提供多种运算符和表达式值的方法，对问题的表达可通过多种途径获得，其程序设计更主动、灵活。它语法限制不太严格，程序设计自由度大，如对整型与字符型数据及逻辑型数据可以通用等。

（5）结构清晰，程序结构模块化。C 语言是结构化程序设计语言，具有顺序、分支、循环三种结构化控制结构，且以函数作为程序单位，便于开发大型软件。

（6）语言简练、紧凑。C 语言语句相对于其他高级语言更加简练，如 i=i+1，在 C 中可写为 i++。

（7）允许直接访问物理地址，对硬件进行操作。由于 C 语言允许直接访问物理地址，可以直接对硬件进行操作，因此它既具有高级语言的功能，又具有低级语言的许多功能，能够像汇编语言一样对位、字节和地址进行操作，可用来写系统软件。

（8）生成目标代码质量高，程序执行效率高。C 语言描述问题比汇编语言迅速，工作量小、可读性好，易于调试、修改和移植，而代码质量与汇编语言相当。C 语言一般只比汇编程序生成的目标代码效率低 10% ~ 20%。

（9）可移植性好。不同机器上的 C 编译程序，86% 的代码是公共的，所以 C 语言的编译程序便于移植。在一个环境上用 C 语言编写的程序，不改动或稍加改动，就可移植到另一个完全不同的环境中运行。

（10）表达能力强。C 语言有丰富的数据结构和运算符，灵活使用各种运算符可以实现难度极大的运算。

C 语言能直接访问硬件的物理地址，能进行位操作，兼有高级语言和低级语言的许多优点。它既可用来编写系统软件，又可用来开发应用软件。另外，C 语言具有强大的图形功能，支持多种显示器和驱动器，且计算功能、逻辑判断功能都很强大。

2．C 语言的局限性

（1）C 语言的缺点主要表现在数据的封装性上，这一点使得 C 在数据的安全性上有很大缺陷，这也是 C 和 C++ 的一大区别。

（2）C 语言的语法限制不太严格，如影响程序的安全性。对变量的类型约束不严格、对数组下标越界不作检查等。从应用的角度，C 语言比其他高级语言较难掌握。也就是说，对用 C 语言的人，要求对程序设计更熟练一些。

1.6　简单程序设计

1.6.1　一个简单的 C 程序

为了说明 C 语言源程序结构的特点，先看一个简单的程序。这个程序表现了 C 语言源程序在组成结构上的特点。虽然有关内容还未介绍，但可从这个例子中了解到组成一个 C 源程序的基本结构和书写格式。

【例 1-8】输出一段欢迎语。

打开 Microsoft Visual Studio 2010 编译器，新建控制台应用程序，创建 C 源文件，在程序编辑窗口输入如下程序：

```
#include <stdio.h>
#include <stdlib.h>

int main()
{
    printf("\n");
    printf("  ******************************************\n");
    printf("  *    欢迎来到 C 语言课堂，让我们一起探索 C 的奥秘    *\n");
    printf("  ******************************************\n");
    printf("\n");

    system("pause");
```

```
    return 0;
}
```

程序输入后，编辑界面如图 1-18 所示。

图 1-18　例 1-8 编辑界面

对程序进行"启动调试"，编译测试没有语法错误，可输出如图 1-19 所示运行界面。

图 1-19　例 1-8 运行界面

1.6.2　C 语言的字符集

字符是组成语言的最基本的元素。C 语言字符集由字母、数字、空格、标点和特殊字符组成。在字符常量、字符串常量和注释中还可以使用汉字或其他可表示的图形符号。

（1）字母：小写字母 a ~ z 共 26 个，大写字母 A ~ Z 共 26 个。

（2）数字：0 ~ 9 共 10 个。

（3）空白符：空格符、制表符、换行符等统称空白符。空白符只在字符常量和字符串常量中起作用。在其他地方出现时，只起间隔作用，编译程序对它们忽略。因此，在程序中使用空白符与否，对程序的编译不发生影响，但在程序中适当的地方使用空白符将增加程序的清晰性和可读性。

（4）标点和特殊字符：主要有!、#、%、^、&、+、-、*、/、=、~、<、>、\、|、,、:、;、'、"、(、)、{、}、[、]等。

在 C 语言中使用的词汇分为 6 类：标识符、关键字、运算符、分隔符、常量、注释符。

1. 标识符

在程序中使用的变量名、宏名、函数名等统称标识符。除库函数的函数名由系统定义外，其余标识符都由用户自定义。

在 C 语言中规定：

（1）标识符只能是字母（A~Z、a~z）、数字（0~9）、下画线（_）组成的字符串。

（2）第一个字符必须是字母或下画线。

以下标识符是合法的：

a、x、BOOK_1、sum5

以下标识符是非法的：

3s	（以数字开头）
s*T	（出现非法字符*）
–3x	（以减号开头）
bowy–1	（出现非法字符–（减号））

在使用标识符时还需要注意以下几点：

（1）标准 C 不限制标识符的长度，但它受各种版本的 C 语言编译系统限制，同时受到具体机器的限制。例如，在某版本 C 中规定标识符前 8 位有效，当两个标识符前 8 位相同时，则被认为是同一个标识符。

（2）在标识符中，大小写是有区别的。例如，N 和 n 是两个不同的标识符。

（3）标识符虽然可由程序员随意定义，但标识符是用于标识某个量的符号，因此，命名应尽量有相应的意义，以便阅读理解，作到"见名知义"。

2．关键字

关键字是由 C 语言规定的具有特定意义的字符串，通常也称保留字。用户定义的标识符不应与关键字相同。C 语言的关键字分为以下几类：

（1）类型说明符。用于定义、说明变量、函数或其他数据结构的类型。如 int、double、single、char 等。

（2）语句定义符。用于表示一个语句的功能。如 if … else 就是条件语句的语句定义符。

（3）预处理命令字。用于表示一个预处理命令。如 include。

3．运算符

C 语言中含有相当丰富的运算符。运算符与变量、函数一起组成表达式，表示各种运算功能。运算符由一个或多个字符组成。

4．分隔符

在 C 语言中采用的分隔符有逗号和空格两种。逗号主要用在类型说明和函数参数表中，用于分隔各个变量。空格多用于语句各单词之间，作间隔符。在关键字、标识符之间必须要有一个以上的空格符作间隔，否则将会出现语法错误，例如把 int a 写成 inta，C 编译器会把 inta 当成一个标识符处理，其结果必然出错。

5．常量

C 语言中使用的常量可分为数字常量、字符常量、字符串常量、符号常量、转义字符等多种。

6．注释符

C 语言的注释符有两种，一种是多行注释，以"/*"表示注释开始，以"*/"表示注释结束，在"/*"和"*/"之间的即为注释，可以跨越多行。第二种是单行注释，是以"//"开头，表示该行后续部分为注释。注释可出现在程序中的任何位置，用来向用户提示或解释程序的意义。程序编译时，不对注释进行任何处理。在调试程序中，对暂时不使用的语句也可用注释符括起来，使编译程序跳过，待调试结束后再去掉注释符；或者在程序调试报错时，把程序其他部分注释起来分段调试，从而更好地找出程序中的错误。

1.6.3　简单程序设计举例

本节通过几个简单的例子，使大家对 C 语言的程序结构进一步加深认识。

【例 1-9】输入三角形的三边长，求三角形面积。

分析：已知三角形的三边长 a、b、c，则该三角形的面积公式为

$$area = \sqrt{s(s-a)(s-b)(s-c)}$$

其中 $s = (a+b+c)/2$，所以只需要输入三个边，就可以得到三角形的面积。

源程序如下：

```c
#include <math.h>                      //预处理语句
#include <stdio.h>                     //预处理语句
#include <stdlib.h>                    //预处理语句

int main()
{
    float  a,b,c,s,area;               //变量定义语句

    scanf("%f,%f,%f",&a,&b,&c);        //输入语句，输入边长 a,b,c
    s=1.0/2*(a+b+c);
    area=sqrt(s*(s-a)*(s-b)*(s-c));    //计算三角形面积
    printf("a=%7.2f,b=%7.2f,c=%7.2f,s=%7.2f\n",a,b,c,s);    //输出三边长 a,b,c 及 s
    printf("area=%7.2f\n",area          //输出三角形面积

    system("pause");                   /*暂停的意思，等待用户信号。
                                        否则控制台程序会一闪即过，用户看不到执行结果。*/
    return 0;                          //返回 0，main() 函数结束
}
```

若输入三边长为 3,4,5，则程序运行结果如图 1-20 所示。

这是一个典型的简单数据计算的程序，程序仅由一个主函数组成，main( )函数主体结构包括变量定义、数据输入、数据运算、结果输出。程序中使用到的变量必须首先定义。要注意的是，一个程序可以有零或多个输入，但必须有一或多个输出。

【例 1-10】输入两个正整数 m 和 n，求它们的最大公约数。

这里利用前面介绍过的辗转相除算法，编写程序如下：

```c
#include <stdio.h>

int main()
{
    int m,n,r;

    scanf("%d,%d",&m,&n);
    r=m%n;
    while(r!=0)
    {
        m=n;
        n=r;
        r=m%n;
```

```
    }
    printf("公约数为: %d\n",n);

    return 0;
}
```

输入前面分析过的数据 48 和 20，程序运行结果如图 1-21 所示。

```
3,4,5
a=   3.00,b=   4.00,c=   5.00,s=   6.00
area=   6.00
Press any key to continue
```

图 1-20　例 1-9 运行结果

```
48,20
公约数为: 4
Press any key to continue
```

图 1-21　例 1-10 运行结果

读者可对照前面的算法描述和这里的 C 程序代码，领会由算法设计到编程的过程。
下面看一个包含多个函数的例子。

【例 1-11】计算两个数的和。

源程序如下：

```
#include "stdio.h"

int main()
{
    int sum(int x,int y);          //对被调函数 sum() 的声明
    int a,b,c;                     //定义变量 a、b、c

    scanf("%d,%d",&a,&b);          //输入变量 a 和 b 的值
    c=sum(a,b);                    //调用 sum() 函数，将得到的值赋给 c
    printf("sum=%d\n",c);          //输出 c 的值
}
int sum(int x,int y)               //定义 sum() 函数，函数值为整型，形式参数 x、y 为整型
{
    int z;
    z=x+y;                         //将 x、y 的值相加赋给变量 z

    return(z);                     //将 z 的值返回，通过 sum() 带回到调用函数的位置
}
```

这是一个典型的包含函数调用的例子，本程序包含两个函数：主函数 main() 和被调函数 sum()。
sum() 函数的作用是将 x 和 y 的和赋给变量 z。return 语句将 z 的值返回给主调函数 main()。由于
sum() 函数在 main() 函数之后，为了编译系统能够正确识别和调用 sum() 函数，需要在 main() 函数
中对被调函数 sum() 进行声明。

程序运行时，首先由 main() 函数入口，执行输入语句 scanf("%d,%d",&a,&b)，为变量 a、b 输
入值，然后执行到 c=sum(a,b) 语句时，程序的走向转到函数 int sum(int x,int y) 执行，遇到 return(z)
语句，则将 z 的值带回，返回到 main() 函数中继续往下执行，直到 main() 函数结束。

程序运行结果如图 1-22 所示。

用户按照 scanf("%d,%d",&a,&b) 语句格式输入 "6, 12"，
程序运行的结果按照 printf("sum=%d\n",c) 语句格式输出
"sum=18"。

图 1-22　例 1-11 运行结果

通过这几个例子，可以直观地了解 C 语言源程序的组成，
具体的语法细节将在以后的章节学习到。

1.7　本章常见错误及解决方法

对于程序设计的初学者来说，在编写程序的过程中，会不断出现各种各样的语法或书写错误，这是学习程序设计语言的必然部分，每类程序语言都有它本身的一系列因疏忽问题而产生的错误。以后每章节都会将和本章有关的常见错误及解决方法列出，以供参考改正。

对于本章学习的内容，大家在初期学习过程中可能出现的问题有以下几点：

（1）在没有花费足够时间仔细研究待解决的问题和未进行正确算法的设计，就急急忙忙进行程序开发和运行。这样就会造成所编写程序因考虑不全面而导致无法得到预期的正确结果。解决办法：要想编写一个成功的程序，前提是对相关问题充分理解的基础上，设计好正确的算法，然后再开始编写程序代码。

（2）忘记对编写的程序备份。几乎所有的程序编写初学者都会犯这个错误，以至于辛辛苦苦编写的程序因为意外而找不到了。解决办法：为避免出现程序开发过程的意外问题，应及时将开发的程序进行备份。备份的问题不仅仅针对编写程序，对于用计算机所作的所有文档都要养成及时备份的好习惯。

（3）计算机不会理解通过自然语言描述的算法，计算机只能识别用计算机编程语言编写的程序代码，我们编写的程序语句要符合所用程序设计语言的语法，不能想当然地用自己的习惯去描述程序语句。例如，数学中的"$x=2a$"是一个合法的运算式，但是编程者若在程序语句中用"$2a$"就会出现错误。解决办法：要让计算机为我们工作，就必须学习好程序设计语言的语法，编写出合乎语法的程序，才能让计算机完成指定的任务。

（4）书写标识符时忽略了大小写字母的区别。比如，程序中定义了两变量 a、A；然后在本该用 a 的时候误写为 A，结果自然是两个变量在计算中出现冲突，无法得到正确的结果。解决办法：加强编程规范，统一命名规则，避免使用（仅大小写不同的）同名标识符。

（5）忘记加分号。分号是 C 语句中不可缺少的一部分，语句末尾必须有分号。解决办法：语法错误，编译会报错，要学会读懂错误提示，培养正确习惯，提高编程效率。

1.8　本　章　小　结

通过本章的学习，我们了解了程序设计语言由低级语言发展到高级语言的过程，了解了计算思维的概念，了解了算法的概念及特征，学习了算法的描述方法：程序流程图、N-S 图、伪语言等，了解了 C 语言的产生和发展，通过实例了解了 C 语言的程序组成及调试过程。

C 语言在程序设计语言中算得上是唯一一门历史悠久且目前依然流行的语言，它之所以在信息飞速发展的时代还能独树一帜、经久不衰，是因为 C 语言直接能与计算机底层打交道，程序精巧、灵活、高效，所以在很多领域依然在使用。

习　　题

一、选择题

1. 下列关于 C 语言注释的叙述中错误的是（　　）。

A. 以"/*"开头并以"*/"结尾的字符串为 C 语言的注释内容

B. 注释可出现在程序中的任何位置，用来向用户提示或解释程序的意义

C. 程序编译时，不对注释进行任何处理

D. 程序编译时，需要对注释进行处理

2. 一个 C 程序的执行是从（　　　　）。

A. 本程序的 main( )函数开始，到 main( )函数结束

B. 本程序文件的第一个函数开始，到本程序文件的最后一个函数结束

C. 本程序文件的 main( )开始，到本程序文件的最后一个函数结束

D. 本程序文件的第一个函数开始，到本程序文件的 main( )函数结束

3. 以下叙述不正确的是（　　　　）。

A. 一个 C 源程序可由一个或多个函数组成

B. 一个 C 源程序必须包含一个 main( )函数

C. C 程序的基本组成单位是函数

D. 在 C 程序中，注释说明只能位于一条语句的后面

4. C 语言规定，在一个源程序中，main( )函数的位置（　　　　）。

A. 必须在最开始

B. 必须在系统调用的库函数的后面

C. 可以任意

D. 必须在最后

5. 一个 C 语言程序是由（　　　　）组成的。

A. 一个主程序和若干子程序　　　　　　　B. 函数

C. 若干过程　　　　　　　　　　　　　　D. 若干子程序

6. 结构化程序设计所规定的三种基本结构是（　　　　）。

A. 主程序、子程序、函数　　　　　　　　B. 树形、网形、环形

C. 顺序、选择、循环　　　　　　　　　　D. 输入、处理、输出

二、填空题

1. C 程序是由_____构成的，一个 C 程序中至少包含_____。因此，_____是 C 程序的基本单位。

2. C 程序注释是由_____和_____所界定的文字信息组成的。

3. 开发一个 C 程序要经过编辑、编译、_____和运行 4 个步骤。

4. 在 C 语言中，包含头文件的预处理命令以_____开头。

5. 在 C 语言中，主函数名是_____。

6. 在 C 语言中，行注释符是_____。

7. 在 C 语言中，头文件的扩展名是_____。

8. 在 Visual Studio 2010 中，按_____键可以启动调试程序文件。

9. 在 C 语言中，加载头文件的预处理命令是_____。

10. C 语言源程序文件的扩展名是_____；经过编译后，生成文件的扩展名是_____；经过连接后，生成文件的扩展名是_____。

三、简答题

1. 简述算法的概念。

2. 在结构化程序设计方法中，有哪几种基本结构？

3. 请用程序流程图和 N-S 图分别写出求任意整数 n 的阶乘的算法。

四、程序设计题

1. 编写程序输出以下图案。

```
       *
    *  S  *
       *
```

2. 试编写一个 C 程序，输出如下信息。

```
*****************
    You are welcome!
-------------------------
```

第 ② 章　C 语言的基本数据类型

　　用计算机对实际问题进行求解，要通过算法设计、数学建模，将所使用的数据及其之间的关系有效地存储在计算机中，然后选择合适的算法策略，用程序高效实现。因此，了解掌握计算机内部数据是怎样进行分类和存储的才能正确使用数据。

　　C 语言数据类型有很多，关于数据的基本知识是十分复杂且不容易记忆的，初学者如果刚开始就试图全面掌握，往往容易陷入琐碎的语法细节之中而迷失程序设计的主线。所以对于初学者来说，首先要了解基本数据类型，掌握整型、实型、字符型数据，对于其他数据类型可以初步了解，待以后在后面章节中涉及时再来回顾掌握。

本章知识要点：

◎ 基本数据类型。

◎ 变量与常量。

◎ 变量与数据类型所占内存空间的计算。

◎ 不同类型数据之间的转换。

◎ 数据的输入与输出。

2.1　基本数据类型

　　在高级程序设计语言中，数据是程序要处理的对象和结果，是程序设计中所要涉及和描述的主要内容。引入数据类型是为了把程序所能够处理的基本数据对象划分成一些集合，属于同一集合的数据对象称为一种数据类型，每一数据类型都具有同样的性质、表示形式、占据存储空间的大小、构造特点、取值范围、可以参与的运算种类等。

　　计算机执行程序时，组成程序的指令和程序所操作的数据都必须存储于计算机的内存中。

　　计算机硬件把被处理的数据分成一些类型，如定点数、浮点数等。CPU 对不同的数据类型提供了不同的操作指令。

　　在 C 语言中，用数据类型来描述程序中的数据结构、数据表示范围、数据在内存中的存储分配等。

　　C 语言的主要数据类型如表 2-1 所示。

表 2-1　C 语言的主要数据类型

分　类			关 键 字	实例（以变量声明为例）
基本数据类型	整型	整型	int	int a;
		长整型	long	long int a;
		短整型	short	short int a;
		无符号整型	unsigned	unsigned int a;
	实型（浮点型）	单精度实型	float	float a;
		双精度实型	double	double a;
		长双精度实型	long double	long double a;
	字符型		char	char a;
	枚举型		enum	enum (boy,girl) child;
构造类型	数组			int array[10];

	结构体		struct	struct student
				{
				　int id;
				　　char name;
				};
				struct student stu1;

	联合		union	union data
				{
				　int i;
				　double j;
				　};
				union data a,b;

指针类型				int *ptr;
空类型				void

2.2　变量与常量

大多数程序在产生输出之前都要执行一系列的计算，因此在程序执行过程中需要有临时存储数据的地方。根据存储在其中的值在程序执行过程是否可变，分为变量和常量。

变量，就是计算机内存中一个被命名的存储位置，它由一个或多个连续的字节组成。用变量名来标识这个存储位置，通过变量名可以读取该位置的数据或在其中存储一个新数据。在程序中直接使用变量名引用内存中对应的存储位置。变量的值即存储在这个位置中的值，它不是固定的，在程序执行过程中随时都可以改变，且次数不限。

常量和变量一样，也是程序使用的一个数据存储位置；和变量不同的是，在程序运行期间，存储在常量中的值是不能修改的。

2.2.1　变量

1．变量的三要素

变量名、变量值以及存储单元称为变量的三要素，通过三要素来描述一个变量。

在 C 语言中，变量名必须遵守命名规则，即：

（1）变量名可以由字母、数字和_（下画线）组合而成。

（2）变量名不能包含除_（下画线）以外的任何特殊字符，如%、#、逗号、空格等。

（3）变量名必须以字母或_（下画线）开头。

（4）变量名不能包含空白字符（换行符、空格和制表符称为空白字符）。

（5）C 语言中的某些词（如 int、struct、switch 等）称为关键字，在 C 语言中具有特殊意义，不能用作变量名。

（6）C 语言区分大小写，因此变量 a 与变量 A 是两个不同的变量。

C89 标准中规定变量名最多可以包含 31 个字符，给变量取名最好能做到"见名知义"。对于由多个单词组合而成的变量名，有多种风格，其中采用较多的一种是用下画线将单词分开的形式，例如：course_title、course_grade。还有一种是不用下画线的形式，将第一个单词后面的每个单词都用大写字母开头，例如：courseTitle、courseGrade。编程者可以根据个人喜好来选取命名风格。

变量值是指存储在变量中的数据，准确地说就是存储在以变量名进行标识的存储单元中的值。

存储单元是变量在内存中保存的位置，每个变量一旦被声明，编译系统就为其分配一段内存空间，这些内存空间的大小与变量的数据类型有关，地址是由二进制数组成的，与变量名对应。

2．变量的定义

在 C 语言中程序里使用的每个变量都必须首先定义。要定义一个变量需要提供两方面的信息：变量的名字和类型，其目的是由变量的类型决定变量的存储结构，以便使编译程序为所定义的变量分配存储空间。

变量定义格式如下：

```
类型说明符 变量名1,变量名2,…;
```

其中，类型说明符（又称类型关键字）是 C 语言中用来说明变量的数据类型的，它必须是一个有效的数据类型，例如初学者常用的有整型类型说明符 int、字符型类型说明符 char、单精度实型 float、双精度实型 double 等。

在一条语句中，可同时定义多个相同类型的变量，多个变量之间用逗号分隔。

例如：

```
int i;                  /*定义 i 为整型变量*/
char ch;                /*定义 ch 为字符型变量*/
float x,y;              /*定义 x 和 y 为单精度实型变量*/
```

在 C 语言中，要求对所有用到的变量作强制定义，也就是"先定义，后使用"。这样做的目的如下：

（1）只有声明过的变量才可以在程序中使用，这使得变量名的拼写错误容易发现。例如，如果在定义部分写了"char ch;"，而在执行语句中错写成"cha='a';"在编译时就会检查出 cha 未经定义，不作为变量名，因此输出"变量 cha 未经声明"的信息，便于用户发现错误，避免变量名使用时出错。

（2）声明的变量属于确定的数据类型，编译系统可方便地检查变量所进行运算的合法性。例如，整型变量 m 和 n，可以进行求余运算，得到 m 除以 n 的余数。如果将 m、n 指定为实型变量，则不允许进行"求余"运算，在编译时会给出有关"出错信息"。

（3）在编译时根据变量的数据类型可以为变量确定存储空间。例如，指定 i、j 为 int 型，那么如果在计算机上使用 C 编译系统就为变量确定 4 个字节的存储空间。

【例 2-1a】编写程序，首先定义 4 个变量分别为整型、单精度实型、双精度实型、字符型数据类型，再分别为其赋值，然后将它们的值输出。

源程序如下：

```c
#include <stdio.h>
#include <stdlib.h>

void main()
{
    int a;                      /*定义 a 为整型变量*/
    float b;                    /*定义 b 为单精度实型*/
    double c;                   /*定义 c 为双精度实型*/
    char ch;                    /*定义 ch 为字符型*/

    a=1;                        /*为变量 a 赋初值为 1*/
    b=1.23;                     /*为变量 b 赋初值为 1.23*/
    c=1.2345678;                /*为变量 c 赋初值为 1.2345678*/
    ch='a';                     /*为变量 ch 赋初值为单个字符'a'*/

    printf("a=%d\n",a);         /*将变量 a 的值以整型形式输出到屏幕上并独占一行*/
    printf("b=%f\n",b);         /*将变量 b 的值以单精度实型形式输出到屏幕上并独占一行*/
    printf("c=%lf\n",c);        /*将变量 c 的值以双精度实型形式输出到屏幕上并独占一行*/
    printf("ch=%c\n",ch);       /*将变量 ch 的值以字符型形式输出到屏幕上并独占一行*/

    system("pause");
}
```

运行结果如图 2-1 所示。

程序说明：

- 标准 C 语言编写的程序都是以主函数 main( )开头的，它指定了 C 程序执行的起点，在 C 程序中只能出现一次，一个 C 程序有且只有一个 main( )函数。C 程序从主函数开始执行，这与它在程序中的位置无关。主函数中的语句用花括号{ }括起来。

图 2-1　例 2-1a 运行结果

- main( )函数内的语句都向后缩进 4 个空格，这是为了增强程序的可读性。
- 一般情况下，C 语句以分号";"结尾。
- 对于变量一定要先对其进行定义，然后再进行赋值使用。
- 在为变量赋值时，等号两边的空格不是必需的，增加空格是为了增强程序的可读性。
- 在程序中使用有注释语句，即/* */所包含的内容。C 风格的注释可以是一行或多行，而 C++ 风格的注释以//开始且只能占一行。注释不可以嵌套，即一个注释中不能添加另一个注释。C 编译器在编译程序时会忽略注释，不对注释内容进行语法检查，不执行注释内的语句。注释只起到对程序功能的说明作用，给程序添加必要的注释可使程序的可读性更强。

3．变量的初始化

声明变量后可以为变量赋初值，又叫变量的初始化。

C 语言允许在声明变量的同时对变量进行初始化。格式为：

<code>类型说明符　变量名=初始数据;</code>

其中，"="为赋值运算符，表示初始数据存入变量名所代表的内存单元，而初始数据只能为常量或常量表达式。

如果定义了一个变量，但未对其进行初始化，那么此变量的值会是一个随机数。所以，定义变量后、使用变量前，要对其进行初始化，以免使用变量时运用一个错误的值。

C 语言允许在变量定义的同时进行初始化，养成定义变量同时为其初始化的习惯有助于避免因忘记对变量赋初值导致的计算错误。

【例 2-1b】例 2-1a 程序可修改如下：

```
#include <stdio.h>
#include <stdlib.h>

void main()
{
    int a=1;
    float b=1.23;
    double c=1.2345678;
    char ch='a';

    printf("a=%d\n",a);
    printf("b=%f\n",b);
    printf("c=%lf\n",c);
    printf("ch=%c\n",ch);

    system("pause");

}
```

如果相同类型的几个变量同时初始化，可以在一个声明语句中进行。

例如：int a=1,b=2;

还可以对定义变量中的一部分赋初值。

例如：int a=1, b;

　　　int a, b=2;

不可以在声明中对变量进行连续赋值。

例如：int a=b=c=1;

4．变量赋值

声明变量之后，通过赋值语句为变量指定数据。

格式为：

<code>变量名 = 表达式;</code>

其中，"="为赋值符号，即赋值运算符。表达式可以是常量、变量、函数以及其他各类表达式。赋值后，变量的值将由新值取代。

赋值语句执行的操作如下：从某个存储单元取出数据，进行处理，处理后的结果可以重新送回到原存储单元，也可以送入其他同类型的存储单元中。

C 语言允许对变量连续赋值，可以写成：

```
变量=(变量=表达式);
或变量=变量=...=表达式;
```

为变量赋值要注意：

（1）如果表达式中含有变量，此变量之前必须已经赋值。

（2）给变量赋值，必要时自动进行数据类型转换。

例如：int x ='a';

这里就将字符型数据转换为整型数据赋予变量 x。

（3）赋值语句 "=" 左侧只能是变量，不可以是表达式、常量、函数等。

（4）不能将字符串常量赋值给字符型变量。

【例 2-1c】关于变量定义和赋值的几个常见错误。

源程序如下：

```
#include <stdio.h>
#include <stdlib.h>

void main()
{
    int a;
    float a,b;          /*错误1：变量 a 被重复定义*/

    a=1.2;
    s=a+b;              /*错误2：变量 b 未赋初值就使用；错误3：变量 s 未声明先使用*/

    system("pause");
}
```

此段程序中的三个错误都是初学者常犯的错误。

5. const 修饰变量

在定义变量时加上 const 修饰符，可以告诉编译器它的值是固定的，不能被改变。编译器会帮你检查、监督。

const 表示将变量声明为 "只读"，即程序可以访问 const 型变量的值，但不能修改它。

关键字 const 的用法如：

```
const double pi=3.1415926;
```

const 推出的初始目的，正是为了取代宏常量，消除其缺点，同时继承其优点。

在编译的时候，由于 const 限定的变量只是给出了对应的内存地址，表示可以使用它的值参与运算，但它不能被赋值，起到了常量的作用。而不是像#define 给出的是替换文本，在内存中有若干份副本。

const 和#define 的区别：

（1）#define 用于定义符号常量，而 const 用于说明变量。

例如：

```
#define PI 3.14159
const int pi=3.14159
```

例中 PI 是一个宏，代表常数 3.14159，而 pi 是一个变量，其初始值为 3.14159。系统编译之前，预处理程序会将 PI 替换成对应的数值，因此调试程序时一般不能引用 PI，而 pi 作为一个 C

程序变量被编译器识别，调试时可直接按名引用。

（2）const 说明的变量和其他变量有相同的作用域规则，不能用于常量表达式。而#define 定义的常量可用于常量表达式。

采用 const 限定符强制实现最低访问权原则的设计，可极大地减少程序的调试时间和副作用，使程序易于调试和修改。

2.2.2　常量

1. 常量的类型

C 语言中常量分为字面常量、宏常量。

（1）字面常量是指在源代码中直接输入的值，如：59、'A'。

（2）宏常量是指为使程序易于阅读和便于修改，给程序中经常使用的常量定义一个有一定含义的名字，或用于定义在程序中保持不变、程序内部频繁使用的值，用比较简单的方式替代某些值等情况；或为了防止意外的修改，增强程序的健壮性。

定义宏常量格式：

```
#define  标识符常量 替换文本
```

#define 编译指令的准确含义是，命令编译器将源代码中所有标识符常量替换为替换文本。其效果与使用编辑器手工进行查找并替换相同。

例如：#define PI 3.1415926

编译预处理指令#define 将 PI 定义成一个要被 3.1415926 取代的符号，此时 PI 不是一个变量，而是 3.1415926 的别名。在编译开始之前，只要在程序的表达式中引用 PI，预处理器就会用#define 指令中的值 3.1415926 来取代它。

根据约定，符号常量名中的字母为大写，这易于将其同变量名区分开来。根据约定，变量名中的字母为小写。

一般情况下，程序员将所有的#define 放在一起，并将它们放在程序的开头。

宏常量不同于变量，一旦定义之后它所代表的值在整个作用域内不能改变，也不能对其赋值。

宏常量也有其自身的缺点，就是宏常量被替换成替换文本之后，内存中有同一个替换文本的多份副本。

【例 2-2】宏常量的定义和使用：编程输入一个半径值，计算圆的面积。

源程序如下：

```
#include <stdio.h>
#include <stdlib.h>
#define PI 3.14159265                /*定义一个符号常量PI*/

int main()
{
    float r,a;                       /*定义单精度实型变量r、a,分别代表半径和面积*/

    printf("Input radius: ");        /*在屏幕上显示输入提示*/
    scanf("%f",&r);                  /*从键盘上以单精度小数形式输入半径的值*/

    a=PI*r*r;

    printf("\n area=%f ", a);        /*在屏幕上以单精度小数形式输出计算的面积结果*/
```

```
    system("pause");

    return(0);
}
```

运行结果如图 2-2 所示。

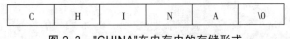

图 2-2　例 2-2 运行结果

2. 常量数据的类型

在程序中使用常量时，一般不需要具体指出常量属于的数据类型，C 语言编译系统会自动根据常量的数据大小和直观形式确定它的数据类型。例如 1、2、–10 为整数，就可以判断它是整型常量；1.23、3.14 为实型，'A'为字符型常量，"student"为字符串型常量。

常量中使用的数据类型有整型、实型、字符型，我们在这些数据类型的章节中分别介绍。

字符串常量是用一对双引号（" "）括起来的字符序列。这里的双引号仅起到字符串常量的边界符的作用，它并不是字符串常量的一部分。例如："Hello word. \n"、"ABC"、" "、"a"。

C 语言规定在每个字符串的结尾加一个"字符串结束标志"，以便系统据此判断字符串是否结束。C 规定以 "\0"（ASCII 码为 0 的字符）作为字符串结束标志。

例如，"CHINA"在内存中的存储如图 2-3 所示（存储长度为 6）。

C	H	I	N	A	\0

图 2-3　"CHINA"在内存中的存储形式

可见，字符常量与字符串常量的区别有两个方面：从形式上看，字符常量是用单引号括起的单个字符，而字符串常量是用双引号括起的一串字符；从存储方式看，字符常量在内存中占一个字节，而字符串常量除了每个字符各占一个字节外，其字符串结束符'\0'也要占一个字节。例如，字符常量'a'占一个字节，而字符串常量"a"占两个字节。

在定义字符串常量时，字符串结束符不需要单独给出，C 语言会自动加入，在存储时'\0'字符会额外占用一个字节空间，系统也将根据'\0'标志来判断字符串是否结束。

由双引号"""括起来的字符序列中的字符个数称为字符串的长度，字符串结束符不计算在字符串长度中。转义字符也可以出现在字符串中，但只能作为一个字符。

例如：字符串"\\\"XYZ\"\n"的长度是 7 。

如果字符串常数中出现双引号，则要用反斜线 "\" 将其转义，取消原有边界符的功能，使之仅作为双引号字符起作用。例如，要输出字符串 He says："How do you do. "，应写成

```
printf("He says:\"How do you do.\ "");
```

2.3　变量或数据类型所占内存空间的计算

2.3.1　信息编码的存储

计算机在执行程序时先要把程序的机器指令、数据等存入内存，在内存中为程序的变量分配存储空间，之后才能完成程序设计的具体工作。

　　关于数值的存储，人们习惯采用十进制的数据表示方式，而计算机内都只能识别和处理二进制数，如果要用计算机来处理十进制数据，需要将十进制数转换为计算机能识别的二进制数，输出时再将二进制数转换为人们所熟悉的十进制数。

　　在计算机内部，数值型数据分成整数和实数两大类。计算机中的整数一般采用定点数表示，定点数是指小数点在数中有固定的位置。而实数是用浮点数表示，即小数点位置不固定。

　　整数又可分为无符号整数（不带符号的整数）和有符号整数（带符号的整数）。

　　字符型数据在计算机内部也要转换成二进制数才能被计算机处理，计算机中常用的字符编码标准有 ASCII（美国国家信息交换标准代码），用 1 个字节的低 7 位表示 2^7 个不同的字符，包括大、小写的 26 个英文字母、0~9 的数字、33 个通用运算符和标点符号，以及 33 个控制码；Unicode编码，采用统一编码字符集，目标是对全球所有文字进行统一编码，采用两个字节表示一个字符；汉字编码，我国颁布的 GB 2312—1980 标准中规定，一个汉字用两个字节表示，每个字节只用低7 位，从小到大，最高位为 0。

2.3.2　用 sizeof( )运算符计算变量和数据类型的内存空间

　　C 标准并没有规定各种不同的整型数据在内存中所占的字节数，只是简单地要求长整型数据的长度不短于基本整型，短整型数据的长度不长于基本整型。另外，同种类型的数据在不同的编译器和计算机系统中所占的字节数不尽相同。要想准确计算某种类型数据所占内存空间的字节数，可以使用 sizeof( )运算符，这样可以避免程序在不同系统中运行时出现数据丢失或溢出的问题。

　　sizeof( )运算符是 C 语言提供的专门用于计算数据类型字节数的运算符。

　　【例 2-3】用 sizeof( )运算符计算并显示每种数据类型所占内存空间的大小。

　　源程序如下：

```
#include <stdio.h>
#include <stdlib.h>

int main()
{
    printf("      int size is  %d bytes\n", sizeof(int));
    printf("  shorint size is  %d bytes\n", sizeof(short));
    printf("  longint size is  %d bytes\n", sizeof(long));
    printf("  float   size is  %d bytes\n", sizeof(float));
    printf("  double  size is  %d bytes\n", sizeof(double));
    printf("  char    size is  %d bytes\n",
    sizeof(char));

    system("pause");

    return 0;
}
```

程序运行结果如图 2-4 所示。

本例中显示的都是常用的数据类型的长度，初学者需要加以记忆，以备后面的学习之用。

```
     int size is    4 bytes
 shorint size is    2 bytes
 longint size is    4 bytes
 float   size is    4 bytes
 double  size is    8 bytes
 char    size is    1 bytes
请按任意键继续. . .
```

图 2-4　例 2-3 运行结果

2.4　整 型 数 据

整型数据包括整型常量、整型变量。整型常量就是整型常数，整型数据在内存中以二进制补码形式存放。

2.4.1　整型常量

整型常量包括正整数、负整数、0。

1. 整型常量的表示形式

在 C 语言中整型常量有十进制、八进制、十六进制三种形式，具体说明如表 2-2 所示。

表 2-2　整型常量的不同进制的表示形式

进　　制	正整数表示例	负整数表示例	说　　　　明
十进制	17	−17	没有前缀，由 0~9 的数字序列组成，首位不能是 0，数字前面可以带正负号
八进制	021	−021	以 0 开头，后面跟 0~7 数字序列组成的八进制数
十六进制	0x11	−0x11	以数字 0 和字母 x（可大写）开头，后面跟 0~9、a~f（也可大写）的数字序列组成的十六进制数

2. 整型常量的类型

整型常量还分成长整型、短整型、有符号数、无符号数。其中，int 型默认为有符号整型，无符号整型常量由常量值后跟 U 或 u 表示；长整型常量由常量值后跟 L 或 l 表示；无符号长整型常量由常量值后跟 LU、Lu、lU、lu 来表示。

整型常量的数据类型可以根据它的值的范围来确定，一个整数其值如果在−2 147 483 648 ~ 2 147 483 647 范围内，则认为是 int 型；超过上述范围，则认为是 long int 型，可赋给 long int 型变量。一个 int 型的常量也同时是一个 short int 型常量，可以赋给 int 型或 short int 型变量。常量无 unsigned 型，但可将一个非负值且在取值范围内的整数赋给 unsigned 型变量。在一个整常量后面加一个字母 l 或 L，则认为是 long int 型常量。

在特定的机器系统中，所表示数的范围是有限的。

2.4.2　整型变量

1. 整型变量的分类

整型变量以关键字 int 作为基本类型说明符，另外配合 4 个类型修饰符，用来改变和扩充基本类型的含义，以适应更灵活的应用。可用于基本型 int 上的类型修饰符有 4 个：long（长）、short（短）、signed（有符号）和 unsigned（无符号）。

这些修饰符与 int 可以组合成 6 种不同整数类型，这是 ANSI C 标准允许的整数类型。

- 有符号基本整型：[signed] int。
- 有符号短整型：[signed] short [int]。
- 有符号长整型：[signed] long [int]。
- 无符号基本整型：unsigned [int]。

- 无符号短整型：unsigned short [int]。
- 无符号长整型：unsigned long [int]。

> **注意**：在书写时，如果既不指定为 signed，也不指定为 unsigned，则隐含为有符号（signed）。由此可见有些修饰符是多余的，如修饰符 signed 就是不必要的，因为 signed int、short int、signed short int 与 int 类型是等价的，提出这些修饰只是为了提高程序的可读性。因为 signed 与 unsigned 对应，short 与 long 对应，使用它会使程序看起来更加明了。

有符号整型数的存储单元的最高位是符号位（0 为正、1 为负），其余为数值位。无符号整型数的存储单元的全部二进制位用于存放数值本身而不包含符号。

表 2-3 列出了 32 位机上整型数据所占用的内存空间和所能表示的数的精度，注意 int 和 long 有着相同的取值范围。

表 2-3　32 位机的整数类型

变 量 类 型	类型说明符	取 值 范 围	所需内存字节数
短整型	short int	$-2^{15} \sim 2^{15}-1$，$-32\,768 \sim +32\,767$	2
整型	int	$-2^{31} \sim 2^{31}-1$，$-2\,147\,483\,648 \sim +2\,147\,483\,647$	4
长整型	long int	$-2^{31} \sim 2^{31}-1$，$-2\,147\,483\,648 \sim +2\,147\,483\,647$	4
无符号短整型	unsigned short int	$0 \sim 65\,535$	2
无符号整型	unsigned int	$0 \sim 4\,294\,967\,295$	4
无符号长整型	unsigned long int	$0 \sim 4\,294\,967\,295$	4

2. 整型变量的定义

整型变量定义的格式：

```
数据类型名　变量名；
```

【例 2-4】 整型变量的定义。

源程序如下：

```c
#include <stdio.h>
#include <stdlib.h>

int main(void)
{
    int a, b, sum;              /*定义整型变量a、b、sum */

    a=3;                        /*为变量a赋初值 */
    b=5;
    sum =a+b;                   /*计算a与b的和并将结果赋给sum */
    printf("%d\n", sum);        /*输出变量sum的值*/

    system("pause");
    return 0;
}
```

运行结果如图 2-5 所示。

图 2-5　例 2-4 运行结果

程序说明：

- 定义变量时，类型说明与变量名之间要有空格间隔，可以说明多个相同类型的变量，各个变量之间用逗号分隔。
- 变量说明必须在变量使用之前，即先定义后使用。
- 可以在定义变量的同时，对变量进行初始化。

3．整型数据的溢出

一个 int 型变量的最大允许值为 2 147 483 647，如果再加 1，其结果不是 2 147 483 648，而是 –2 147 483 648，因为"溢出"。同样一个 int 型变量的最小允许值为–2 147 483 648，如果再减 1，其结果不是–2 147 483 649 而是 2 147 483 647，也发生了"溢出"。

【例 2-5】整型数据的溢出。

源程序如下：

```
#include <stdio.h>
#include <stdlib.h>

int main()
{
    int  a,b;

    a=2147483647;
    b=a+1;
    printf("\na=%d,a+1=%d",a,b);
    a=-2147483648;
    b=a-1;
    printf("\na=%d,a-1=%d\n",a,b);

    system("pause");
    return 0;
}
```

运行结果如图 2-6 所示。

程序说明：

在 Visual Studio 2010 环境中，一个整型变量只能容纳–2 147 483 648 ~ 2 147 483 647 范围内的数，无法表示大于 21 47 483 647 或小于

图 2-6　例 2-5 运行结果

–2 147 483 648 的数，遇此情况就发生"溢出"，但运行时不报错。它就像钟表一样，钟表的表示范围为 1 ~ 12，达到最大值后，又从最小数开始计数，因此，最大数 12 加 1 得不到 13，而得到最小数 1，同样，最小数 1 减 1 也得不到 0 而得到 12。

在此例中我们可以看到最大的整型变量 2 147 483 647 加 1 后得到的是最小值–2 147 483 648，而最小值–2 147 483 648 减 1 后得到最大值 2 147 483 647。

C 语言的用法比较灵活，很多情况下出现此类"副作用"系统却不给出"出错信息"，要靠程序员的细心和经验来保证结果的正确。

2.4.3　整型数据的输入与输出

我们使用最多的方式是通过键盘进行输入，通过计算机屏幕进行输出。下面就介绍用格式输入函数 scanf( )和格式输出函数 printf( )进行整型数据的输入与输出。

我们知道在 C 语言中变量要"先定义再使用",函数也是一样。我们要使用格式输入函数 scanf( ) 和格式输出函数 printf( ),就要先进行定义。如果这样,那么每次使用之前定义会很麻烦。C 语言中将某些函数定义在某些头文件中,使用之前用预编译命令将头文件包含到用户源文件中就可以了。scanf( )和 printf( )函数被定义在头文件"stdio.h"中,所以源文件开始处要有如下的预编译命令:

```
#include <stdio.h>
```

1. 调用 scanf( )函数输入整型数据

调用格式:

```
scanf("格式控制字符串",输入项地址列表);
```

说明:

- 格式控制字符串是用来指定输出数据的格式的,由普通字符和"%d"组成,用来说明输入数据的数据类型是整型,输入时将普通字符原样输入。
- 输入项地址列表是接收数据的变量的地址列表,输入项与格式控制字符串在类型和数量上要严格对应,有多个输入项时,每个地址名之间以逗号","分隔。

例如: scanf("%d",&a);

其中"%d"代表的意思是输入的数据是 int 型数据,"&"是地址操作符,与变量名连用表示变量的内存地址,"&a"表示变量 a 的地址。例中的 scanf( )函数将从键盘上输入的整型数据存放在变量 a 的内存单元中,即将从键盘上输入的整型数据赋给了变量 a。

例如:scanf("%d%d",&a,&b);是从键盘上输入两个整型数据,第一个赋给了变量 a,第二个赋给了变量 b,输入数据时,两个数据之间加一个空格作为读入数据的分隔符。

例如:scanf("%d,%d",&a,&b);此句中,从键盘上输入两个整型数据时,以","作为两个数据的分隔符。

2. 调用 printf( )函数输出整型数据

调入格式:

```
printf("格式控制字符串",输出项列表);
```

说明:

- 格式控制字符串是用来指定输出数据的格式的,由普通字符和"%d"组成,普通字符原样输出,"%d"代表着将变量以整型数据的形式输出。
- 输出项列表指出各个输出数据,当有多个输出项时各输出项之间用逗号隔开。输出项可以是常量、变量和表达式,也可以没有输出项。
- 输出项必须与格式字符在类型和数量上完全对应。

例如: printf("%d,%f",a,b);

此句是将变量 a 和 b 的值以整型的形式输出到屏幕上,值之间以逗号分隔。

【例 2-6】从键盘输入长方形的长和宽,在屏幕上输出其面积和周长。

源程序如下:

```
#include <stdio.h>
#include <stdlib.h>

void main()
```

```
{
    int l,w,p,a;                        /*定义长方形的长和宽分别为整型变量l和w,周长和面
                                          积分别为整型变量p和a*/
    printf("please input  integer");    /*在屏幕上输出提示信息,提示用户输入整数,
                                          这类提示信息一般在输入函数之前*/
    scanf("%d%d",&l,&w)                 /*在键盘上以整型形式输入l和w的值*/
    p=2*(l+w);                          /*计算长方形周长*/
    a=l*w;                              /*计算长方形面积*/
    printf("p=%d\na=%d\n",p,a);         /*在屏幕上以整型形式输出p和a的值,并且各占一行*/

    system("pause");
}
```

运行结果如图 2-7 所示。

程序说明：

- 输入函数的格式要求输入两个整数时以空格作为分隔符。
- 输出函数中"p="和"a="属于普通字符,会按原形输出。
- "\n"的意思是此符号前内容独占一行,这样会使显示内容更清楚。

图 2-7　例 2-6 运行结果

2.5　实　型　数　据

实型数据在 C 语言中又称实数、浮点数,根据其表示形式可分为实型常量和实型变量。

2.5.1　实型常量

实型常量是日常生活中的小数形式的常数,它的两种表示形式（小数形式和指数形式）的使用说明如表 2-4 所示。

表 2-4　实型常量的两种表示形式

表 示 形 式	实　　例	说　　　　明
小数	3.14、-6.28	是平时人们常用的表示形式,必须有小数点
指数	$1.23e^4$	其中以 e 或 E 代表以 10 为底的指数,e 或 E 的左边是数值部分,可以表示成整数或小数形式,不能省略,e 或 E 的右边是指数部分,必须是整数形式

实型常量只有十进制形式,如果不加说明,实型常量为正值,否则前面加负号。

对于绝对值小于 1 的实型常量,小数点前面的零可以省略,例如,0.78 可写成.78。

实型常量还有单精度、双精度及长双精度三种,无有符号和无符号的区分。其中,单精度实型常量在常量值后跟 F 或 f;长双精度常量由常量值后面跟 L 或 l 来表示。

2.5.2　实型变量

与整数存储方式不同,实型数据是按照指数形式存储的。系统将实型数据分为小数部分和指数部分,分别存放。

实型变量分为单精度型（float）、双精度型（double）。单精度型变量在内存中占 4 个字节（32位）,双精度型变量在内存中占 8 个字节（64 位）。

实型变量说明的格式和书写规则与整型相同。

例如：

```
float a,b;                        /*定义 a,b 为单精度实型*/
double x;                         /*定义 x 为双精度实型*/
```

【例 2-7】实型数据的应用。

源程序如下：

```
#include <stdio.h>
#include <stdlib.h>

int main()
{
    float x;                      /*说明变量 x 为单精度实型*/
    double y;                     /*说明变量 y 为单精度实型*/

    x=12345.6789 ;                /*为 x 赋值*/
    y=0.123456789123456789e15;    /*为 y 赋值*/
    printf("x=%f,y=%f\n",x,y) ;   /*输出变量 x、y 的值*/

    system("pause");
    return 0;
}
```

运行结果如图 2-8 所示。

程序说明：

程序为单精度变量 x 和双精度变量 y 分别赋值，并不经过任何运算就直接输出变量 x、y 的值。理想结果应该是照原样输出，即 x=12345.6789，y=123456789123456.789。但运行该程序，实际输出结果是：x=12345.678711，y=123456789123456.780000。

由于实型数据的有效位是有限的，程序中变量 a 为单精度型，只有 7 位有效数字，所以输出的前 7 位是准确的，第 8 位以后的数字 8711 是无意义的。变量 y 为双精度型，可以有 15～16 位的有效位，所以输出的前 16 位是准确的，第 17 位以后的数字 80000 是无意义的。由此可见，由于机器存储的限制，使用实型数据在有效位以外的数字将被舍去，由此可能会产生一些误差，我们在编程中要注意。

为了进一步说明，我们再看下一个例子。

【例 2-8】实型数据的舍入误差。

源程序如下：

```
#include <stdio.h>
#include <stdlib.h>

int main()
{
    float a,b;

    a=1.23456789e15;               /*给实型变量 a 赋值*/
    b=a+6;                         /*将实型变量 a 的值加上 6 后赋给实型变量 b*/
    printf("a=%f,b=%f\n",a,b);     /*以十进制小数形式输出实型变量 a,b 的值*/

    system("pause");
    return(0);
}
```

运行结果如图 2-9 所示。

```
x=12345.678711
y=123456789123456.780000
请按任意键继续. . .
```

图 2-8　例 2-7 运行结果

```
a=1234567948140544.000000
b=1234567948140544.000000
请按任意键继续. . .
```

图 2-9　例 2-8 运行结果

程序说明：

从运行结果看程序运行时输出 b 的值与 a 相等。原因是 a 的值比 6 大很多，而一个实型变量只能保证的有效数字是 7 位。运行程序得到 a 和 b 的值都是 1234567948140544.000000，可以看到，前 7 位是准确的，后面都是不准确的，把数加在后几位上是无意义的。

由于实数存在舍入误差，所以使用时要注意以下几点：

- 不要试图用一个实数精确表示一个大整数，浮点数是不精确的。
- 实数一般不判断"相等"，而是判断接近或近似。
- 避免直接将一个很大的实数与一个很小的实数相加、相减，否则会"丢失"小的数。
- 根据要求选择单精度型和双精度型。

2.5.3　实型数据的输入与输出

实型数据的输入与输出，包括单精度实型数据的输入与输出、双精度实型的输入与输出，我们还是采用标准输入/输出函数。

1. 调用 scanf( )函数输入实型数据

调用格式：

```
scanf("格式控制字符串",输入项地址列表);
```

格式控制字符串是用来指定输出数据的格式的，由普通字符和"%f/lf"组成，用来说明输入数据的数据类型是实型，输入时将普通字符原样输入。

如果要输入单精度实型数据，修饰符为 f，双精度实型为 lf。

在有多个输入项时，如果格式控制字符串中没有普通字符或转义字符作为读入数据之间的字符，那么要采用空格符、Tab 符或回车符作为读入数据的分隔符。当 C 语言编译系统遇到回车符或非法字符时，会自动认为数据输入结束。计算机等待所有数据输入结束后的最后一次回车符，再将读入的数据分别存入对应变量所指定的内存单元。如果数据的输入少于格式控制字符串所指定转换说明符的个数，则计算机将一直等待数据的输入，直到所有数据全部被输入为止。

例如：

```
float x, double y;
scanf("%f%lf",&x,&y);
```

输入数据的方式可以是　1.2 <空格>1.234<回车>

或　1.2 <回车>

　　1.234<回车>

或　1.2 <Tab>1.234<回车>。

如果输入函数是这样：

```
scanf("x=%f,y=%lf",&x,&y);
```

那么输入数据的方式必须是　x=1.2,y=1.234<回车>，即格式控制字符串中的普通字符必须原形输入。一般不建议初学者在格式控制字符串中写入普通字符，以免造成输入格式错误。

2．调用 printf( ) 函数输出实型数据

调用格式：

```
printf("格式控制字符串",输出项地址列表);
```

其中格式控制字符串由普通字符、修饰符和 "%f/lf" 组成，规定了输出项中的变量以单精度小数/双精度小数的数据格式输出。

修饰符包括宽度修饰符和精度修饰符，用于确定输出数据的宽度和精度。

【例 2-9】 在输出函数中使用宽度修饰符和精度修饰符输出单精度实型和双精度实型。

源程序如下：

```
#include <stdio.h>
#include <stdlib.h>

void main()
{
    float x=123.4567;
    double y=123456789.123456789;

    printf("x=%f\ny=%lf\n",x,y);  /*以单精度实型输出 x 变量值，并独占一行；以双精度实
                                    型输出 y 变量值并独占一行*/

    printf("x=%8.3f\n",x);        /*以单精度实型输出 x 变量值并独占一行，并要求输出数
                                    字的宽度为 8 个字符，其中小数位占 3 位，居右排列*/

    printf("x=%-8.3f\n",x);       /*以单精度实型输出 x 变量值并独占一行，并要求输出数
                                    字的宽度为 8 个字符，其中小数位占 3 位，居左排列*/

    printf("y=%8.5lf\n",y);       /*以双精度实型输出 y 变量值并独占一行，要求输出数字
                                    宽度占 8 个字符，其中小数位占 5 位*/

    system("pause");
}
```

运行结果如图 2-10 所示。

程序说明：

- 单精度实型输出时如果不要求小数位数，小数位占 6 位。

- 双精度实型输出时如果不要求小数位数，小数位占 6 位，实际小数位超过 6 位的，保留小数位时四舍五入。

图 2-10　例 2-9 运行结果

- 限定输出数位的情况下，如果实际数位比限定数位大，会以实际数位输出；如果实际数位比限定数位小，那么居右排列。

- 限定输出数位前加 "-" 号，代表着输出居左排列。

2.6　字符型数据

字符型数据包括字符常量和字符变量。

2.6.1　字符常量

字符常量包括在计算机上显示的全部符号，即 ASCII 码表上的全部字符。

字符常量是用单引号（''）括起来的一个字符。例如 'a'、'3'、'='、'+'、'?' 都是合法的字符常量。

在 C 语言中，还规定了另一类字符型常量，它们以"\"开头，"\"称为转义字符。转义字符具有特定的含义，不同于字符原有的意义，故称"转义"字符。例如，在前面各例题中 printf() 函数的格式串用到的"\n"就是一个转义字符，其意义是"换行"。

所有字符常量（包括可以显示的、不可显示的）均可以使用字符的转义表示法表示（ASCII 码表示）。转义字符主要用来表示那些用一般字符不便于表示的控制代码。

常用的转义字符及其含义如表 2-5 所示。

表 2-5　常用转义字符及其含义

字 符 形 式	含 义	字 符 形 式	含 义
\n	换行	\"	双撇号字符
\t	代表 Tab 符，跳到下一输出区	\'	单撇号字符
\b	退格	\\	反斜杠字符
\r	回车	\ddd	用三位八进制数代表一个 ASCII 字符
\0	空值，字符串结束标志	\xhh	用二位十六进制数代表一个 ASCII 字符

转义字符大致分为三类。
- 第一类是在单引号内用"\"后跟一字母表示某些控制字符。例如，"\r"表示"回车"，"\b"表示"退格"等。
- 第二类是单引号、双引号和反斜杠这三个字符只能表示成"\'""\""、"\\"。
- 第三类是"\ddd"和"\xhh"这两种表示法，可以表示 C 语言字符集中的任何一个字符。ddd 和 xhh 分别为八进制和十六进制的 ASCII 代码。例如，"\101"表示字符 A，"\x41"也表示字符 A，"\102"表示字符 B，"\134"表示"反斜线"等。

【例 2-10】转义字符的使用。

源程序如下：

```c
#include <stdio.h>
#include <stdlib.h>

int main()
{
    int a,b,c;

    a=1234567;b=8;c=9;
    printf("%d\n\t%d %d\n %d %d\t\b%d",a,b,c,a,b,c);

    system("pause");
    return(0);
}
```

运行结果如图 2-11 所示。

程序说明：

程序在第一列输出 a 值 1234567 之后执行"\n"，故回车换行；接着执行"\t"，跳到下一制表位置（设

图 2-11　例 2-10 运行结果

制表位置间隔为 8），再输出 b 值 8；空一格再输出 c 值 9 后又是 "\n"，故再回车换行；再空一格之后又输出 a 的值 1234567；再空一格又输出 b 的值 8；再次跳到下一制表位置，但执行转义字符 "\b" 退格，又退回一制表位置，在 8 的位置再输出 c 值 9。

2.6.2　字符变量

字符型变量用于存放字符常量，即一个字符型变量可存放一个字符，所以一个字符型变量占用一个字节的内存容量。说明字符型变量的关键字是 char，使用时只需在说明语句中指明字符型数据类型和相应的变量名即可。

1. 字符变量的定义

例如：

```
char  s1,s2;              /*说明 s1,s2 为字符型变量*/
s1 = 'A';                 /*为 s1 赋值为字符常量 A*/
s2 = 'a';                 /*为 s2 赋值为字符常量 a*/
```

2. 字符型数据在内存中的存储及使用

字符数据在内存中是以字符的 ASCII 码的二进制形式存放的，占用 1 个字节，如图 2-12 所示。

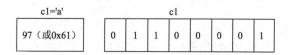

图 2-12　数据在内存中的存储形式

从图 2-12 可以看出字符数据以 ASCII 码存储形式与整数的存储形式类似，这使得字符型数据和整型数据之间可以通用（0~255 范围内的无符号数或-128~127 范围内的有符号数）。具体表现为如下几点。

- 可以将整型常量赋值给字符变量，也可以将字符常量赋值给整型变量。
- 可以对字符数据进行算术运算，相当于对它们的 ASCII 码进行算术运算。
- 一个字符数据既可以字符形式输出（ASCII 码对应的字符），也可以整数形式输出（直接输出 ASCII 码）。
- 字符型数据和整型数据之间可以通用，但是字符型只占 1 个字符，即如果作为整数使用，只能存放 0~255 范围内的无符号数或范围内的有符号数。

【例 2-11】字符变量的使用。

源程序如下：

```
#include <stdio.h>
#include <stdlib.h>

int main()                  /*字符'a'的各种表达方法*/
{
    char c1='a';
    char c2='\x61';         /*\x61 为转义字符*/
    char c3='\141';         /*\141 为转义字符*/
    char c4=97;
    char c5=0x61;           /*0x61 为十六进制数，相当于十进制数 97*/
    char c6=0141;           /*0141 为八进制数，相当于十进制数 97*/
```

```
    printf("\ncl=%c,c2=%c,c3=%c,c4=%c,c5=%c,c6=%c\n",c1,c2,c3,c4,c5,c6);
    /*以字符形式输出*/
    printf("\ncl=%c,c2=%d,c3=%d,c4=%d,c5=%d,c6=%d\n",c1,c2,c3,c4,c5,c6);
    /*以十进制整数形式输出*/

    system("pause");
    return 0;
}
```

运行结果如图 2-13 所示。

C 语言没有专门的字符串变量，如果想将一个字符串存放在变量中，可以使用字符数组（即用一个字符数组来存放一个字符串，数组中每一个元素存放一个字符）。

图 2-13　例 2-11 运行结果

2.6.3　字符数据的输入与输出

字符数据的输入，除了我们已经使用过的标准格式输入/输出函数，还可以调用 getchar( )和 putchar( )函数来实现。

1. 调用 getchar( )函数输入字符型数据

getchar( )函数用于单个字符的输入，功能是从标准输入设备（键盘）上输入一个且只能是一个字符，并将该字符作为 getchar( )函数的返回值。

调用格式：

```
getchar();
```

【例 2-12】getchar( )函数的应用。

源程序如下：

```
#include <stdio.h>
#include <stdlib.h>

void main()
{
    char ch;                    /*定义字符型变量 ch*/

    ch=getchar();               /*从键盘上输入一个字符并将此字符赋值给变量 ch*/
    printf("%c\n%d\n",ch,ch);   /*在屏幕上以字符形式输出变量 ch 的值并独占一行，然后
                                  再以整型形式输出变量 ch 的值并独占一行*/

    system("pause");
}
```

执行本程序时，在键盘上按下字母 a 之后，程序运行结果如图 2-14 所示。

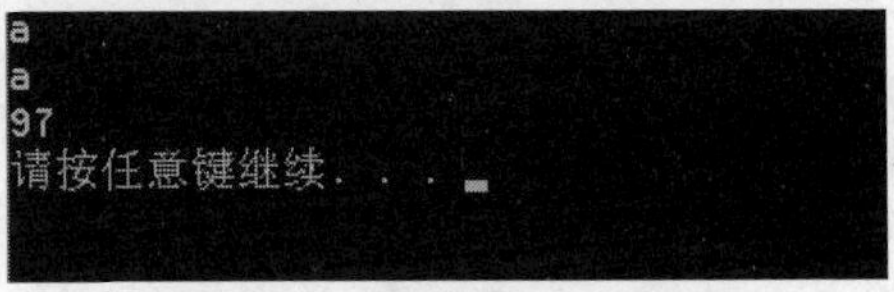

程序说明：

* getchar( )函数只能接收一个字符。
* getchar( )函数得到的字符可以赋值给一个字符型变量或整型变量，也可以不赋给任何变量而只作为表达式的一部分。

图 2-14　例 2-12 运行结果

* getchar( )函数不带参数，使用时要在程序最前面加宏命令#include <stdio.h>。

2.调用 scanf( )函数输入字符型数据

调用格式：

scanf("格式控制字符串",输入项地址列表);

说明：格式控制字符串中修饰符为%c。

例如：scanf("%c",&ch); /* 从键盘上输入一个字符数据赋给字符型变量 ch */

如果输入多个字符型数据时，若以空格符作为分隔符，会被作为有效字符处理，从而产生错误结果。为了避免这种情况发生，在连续输入多个数据时，字符数据前加入空格作为分隔符。

例如：scanf("%d %c",&a,&ch); //跳过字符前的所有空格，保证非空格数据的正确录入

【例 2-13】用 scanf( )函数输入字符型数据。

源程序如下：

```c
#include <stdio.h>
#include <stdlib.h>

void main()
{
    int a;
    char ch;

    scanf("%d %c",&a,&ch);
    printf("a=%d  b=%c ",a,ch);

    system("pause");
}
```

运行结果如图 2-15 所示。

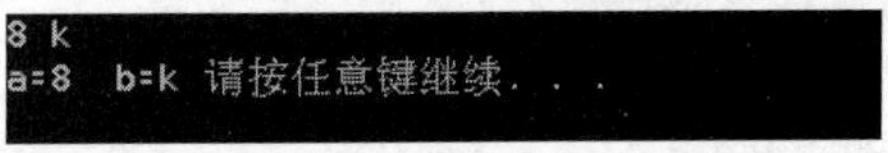

3. 调用 putchar( )函数输出字符型数据

putchar( )函数用于对单个字符输出，其功能是将指定表达式的值所对应的字符输出到标准设备（终端），每次只能输出一个字符。

图 2-15 例 2-13 运行结果

调用格式：

putchar(输出项);

说明：

putchar( )函数必须带有输出项，输出项可以是字符型常量或变量。它的输出项只能是单个字符或结果为字符型数据的表达式，被输出的字符常量必须用单引号括起来，如果是表达式必须是'a'+5 等形式，不能是字符串形式。

【例2-14】putchar( )函数的应用。

源程序如下：

```c
#include <stdio.h>
#include <stdlib.h>

void main()
{
    char a='g';
    putchar(a);
    putchar(a+8);
    putchar(a+8);
```

```
    putchar(a-3);
    putchar('\n');
    putchar('\n');

    system("pause");
}
```

运行结果如图 2-16 所示。

2.6.4 字符数据应用举例

【例 2-15】大、小写字母的转换。

源程序如下：

图 2-16 例 2-14 运行结果

```
#include <stdio.h>
#include <stdlib.h>

int main()
{
    char  c1,c2,c3,c4;

    c1 = 'a';
    c2 = c1+1;        /*c1 的 ASCII 码值 97 加 1 后赋给 c2*/
    c3 = c1-32;       /*c1 的 ASCII 码值 97 减 32 后赋给 c3*/
    c4 = c2-32;       /*c2 的 ASCII 码值 98 减 32 后赋给 c4*/

    printf("\n  %c, %c, %c, %c\n ",c1,c2,c3,c4); /*按字符形式输出各变量的值*/
    printf("%d,%d,%d,%d\n ",c1,c2,c3,c4); /*以十进制整型形式输出各变量的 ASCII 码值*/

    system("pause");

    return 0;
}
```

运行结果如图 2-17 所示。

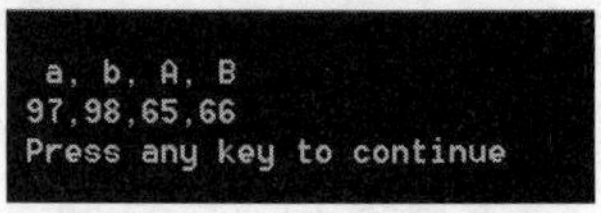

程序说明：

本程序的作用是将两个小写字母 a 和 b 转换成大写字母 A 和 B。
从 ASCII 码表中可以看到每一个小写字母比对应的大写字母的
ASCII 码大 32；本例还反映出允许字符数据与整数直接进行算术运
算，运算时字符数据用 ASCII 码值参与运算，字符数据可以以整数形式输出，输出的是其 ASCII
码值。

图 2-17 例 2-15 运行结果

2.7 指 针 类 型

C 语言中，程序中声明的对象，包括变量、数组、函数等，系统都会分配相应大小的存储空
间，都会在内存中占据由若干字节组成的存储区，对象的地址通常是指该对象所占存储区的第一
个字节地址。指针类型存放的就是地址。

2.7.1 变量的内存地址

C 程序中变量的值都是存储在计算机内存特定的存储单元中的，内存中的每个单元都有唯一
的地址，为获取变量的地址，要用到取地址符&，这在前面介绍 scanf( )函数时就涉及了。

【例 2-16】 使用取地址符&取出变量的地址，然后显示在屏幕上。

源程序如下：

```
#include <stdio.h>
#include <stdlib.h>

int main()
{
    int a=1,b=2;
    char c='A';

    printf("a= %d,  &a: %p\n",a,&a);      /*%p是以十六进制数输出地址值，
                                          字长与主机字长相同*/
    printf("b= %d,  &b: %p\n",b,&b);
    printf("c= %c,  &c: %p\n",c,&c);
    system("pause");

    return 0;
}
```

运行结果如图 2-18 所示。

此例中的变量的三要素：变量名、变量值、变量的地址（存储单元）如表 2-6 所示。

表 2-6　例 2-16 中变量的三要素

```
a= 1,  &a: 0036FF08
b= 2,  &b: 0036FF0C
c= A,  &c: 0036FF13
请按任意键继续. . .
```

图 2-18　例 2-16 运行结果

变量的地址	变 量 的 值	变 量 名
0036FF08	1	a
0036FF0C	2	b
0036FF13	A	c

2.7.2　指针的定义与初始化

C 语言中用一种特殊变量来存放变量的地址，这种特殊的数据类型就是指针。

指针变量就是用于存储变量地址的变量。

指针变量的定义格式：

类型关键字　*指针变量名；

格式说明：

类型关键字是指针变量所指向的变量的数据类型，换句话说，就是指针变量中保存的地址的那个变量的数据类型。指针变量本身的存储单元是固定的（Turbo C 中指针变量本身占 2 个字节，Visual C++中指针本身占 4 个字节）。

例如：int *p;　/*定义一个指针变量 p，它指向一个整型变量*/

也可以在一句中定义两个相同基类型的指针变量。

例如：int *p,*pt;

> **注意**：定义了指针变量，只是声明了指针变量的名字及其指向的数据类型，系统为其分配了一定的存储空间用于存放其他变量的地址，并没有指明指针变量指向了哪里。未初始化的指针变量的值会是一个随机值，使用一个未初始化的指针变量，对其所指的内存单元进行写操作会给系统带来潜在的危险，所以，指针初始化非常重要。

指针变量初始化就是将指针变量指向确定的内存单元，可以通过"&"操作符得到一个变量的地址并赋给一个指针变量，又称该指针指向了一个变量；也可以把另一个初始化了的指向相同类型的指针用赋值语句为其赋值。

【例 2-17】指针变量的初始化。

源程序如下：

```
#include <stdio.h>
#include <stdlib.h>

int main()
{
    int a=1;
    int *pt,*ptr;

    pt=&a;                    /*初始化指针变量 pt，使其指向整型变量 a*/
    ptr=pt;
    printf("a= %d,  &a: %p,  pt: %p,  ptr:%p\n",a,&a,pt,ptr);
                            /*输出变量 a 的值，输出变量 a 的地址，输出指针变量 pt 中保存的
                            变量地址，输出指针变量 ptr 中保存的变量地址*/

    system("pause");
    return 0;
}
```

运行结果如图 2-19 所示。

图 2-19　例 2-17 运行结果

2.7.3　指针的应用举例

我们在这之前访问变量都是通过变量名来访问变量，实际上是直接通过访问变量的存储单元来访问变量，这种访问变量的方式叫做直接访问。

另一种访问变量的方式是通过指针变量间接存取它所指向的变量，这种方式叫做间接访问。

对指针变量的使用首先要了解两个运算符：

（1）"*"，间接引用运算符，用于获取该地址内保存的值。这里要注意，此符号在定义指针时，后面代表着指针型变量名。

（2）"&"，取地址符，用于获取变量的地址。

【例 2-18】指针的应用 1。

源程序如下：

```
#include <stdio.h>
#include <stdlib.h>

int main()
{
    int a=1;
    int *ptr;

    ptr=&a;        /*为指针变量 ptr 赋值,使其指向 a,也就是将变量 a 的地址赋给指针变量 ptr*/
    printf("*ptr=%d\n",*ptr);            /*在屏幕上输出指针变量 ptr 所指向的变量的值*/

    system("pause");
    return 0;
}
```

运行结果如图 2-20 所示。

【例 2-19】指针的应用 2。

源程序如下：

```c
#include <stdio.h>
#include <stdlib.h>

int main()
{
    int *pt,a;                      /*定义整型指针变量pt和整型变量a*/
    pt=&a;                          /*pt 指向 a*/

    printf("a=");
    scanf("%d",pt);                 /*从键盘输入整型数据赋给 pt 指向的变量, 即 a*/
    printf("*pt=%d\n",*pt);         /*输出 pt 所指变量的值*/
    *pt=100;                        /*将 100 赋值给 pt 所指向的变量*/
    printf("*pt=%d\n",*pt);         /*输出 pt 指向的变量的值*/
    printf("a=%d\n",a);             /*输出 a 的值*/

    system("pause");

    return 0;
}
```

运行程序，从键盘输入 55，结果如图 2-21 所示。

图 2-20　例 2-18 运行结果　　　　　　图 2-21　例 2-19 运行结果

2.8　不同类型数据之间的转换

C 语言的基本数据类型共有 13 种，不同数据类型的取值范围不同，进行混合运算时需要进行必要的类型转换，所以清楚运算结果的类型是非常重要的。

2.8.1　自动类型转换

自动类型转换也叫隐式转换，是计算机按照默认规则自动进行的。C 语言规定，不同类型的数据在进行混合运算之前先转换成相同的类型，然后再进行运算。C 编译器在对操作数进行运算之前将所有操作数都转换成取值范围较大的操作数类型，转换的规则如下。

（1）所有的 char 型和 short 型一律先转化为 int 型，所有的 float 型先转化为 double 型再参加运算。转换规则如下所示：

long double ◄—— double,float ◄—— unsigned long ◄—— long ◄—— unsigned ◄—— int ◄—— char,short

（2）当算术运算符"+""－""*""/""%"两边的数据类型不一致时，"就高不就低"。这里的"高"和"低"是指数据所占存储空间的大小。例如：

```c
int  a=35;  double  b=a+3.5;
```

因为 b 是占 8B 的 double 型，而 int 型的 a 只占 4B，故 a 也要转换为 double 型之后才能进行加 3.5

的运算。

（3）当赋值号两边的类型不一致时，右向左看齐。例如：

```
int  a;  float  b=36.789;  a=b;
```

a 的值为 36。

（4）当函数定义时的形式参数和调用时的实际参数类型不一致时，实际参数自动转换为形式参数的类型。

C 语言虽然支持类型自动转换，但有时可能会给程序带来错误隐患，可能会发生数据丢失、类型溢出等错误，丢失的情况如表 2-7 所示。

表 2-7　赋值时发生自动类型转换会丢失的信息

赋值符号左边目标数据类型	赋值符号右边表达式数据类型	可能丢失的信息
signed char	char	当值大于 127 时，目标值为负值
char	short	高 8 位
char	int（16 位）	高 8 位
char	int（32 位）	高 24 位
char	long	高 24 位
short	int（16 位）	无
short	int（32 位）	高 16 位
int（16 位）	long	高 16 位
int（36 位）	long	无
int	float	小数部分（无四舍五入），有时也会损失整数部分
float	double	精度，结果舍入
double	long double	精度，结果舍入

将取值范围小的类型转换为取值范围大的类型是安全的，反之会牺牲数据的精度甚至不安全，所以编程时要选择恰当的数据类型来保证数据运算的正确性。如果确定需要在不同类型数据之间运算，应避免使用这种隐式的自动类型转换，而采用强制类型转换，显式表示编程人员的意图。

2.8.2　强制类型转换

强制类型转换也称显式转换。C 语言中提供一种"强制类型转换"运算符，用它可以强制表达式的值转换为某一特定类型。一般形式如下：

```
(类型) 表达式
```

强制类型转换最主要的用途有以下几方面。

（1）满足一些运算符对类型的特殊要求。

例如，取余运算要求"%"两侧的数据类型必须为整型。"17.5%9"的表示方法是错误的，但"(int)17.5%9"的表示方法是正确的。

另外，C 的有些库函数（如 malloc( )）的调用结果是空类型（void），必须根据需要进行类型的强制转换，否则调用结果就无法利用。

（2）防止整数进行乘除运算时小数部分丢失。

【例 2-20】强制类型转换的应用。

源程序如下：

```
#include <stdio.h>
#include <stdlib.h>
int main()
{
    int a=19,b=2;
    float f1,f2;

    f1=a/b;          /*整型相除，商会是整型，赋值给 f1 之前先隐式转换成实型再赋值*/
    f2=(float)a/b;   /*赋值符号右边先将 a 强制转成实型，实型除以整型商为实型*/
    printf("f1=%f,f2=%f\n",f1,f2);    /*以实型输出 f1 和 f2*/

    system("pause");
    return 0;
}
```

运行结果如图 2-22 所示。

在 C 语言中，用得最频繁的库函数就是 printf()，但是无论把一个整型数按照 "%f" 输出，还是把一个实型数按照 "%d" 输出，结果都是错误的。

```
f1=9.000000,f2=9.500000
请按任意键继续...
```

图 2-22　例 2-20 运行结果

【例 2-21】在 printf() 函数中使用强制类型转换。

源程序如下：

```
#include <stdio.h>
#include <stdlib.h>

int main()
{
    int a=7;
    float b=12.34;

    printf("a/2=%d\n",a/2);
    printf("a/2=%f\n",a/2);
    printf("(float)a/2=%f\n",(float)a/2);
    printf("(float)(a/2)=%f\n",(float)(a/2));
    printf("b/2=%f\n",b/2);
    printf("b/2=%d\n",b/2);

    system("pause");
    return 0;
}
```

运行结果如图 2-23 所示。

分析程序运行结果，可见采用强制转换并且采用正确的输出格式才能输出正确结果。

```
a/2=3
a/2=0.000000
float)a/2=3.500000
(float)(a/2)=3.000000
b/2=6.170000
b/2=-2147483648
请按任意键继续...
```

图 2-23　例 2-21 运行结果

2.9　数　据　输　出

在程序的执行过程中，数据的输入/输出必不可少，在前面的章节中，由于介绍数据类型的需要把相关数据类型的输入/输出进行了简单说明。这里再把 C 语言中的输入/输出函数做补充介绍。

由于 C 语言本身没有输入/输出语句，数据的输入/输出都是通过调用标准输入/输出函数库中的输入和输出函数来实现，其中最常用的函数有：scanf( )/printf( )（格式输入/输出函数）、getchar( )/putchar( )（字符输入/字符输出函数）、gets( )/puts( )（字符串输入/输出函数），它们的函数定义在头文件 stdio.h 中，所以，在调用标准输入/输出库函数时，要使用预编译命令"#include <stdio.h>"将函数定义文件包含在源文件中。

2.9.1 printf( )函数中常用的格式说明

printf 函数称为格式化输出函数,其功能是按用户指定的格式将指定的数据项输出到标准输出设备（一般为显示器）上。

printf( )函数的调用格式：

```
printf("格式控制字符串",输出项列表);
```

说明：

- 格式控制字符串用以指定输出数据的输出格式。格式字符串由格式字符(包括转换说明符、标志、域宽、精度)和普通字符。转换说明符和"%"一起使用，用来说明输出数据的数据类型、标志、宽度和精度。普通字符在输出时按原样输出。
- 输出项列表指出各个输出数据，当有多个输出项时各输出项之间用逗号","隔开，输出项可以是常量、变量和表达式，也可以没有输出项。

1．格式控制字符串

一般形式为：

```
%[修饰符] 转换说明符
```

修饰符为可选项，包括标志修饰符、宽度和精度修饰符、长度修饰符，如果没有修饰符时，以上各项按系统默认值设定显示。

2．printf( )函数转换说明符

printf( )函数转换说明符用法如表 2-8 所示。

表 2-8 printf( )函数转换说明符用法

转换说明符	用　法	转换说明符	用　法
%d	按十进制整数输出带符号整数	%f/lf	按浮点型输出单、双精度实数
%o	按八进制整数输出无符号整数，不输出前缀 0	%e/E	按指数形式输出单、双精度实数
%x	按十六进制整数输出无符号整数，不输出前缀 0x	%u	按十进制形式输出无符号整数
%c	按字符型输出单个字符	%s	按字符串输出

3．printf( )函数宽度和精度修饰符

宽度修饰符用来指定输出数据的点位宽度,用一个十进制整数表示输出数据的位数,插在"%"与转换说明符之间，又称域宽。

精度修饰符是用来指定输出数据的精度,以小数点开始,后面紧跟一个十进制整数表示精度,插在"%"与转换说明符之间，对于不同数据类型，精度的含义不同，对于%d，精度表示最少要

打印的数字个数，对于%f、%e，精度是小数点后显示的数字个数，而对于%s，精度表示输出字符串中字符的个数。

printf( )函数宽度与精度修饰符用法如表 2-9 所示。

表 2-9　printf( )函数宽度与精度修饰符用法

修　饰　符	用　法
%md	以宽度 m 输出整型数，不足 m 位时左侧补空格
%0md	以宽度 m 输出整型数，不足 m 位数时左侧补 0
%m.nd	以宽度 m 输出实型数，小数点位数为 n 位
%ms	以宽度 m 输出字符串，不足 m 位时左侧补以空格
%m.ns	以宽度 m 输出字符串左侧的 n 个字符，不足 m 位时左侧补空格

4. 长度修饰符

长度修饰符加在%与格式字符之间，常用的有两种：l 表示按长整型输出，h 表示按短整型输出，可以和输出转换说明符 d、f、u 连用。printf( )函数长度修饰符用法如表 2-10 所示。

表 2-10　printf( )函数长度修饰符用法

修　饰　符	用　法
l	加在 d、o、x、u 前，用于输出 long 型数据
L	加在 f、e、g 前，用于输出 long double 型数据
h	加在 d、o、x 之前，用于输出 short 型数据

2.9.2　printf( )函数应用举例

【例 2-22】printf( )函数的应用。

源程序如下：

```
#include <stdio.h>
#include <stdlib.h>

int main()
{
    printf("%5d\n",10);             /*以整数形式输出 10，宽度占 5 位*/
    printf("%5d\n",10000);
    printf("%5d\n",100000);
    printf("%0.5d\n",10);           /*以整数形式输出 10，至少占 5 位，不足在左侧补 0*/
    printf("%0.5d\n",10000);
    printf("%0.5d\n",100000);
    printf("%.5d\n",10);            /*以整数形式输出 10，至少占 5 位，不足在左侧补 0*/
    printf("%.5d\n",10000);
    printf("%.5d\n",100000);
    printf("%5s\n","student");      /*以字符串形式输出 student，至少 5 个字符*/
    printf("%8.2s\n","student");    /*以字符串形式输出 student，至少占 8 位，输
                                       出字符个数为 2 */
    printf("%3.5s\n","student");    /*以字符串形式输出 student，至少占 3 位，输
                                       出字符个数为 5 */

    system("pause");
    return 0;
}
```

运行结果如图 2–24 所示。

根据程序运行结果进行分析可知：

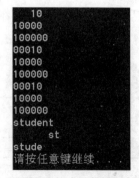

- 当指定的输出数据宽度大于输出的实际宽度，则输出时在宽度内右对齐，左补空格或 0，直到总的数据个数满足指定宽度；

- 当指定的输出数据宽度小于数据的实际宽度时，则按实际数据的位数输出，对于整数和浮点小数，按实际位数输出；对于字符串，按实际串长度输出。

图 2-24　例 2-22 运行结果

- 一般情况下精度用于描述浮点数的小数位数。精度用于描述整数或字符串时，如果要输出的整数数据包含的数字个数小于指定的精度，那么就在要输出的数据前面加 0，直到总的数字个数等于该精度位；而对于字符串，精度确定该字符串左侧的字符个数，这些字符输出在指定域宽的右侧，不足域宽位数时左侧补空格。

- 如果没有为要输出的数据提供足够大的宽度，可能会造成其他输出数据发生位置偏移。

2.10 数 据 输 入

2.10.1 scanf( )函数中常用格式的说明

scanf( )函数称为格式化输入函数，其功能是按指定的格式从标准输入设备（一般指键盘）接收数据项输入并将其保存到指定的变量中。

scanf( )函数的调用格式：

```
scanf("格式控制字符串",输入项地址列表);
```

1. scanf( )函数的格式控制字符串

格式控制字符串规定了输入项中的变量将以何种类型的数据格式被输入，它的一般形式是：

```
%[修饰符] 转换说明符
```

其中修饰符为任选项。转换说明符用于指定相应输入项的内容的输入格式。scanf( )函数转换说明符用法如表 2–11 所示。

表 2-11　scanf( )函数转换说明符用法

转换说明符	用　法	转换说明符	用　法
%d	输入十进制整数	%f 或%e	输入实数，以小数点或指数形式
%o	输入八进制整数	%c	输入一个字符，包括空白字符（空格符、回车符、制表符）
%x	输入十六进制整数	%s	输入字符串，遇空白字符读入结束

输入项地址列表由若干变量的地址组成，每个地址之间用逗号分隔。C 语言中变量的地址可以用取地址符与变量名组成，如&a。也可以是指针变量，因为指针变量中存放的就是变量的地址。

2. scanf( )函数的格式修饰符

在函数 scanf( )的%与格式控制字符串中可以插入格式修饰符，其用法如表 2-12 所示。

表 2-12　scanf( )函数的格式修饰符用法

格式修饰符	用　　法	格式修饰符	用　　法
l	加在格式符 d、o、x、u 之前用于输入 long 型数据；加在 f、e 之前用于输入 double 型数据	m	指定输入数据的宽度（位数），系统自动按此宽度截取所需数据
L	加在 f、e 之前用于输入 long double 型数据	h	加在格式符 d、o、x、之前用于输入 short 型数据

使用 scanf( )函数时注意：

- scanf( )函数没有实数的精度修饰符，输入实型数据时不能规定精度。
- 在%和格式转换说明符间加入符号"*"，代表着对应的输入项不赋给相应的变量。
- 遇空格符、回车符、制表符代表着输入结束。
- 当达到输入域宽和遇到非法字符，会结束读入。
- 格式控制字符串中如果有除格式说明符以外的其他字符，那么这些字符必须由用户从键盘原样输入。

2.10.2　scanf( )函数应用举例

【例 2-23】利用 scanf( )函数输入数据，然后用 printf( )函数输出，用以验证输入正确。

（1）从键盘输入 45、78 分别赋值给变量 x、y，数据以逗号分隔。

（2）输入数据 123456789 分别赋值给变量 x、y、z，每个数据的域宽为 3。

（3）输入整型数据 123 及字符型数据'a'，分别赋值给变量 x、ch。

（4）输入一个八进制整数和一个十六进制整数，分别赋值给变量 x、y。

源程序如下：

```
#include <stdio.h>
#include <stdlib.h>

int main()
{
    int x,y,z ;
    char ch;

    scanf("%d,%d",&x,&y);            /*从键盘输入整数，两个整数之间用逗号分隔*/
    printf("x=%d,y=%d\n",x,y);       /*输出 x 和 y 的值，验证前面的输入格式是否正确*/
    scanf("%3d%3d%3d",&x,&y,&z);     /*输入数据 123456789 分别赋值给变量 x、y、z,
                                        每个数据的域宽为 3*/
    printf("x=%d,y=%d,z=%d\n",x,y,z); /*输出 x、y、z 的值，验证前面的输入格式是否
                                        正确*/
    scanf("%d %c",&x,&ch);           /*从键盘输入整数 123 和空格，然后再输入
                                        字母'a'*/
    printf("x=%d,ch=%c\n",x,ch);     /*输出 x 和 ch 的值，验证前面的输入格式是否正确*/
    scanf("%o,%x",&x,&y);            /* 输入一个八进制整数和一个十六进制整数，
                                        分别赋值给变量 x、y*/
```

```
printf("x=%o,y=%x\n",x,y);    /*以八进制整数形式输出
                               x 的值，以十六进制整数
                               形式输出 y 的值，验证前
                               面输入格式是否正确*/
printf("x=%d,y=%d\n",x,y);    /*以十进制整数形式输
                               出 x 和 y 的值*/

system("pause");
return 0;
}
```

运行结果如图 2-25 所示。

```
45,78
x=45,y=78
123456789
x=123,y=456,z=789
123 a
x=123,ch=a
43,3c
x=43,y=3c
x=35,y=60
请按任意键继续
```

图 2-25   例 2-23 运行结果

2.11   本章常见错误及解决方法

1. 书写标识符时，忽略了大小写字母的区别

例如：

```
int main()
{
    int a=5;

    printf("%d ",A);

    system("pause");
    return 0;
}
```

编译程序把 a 和 A 认为是两个不同的变量名，而显示出错信息。C 语言认为大写字母和小写字母是两个不同的字符。习惯上，符号常量名用大写，变量名用小写表示，以增加可读性。

2. 忽略了变量的类型，进行了不合法的运算

例如：

```
int main()
{
    float  a,b;
    printf( "%d ",a%b);

    system("pause");
    return 0;
}
```

%是求余运算，得到 a/b 的整余数。整型变量 a 和 b 可以进行求余运算，而实型变量则不允许进行"求余"运算。

3. 将字符常量与字符串常量混淆

例如：

```
char  c;
c = "a";
```

在这里就混淆了字符常量与字符串常量，字符常量是由一对单引号括起来的单个字符，字符串常量是一对双引号括起来的字符序列。C 规定以 "\" 作字符串结束标志，它是由系统自动加上的，所以字符串 "a" 实际上包含两个字符：'a '和'\'，而把它赋给一个字符变量是错误的。

4．忽略了 "=" 与 "==" 的区别

在许多高级语言中，用 "=" 符号作为关系运算符 "等于"。C 语言中，"=" 是赋值运算符，"==" 是关系运算符。

例如：a==5

　　　　a=5;

前者是进行比较，a 是否和 5 相等；后者表示把 5 值赋给 a。

5．忘记加分号

分号是 C 语句中不可缺少的一部分，语句末尾必须有分号。

例如：a=1

　　　　b=2;

编译时，编译程序在 "a=1" 后面没发现分号，就把下一行 "b=2" 也作为上一行语句的一部分，这就会出现语法错误。改错时，有时在被指出有错的一行中未发现错误，就需要看看上一行是否漏掉了分号。

例如：

```
{
    z=x+y;
    t=z/100;
    printf( "%f ",t);
}
```

对于复合语句来说，最后一个语句中最后的分号不能忽略不写。

6．变量的初始化问题

变量在使用前已经定义，但是在使用时，并未赋初值，使得变量初值为一个随机数。

2.12　本章小结

本章是学习 C 语言程序设计的基础章节，介绍了基础数据类型，不同类型数据之间的转换，变量和常量的概念、定义、使用，输入和输出函数。本章基本概念很多，对于刚接触程序设计的初学者来说有一定难度，但后面的学习又都和本章内容紧密相联，所以学习者要把基本概念掌握，学会正确使用数据类型。

1．C 语言数据类型

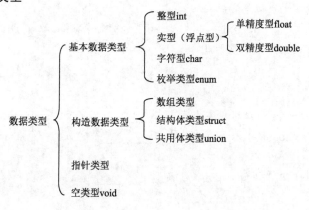

2. 本章知识要点总结

内　　容	知　识　要　点
常量和变量	常量和变量都是指内存中一个被命名的存储位置，在程序运行过程中，变量的值会改变，而常量不会改变
变量	掌握变量的三要素、变量定义、命名、赋值方法、变量的数据类型
常量	掌握常量的数据类型、符号常量的定义、使用
不同类型数据之间的转换	掌握自动类型转换和强制类型转换的方法
输入/输出函数	掌握 scanf( )函数、printf( )函数、getchar( )函数、putchar( )函数的基本使用方法

习　　题

一、单项选择题

1. 以下选项中，正确的 C 语言整型常量是（　　）。

　　A. 321_,　　　　　　B. 510000　　　　　C. -1.00　　　　　　D. '567

2. 以下选项中，（　　）是不正确的 C 语言字符型常量。

　　A. 'a'　　　　　　　B. '\x4l'　　　　　　C. '\101'　　　　　　　D. "a"

3. 在 C 语言中，字符型数据在计算机内存中，以字符的（　　）形式存储。

　　A. 原码　　　　　　B. 反码　　　　　　C. ASCII 码　　　　　D. BCD 码

4. 字符串的结束标志是（　　）。

　　A. 0　　　　　　　 B. 'O'　　　　　　　C. '\0'　　　　　　　D. "0"

5. C 语言变量名只能由字母、数字和下画线组成，并且第一个字符（　　）。

　　A. 必须是字母　　　　　　　　　　　B. 必须为下画线

　　C. 必须是字母、下画线　　　　　　　D. 可以是字母、数字和下画线中任何字符

6. 以下运算符中，结合性与其他运算符不同的是（　　）。

　　A. ++　　　　　　　B. %　　　　　　　C. *　　　　　　　　D. +

7. 若定义：int a=7;int b=2;，则运行 printf("%f",(float)a/b);后结果为（　　）。

　　A. 3.000000　　　　B. 3.5　　　　　　C. 4　　　　　　　　D. 3.500000

8. 执行 scanf("%d%d",&a,&b);要求从键盘输入整数时，两个整数之间以（　　）为间隔。

　　A. 逗号　　　　　　B. 冒号　　　　　　C. 空格　　　　　　　D. 回车符

9. C 语言中，合法的八进制整数是（　　）。

　　A. 01　　　　　　　B. 081　　　　　　C. 0x81　　　　　　　D. 018

10. 字符串" abe\\\M01 "的长度为（　　）。

　　A. 9　　　　　　　　B. 7　　　　　　　C. 8　　　　　　　　D. 10

二、填空题

1. 在 C 语言中，一个 int 型数据在内存中占_____个字节，一个 float 型数据在内存中占_____个字节，一个 double 型数据在内存中占_____个字节，一个 char 型数据在内存中占_____个字节。

2. 执行语句 printf("%d\n",'g'-'i');运行结果是_____。

3. 若有下面程序段：int a=13,b=2;，那么执行 printf("%d",a/b);，运行结果是_____。

4. 若有 int a=3,b=5;，那么语句 printf("%d%d",a,b); 的运行结果应该是_____。

三、上机操作题

1. 设直角三角形的一个直角边为 1.5，另一直角边为 2.3，编程求该三角形的周长和面积。

2. 编写一个程序，将大写字母 A 转换为小写字母 a。

3. 指出下面程序的错误，并改正。

```
#include <stdio.h>
#include <stdlib.h>

void main()
{
    int a=2;b=3;

    c+=a+b
    scanf(" %d,%d,%d ",a,b,c);
    printf("a=%d,b=%d,c=%d",a,b,c);
    system("pause");
}
```

4. 指出下面程序的错误，并改正。

```
#include <stdio.h>
#include <stdlib.h>

void main()
{
    int x=y=2;

    printf("x=%d",x);
    printf("y=%d",y);

    system("pause");
}
```

第 3 章　运算符与表达式

运算是按照某种规则对数据的计算。运算符是用于表示数据操作的符号。C 语言提供了多达 34 种之多的运算符，使得 C 语言功能十分完善。按功能运算符分为算术运算符、关系运算符、逻辑运算符、位运算符、赋值运算符、条件运算符、逗号运算符、求字节数运算符、指针运算符、强制类型转换运算符、分量运算符、下标运算符等；按运算对象可分为单目运算符、双目运算符和三目运算符。

表达式是用运算符将常量、变量、函数等连接起来的算式。

本章知识要点：

◎ 算术运算符与算术表达式。

◎ 关系运算符与关系表达式。

◎ 逻辑运算符与逻辑表达式。

◎ 赋值运算符与赋值表达式。

◎ 逗号运算符与逗号表达式。

◎ 自增、自减运算符。

◎ 条件运算符与条件表达式。

3.1　C 运算符简介

C 语言拥有异常丰富的运算符。首先 C 语言提供了基本运算符，这些运算符在大多数编程语言中都有，本节只介绍最为常用的运算符。C 语言的运算符具有不同的优先级，而且还有结合性。在表达式中，各运算量参与运算的先后顺序不仅要遵守运算符优先级别的规定，还要受运算符结合性的制约，以便确定是自左向右进行运算还是自右向左进行运算。这种结合性是其他高级语言的运算符所没有的，因此也增加了 C 语言的复杂性。

1. 运算符的分类

（1）按在表达式中与运算对象的关系（连接运算对象的个数）可以分为以下三类。

● 单目运算符：一个运算符连接一个运算对象。

● 双目运算符：一个运算符连接两个运算对象。

● 三目运算符：一个运算符连接三个运算对象。

（2）按它们在表达式中所起的作用又可以分为以下几种。

- 算术运算符：包括+、－、*、／和%。
- 自增、自减运算符：包括++和－－。
- 赋值与赋值组合运算符：包括=、+=、－=、*=、／=、%=、<<=、>>=、^=、&=和|=。
- 关系运算符：包括<、<=、>、>=、==和!=。
- 逻辑运算符：包括&&、||和!。
- 位运算符：包括~、|、&、<<、>>和^等。
- 条件运算符：包括?和：。
- 逗号运算符："，"。
- 其他：包括*、&、()、[ ]、.、－>和 sizeof。

2．运算符的优先级和结合性

（1）优先级：指同一个表达式中不同运算符进行计算时的先后次序。

（2）结合性：结合性是规定运算符与运算数组合成表达式的结合方向，结合性是针对同一优先级的多个运算符而言的，是指同一个表达式中相同优先级的多个运算应遵循的运算顺序。

左结合性（自左向右结合方向）：运算对象先与左面的运算符结合。

右结合性（自右向左结合方向）：运算对象先与右面的运算符结合。

例如，数学中的四则运算，乘、除的优先级高于加、减，而乘、除之间、加减之间是同级运算，其结合性均为左结合性。例如，$a-b+c$，到底是$(a-b)+c$还是$a-(b+c)$（b 先与 a 参与运算还是先于 c 参与运算）？由于+、－运算优先级别相同，结合性为"自左向右"，即 b 先与左边的 a 结合，所以 $a-b+c$ 等价于$(a-b)+c$。

3.2　算术运算符和算术表达式

1．基本的算术运算符

基本的算术运算符包括：

+（加法运算符或正值运算符，如 2+6、+6）；

－（减法运算符或负值运算符，如 6-2、-6）；

*（乘法运算符，如 2*6）；

/（除法运算符，如 6/2）；

%（模运算符或求余运算符，%两侧均应为整型数据，如 7%3 的值为 1）。

说明：

- 两个整数相除的结果为整数，如 5/3 的结果为 1，舍去小数部分。但是如果除数或被除数中有一个为负值，则舍入的方向是不固定的，多数机器采用"0 取整"的方法（即 5/3=1，－5/3=－1），取整数向零靠拢。（实际上就是舍去小数部分，即不是四舍五入）
- 如果参加+、－、*、/运算的两个数有一个为实数，则结果为 double 型，因为所有实数都按 double 型进行计算。
- 求余运算符%要求两个操作数均为整型，结果为两数相除所得的余数。求余也称求模。一般情况，余数的符号与被除数符号相同。例如，－8%5=－3、8%－5=3。

2. 算术表达式

用算术运算符和括号将运算对象（也称操作数）连接起来的、符合 C 语法规则的式子称为算术表达式。运算对象可以是常量、变量、函数等。

下面是一个合法的算术表达式：

```
a*b/c-1.5 + 'a'
```

说明：

- 算术表达式的书写形式与数学表达式的书写形式有一定的区别。
- 算术表达式的乘号（*）不能省略，例如，数学式 $b^2 - 4ac$ 相应的 C 表达式应该写成 b*b − 4*a*c。
- 表达式中只能出现字符集允许的字符，例如，圆面积公式相应的 C 表达式应该写成 PI*r*r（其中，PI 是已经定义的符号常量）。
- 算术表达式不允许有分子分母的形式。例如 $\dfrac{a+b}{c+d}$ 应写为(a+b)/(c+d)。
- 算术表达式只使用圆括号改变运算的优先顺序，不要用{}和[]。
- 可以使用多层圆括号，此时左右括号必须配对，运算时从内层括号开始，由内向外依次计算表达式的值。

【例 3-1】输入两个整数，分别为书的数量和学生的数量，要求输出平均每位学生发多少本书，不能平均分配的还有几本。

源程序如下：

```c
#include <stdio.h>
#include <stdlib.h>

int main(void)
{
    int books, students;

    scanf("%d%d", &books, &students);
    printf("每位学生分%d 本\n", books / students );
    printf("剩余%d 本\n", books % students );

    system("pause");
    return 0;
}
```

运行时首先从键盘输入书的数量 37 和学生数 5，37 与 5 之间用空格间隔。结果如图 3-1 所示。
程序说明：

- books / students 将两个整型变量进行除法运算，算得的是平均每位学生能分到多少本书。

- books % students 将两个整型数据进行求模运算，算得的是平均分完书后还有多少本不能平均分配的。

图 3-1　例 3-1 运行结果

- 这两个运算都属于算术运算。

【例 3-2】算术运算符和算术表达式的使用：编程计算 n 天后是星期几。

源程序如下：

```
#include <stdio.h>
#include <stdlib.h>

int main()                          /*如果今天是星期四，计算n天之后是星期几*/
{
    int  day,n;

    scanf("%d",&n);                 /*输入经过天数n*/
    day=(n%7+4)%7 ;                 /*计算经过n天后是星期几*/
    printf("%d\n",day);             /*输出计算结果*/

    system("pause");
    return 0;
}
```

运行结果如图 3-2 所示。

说明：

用 0、1、2、3、4、5、6 分别表示星期日、星期一、星期二、
星期三、星期四、星期五、星期六。因为一个星期有 7 天，即 7

```
16
6
Press any key to continue
```

图 3-2　例 3-2 运行结果

天为一周期，所以 n/7 等于 n 天里过了多少个整周，n%7 就是 n 天里除去整周后的零头（不满一周的天数），(n%7+4)%7 就是过 n 天之后的星期几。当前时间是星期 4，输入 16，即经过 16 天后是星期 6。

3.3　关系运算符与关系表达式

1. 关系运算符

C 语言共提供了 6 种关系运算符：<、>、<=、>=、==和!=。

关系运算的运算规则与数学中的运算规则相同。注意后 4 种关系运算符的书写形式，它们与数学中对应的关系运算符的书写形式有所不同。同时，还要注意等于关系运算符 "= =" 与赋值运算符 "=" 的书写区别。

6 种关系运算符中，"=="和"!="的优先级低于其他 4 种关系运算符。

2. 关系表达式

用关系运算符将两个操作数连接起来的合法的 C 语言式子称为关系表达式。

例如：8>5、a==b、c!=d、x>=y。

关系表达式的结果为逻辑值，逻辑值只有两个值，即逻辑真与逻辑假。

在 C 语言中没有逻辑型数据类型，以 0 表示逻辑假，以 1 表示逻辑真。在输出时，逻辑真显示 1，逻辑假显示 0。

【例 3-3】利用关系运算求两个整数的最大值并输出。

源程序如下：

```
#include <stdio.h>
#include <stdlib.h>
int main()
{
    int x,y,max;
```

```
    scanf("%d,%d",&x,&y);           /*输入 x、y 的值*/
    if(x>y)
        max=x;                      /*如果 x 大于 y，把 x 赋给 max*/
    else max=y;                     /*否则把 y 赋给 max*/
    printf("max=%d\n",max);         /*输出 max 的值*/

    system("pause");
    return(0);
}
```

输入 45，32，运行结果如图 3-3 所示。

图 3-3　例 3-3 运行结果

3.4　逻辑运算符与逻辑表达式

1. 逻辑运算符

C 语言提供了三种逻辑运算符：&&（逻辑与）、‖（逻辑或）、!（逻辑非）。

逻辑运算的运算规则如下：

（1）&&（逻辑与）。如果两个操作数均为逻辑真，则结果为逻辑真，否则为逻辑假，即"两真为真，否则为假"或"见假为假，否则为真"。

（2）‖（逻辑或）。如果两个操作数均为逻辑假，则结果为逻辑假，否则为逻辑真，即"两假为假，否则为真"或"见真为真，否则为假"。

（3）!（逻辑非）。将逻辑假转变为逻辑真，逻辑真转变为逻辑假，即"颠倒是否"，它是逻辑运算符中唯一的单目运算符。

三种逻辑运算符中，逻辑非的优先级最高，逻辑与次之，逻辑或最低。

2. 逻辑表达式

由逻辑运算符和运算对象所组成的合法的表达式称为逻辑表达式。

例如，1&&0，a>b‖c<d。

逻辑表达式的结果也为逻辑值，只有逻辑真（1）和逻辑假（0）两个值。

逻辑运算符的操作数一般为逻辑值，如果不为逻辑值会自动转换为逻辑值。转换的规则：0 转为逻辑假，非 0 转为逻辑真。例如，5&&7 的值为 1，即逻辑真。

逻辑表达式求解时，只有必须执行下一个逻辑运算才能求出表达式的值时，才执行该运算。

对于逻辑与（&&），只有当运算符左边的值为真时，才计算运算符右边的值。

例如：

```
int a=1,b=1,c=1,d=1,m=1,n=1;
n=(a=2)&&(b=2) ;                /*执行后 n=1,a=2,b=2*/
m=(a=2)&&(b=0)&&(c=0);          /*执行后 m=0,a=2,b=0,c=1*/
```

对于逻辑或（‖），只有当运算左边的值为假时，才计算运算符右边的值。

例如：

```
int  a=1,b=1, c=1,d=1,m=1,n=1;
n=(a=2) ||(b=2);                    /*n=1,a=2,b=1*/
m=(a=0) ||(b=2) ||(c=2);           /*m=1,a=0,b=2,c=1*/
```

【例 3-4】从键盘输入一个整数，如果它是 2 的倍数而不是 7 的倍数，输出 "yes!"；否则输出 "no!"。

源程序如下：

```
#include <stdio.h>
#include<stdlib.h>

int main()
{
    int a;
    printf("Please input a number\n");
    scanf("%d",&a);
    if((a%2==0) && (a%7!=0))       /*如果 a 的值能被 2 整除并且不能被 7 整除*/
        printf("yes!\n");          /*输出 "yes!" */
    else
        printf("no!\n");           /*否则输出 "no!" */

    system("pause");
    return 0;
}
```

运行结果如图 3-4 所示。

程序分析：

从键盘输入 14 赋给整型变量 a，它能被 2 整除也能被 7 整除，所以输出 "no!"。本例旨在使读者了解用算术表达式表示能被某数整除的写法及用逻辑表达式表示满足多个条件的写法。

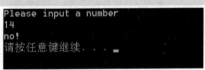

图 3-4 例 3-4 运行结果

3.5 赋值运算符和赋值表达式

赋值运算符包括一般赋值和赋值组合运算符即复合赋值运算符。

1. 赋值运算符与赋值表达式

赋值运算符："="为双目运算符，右结合性。

赋值表达式：由赋值运算符组成的表达式称为赋值表达式。

赋值表达式一般形式：

变量 赋值符 表达式；

例如：a = 9;

赋值表达式的求解过程如下：

（1）先计算赋值运算符右侧的"表达式"的值。

（2）将赋值运算符右侧"表达式"的值赋值给左侧的变量。

（3）整个赋值表达式的值就是被赋值变量的值。

赋值的含义：将赋值运算符右边的表达式的值存放到左边变量名标识的存储单元中。

例如：

```
x = 10+y;
```

执行赋值运算（操作），将 10+y 的值赋给变量 x，同时整个表达式的值就是刚才所赋的值。赋值运算符的功能：一是计算，二是赋值。

例如：

```
x=(a+b+c)/12.4*8.5
```

此时赋值运算符的功能是先计算算术表达式 (a+b+c)/12.4*8.5 的值，然后把该值赋值给变量 x。将赋值表达式作为表达式的一种，使赋值操作不仅可以出现在赋值语句中，而且可以以表达式的形式出现在其他语句中。

例如：

```
printf("r=%d,s=%f\n", 12.5,s=3.14*12.5*12.5);
```

该语句直接输出赋值表达式 r=12.5 和 s=3.14*12.5*12.5 的值，也就是输出变量 r 和 s 的值，在一个语句中完成了赋值和输出的双重功能，这就是 C 语言使用的灵活性。

说明：

- 赋值运算符左边必须是变量，右边可以是常量、变量、函数调用或常量、变量、函数调用组成的表达式。例如，x=10、y=x+10 和 y=func( ) 都是合法的赋值表达式。
- 赋值符号 "=" 不同于数学的等号，它没有相等的含义（"==" 相等）。例如，C 语言中 x=x+1 是合法的（数学上不合法），它的含义是取出变量 x 的值加 1，再存放到变量 x 中。

在进行赋值运算时，当赋值运算符两边数据类型不同时，将由系统自动进行类型转换。转换原则是先将赋值号右边表达式类型转换为左边变量的类型，然后赋值。对于不同的数据类型，其转换规则如下：

- 将实型数据（单、双精度）赋给整型变量，舍弃实数的小数部分。
- 将整型数据赋给单、双精度实型变量，数值不变，但以浮点数形式存储到变量中。
- 将 double 型数据赋给 float 型变量时，截取其前面 7 位有效数字，存放到 float 变量的存储单元中（32 bit）。但应注意数值范围不能溢出。
- 将 float 型数据赋给 double 型变量时，数值不变，有效位数扩展到 16 位（64 bit）。

字符型数据赋给整型变量时，由于字符只占一个字节，而整型变量为 2 个字节，因此将字符数据（8 bit）放到整型变量低 8 位中。有以下两种情况。

① 如果所使用的系统将字符处理为无符号的量或对 unsigned char 型变量赋值，则将字符的 8 位放到整型变量的低 8 位，高 8 位补 0。

② 如果所使用的系统将字符处理为带符号的量（signed char）（如 Turbo C），若字符最高位为 0，则整型变量高 8 位补 0；若字符最高位为 1，则整型变量高 8 位全补 1。这称为符号扩展，这样做的目的是使数值保持不变。

- 将一个 int、short、long 型数据赋给一个 char 型变量时，只是将其低 8 位原封不动地送到 char 型变量（即截断）。
- 将带符号的整型数据（int 型）赋给 long 型变量时，要进行符号扩展。即将整型数的 16 位送到 long 型低 16 位中，如果 int 型数值为正，则 long 型变量的高 16 位补 0；如果 int

型数值为负，则 long 型变量的高 16 位补 1，以保证数值不变。反之，若将一个 long 型数据赋给一个 int 型变量，则只将 long 型数据中低 16 位原封不动地送到整型变量（即截断）。

- 将 unsigned int 型数据赋给 long int 型变量时，不存在符号扩展问题，只要将高位补 0 即可。将一个 unsigned 类型数据赋给一个占字节相同的整型变量，将 unsigned 型变量的内容原样送到非 unsigned 型变量中，但如果数据范围超过相应整数的范围，则会出现数据错误。
- 将非 unsigned 型数据赋给长度相同的 unsigned 型变量，也是原样照赋。

总之，不同类型的整型数据间的赋值归根到底就是按照存储单元的存储形式直接传送。由长型整数赋值给短型整数，截断直接传送；由短型整数赋值给长型整数，低位直接传送，高位根据低位整数的符号进行符号扩展。

【例 3-5】 赋值运算中类型转换的规则。

源程序如下：

```
#include <stdio.h>
#include <stdlib.h>

int main()
{
    int    k=5;                              /*定义整型变量i并同时初始化为5*/
    float  a=69.2,a1;                        /*定义实型变量a和a1并初始化a*/
    double b=123456789.123456789;            /*定义双精度型变量b并初始化*/
    char   ch='A';                           /*定义字符变量ch并初始化为A*/

    printf("k=%d,a=%f,ch=%c\n",k,a,b,ch);    /*输出k,a,b,ch的初始值*/
    a1=k;k=a;a=b;ch=k;   /*整型变量k的值赋值给实型变量a1,实型变量a的值赋给整型变
                           量k,双精度型变量b的值赋值给实型变量a,整型变量k的值赋值给
                           字符变量ch*/
    printf("k=%d,a=%f,a1=%f,ch=%c\n",k,a,a1,ch);/*输出k,a,a1,c赋值以后的值*/

    system("pause");
    return(0);
}
```

运行结果如图 3-5 所示。

程序说明：

将 float 型数据赋值给 int 型变量时，先将 float 型数据舍去其小数部分，然后再赋值给 int 型变量。例如，"k=a;"的结果是 int 型变量 i 只取实型数据 69.2 的整数 69。

```
k=5,a=69.199997,ch=u
k=69,a=123456792.000000,a1=5.000000,ch=E
请按任意键继续. . . _
```

图 3-5　例 3-5 运行结果

int 型数据赋值给 float 型变量时，先将 int 型数据转换为 float 型数据，并以浮点数的形式存储到变量中，其值不变。例如，"a1=k;"的结果是整型数 5 先转换为 5.000000 再赋值给实型变量 a1。如果赋值的是双精度实数，则按其规则取有效数位。

double 型实数赋值给 float 型变量时，先截取 double 型实数的前 7 位有效数字，然后再赋值给 float 型变量。例如，"a=b;"的结果是截取 double 型实数 123456789.123457 的前 7 位有效数字 1234567 赋值给 float 型变量。上述输出结果中 a=123456792.000000 的第 8 位以后就是不可信的数据了。所以，一般不使用这种把有效数字多的数据赋值给有效数字少的变量。

int 型数据赋值给 char 型变量时，由于 int 型数据用 4 个字节表示，而 char 型数据只用一个字节表示，所以先截取 int 型数据的低 8 位，然后赋值给 char 型变量。例如，上述程序中执行"ch=k;"， int 型变量赋值给 char 型变量的结果是截取 i 的低 8 位（二进制数 00000011）赋值给 char 型变量，将其 ASCII 码对应的字符输出。

【例 3-6】利用赋值运算符的应用，从键盘输入两个变量 a 和 b，编写程序将变量 a 和 b 的值交换。

源程序如下：

```c
#include <stdio.h>
#include <stdlib.h>

int main()
{
    int a,b,temp;

    scanf("%d,%d",&a,&b);
    printf("a=%d,b=%d\n",a,b);
    temp=a;                    /*将 temp 变量作为中间变量，先把 a 的值赋给 temp*/
    a=b;                       /*然后将变量 b 的值赋给变量 a*/
    b=temp;                    /*最后将变量 temp 中保存的原来 a 的值赋给 b*/
    printf("a=%d,b=%d\n",a,b);

    system("pause");
    return 0;
}
```

运行结果如图 3-6 所示。

程序说明：

两个变量值的交换，好比是装着两种溶液的容器 a 和 b，要想将两个容器中的液体互换，就要利用第三个容器 temp，首先把 a 容器中的液体倒入 temp 容器中，然后把 b 容器中的液体倒入空下来的 a 容器中，最后把 temp 容器中的原来 a 容器中的液体倒入

图 3-6　例 3-6 运行结果

b 容器中，实现 a 和 b 容器中液体的互换。本例中采用第三变量辗转赋值来实现两个变量的值的交换，这种方法在程序设计中经常用到。

2. 复合的赋值运算符

在赋值符"="之前加上某些运算符，可以构成复合赋值运算符，C 语言中许多双目运算符可以与赋值运算符一起构成复合运算符，即+=、-=、*=、/=、%=、<<=、>>=、&=、|=和^=（共 10 种）。复合赋值运算符均为双目运算符，右结合性。

复合赋值运算符构成赋值表达式的一般格式如下：

变量名　复合赋值运算符　表达式

功能：对"变量名"和"表达式"进行复合赋值运算符所规定的运算，并将运算结果赋值给复合赋值运算符左边的"变量名"。

复合赋值运算的作用等价于：

变量名=变量名 运算符 表达式

即先将变量和表达式进行指定的复合运算，然后将运算的结果值赋给变量。

例如，a*=53 等价于 a=a*53，a/=b+15 等价于 a=a/(b+15)。

> **注意**：赋值运算符、复合赋值运算符的优先级比算术运算符低，"a*=b+25"与"a=a* b+25"是不等价的，它实际上等价于"a*(b+25)"，这里括号是必需的。

赋值表达式也可以包含复合的赋值运算符。

例如："i+=i-=i*i"也是一个赋值表达式。如果 i 的初值为 8，此赋值表达式的求解步骤如下：

（1）进行"i-=i*i"的运算，相当于 i=i-i*i。i=8-64=-56。

（2）进行"i+=-56"的运算，相当于 i=i+(-56)=-56-56=-112。

复合赋值运算符的运算如表 3-1 所示。

表 3-1　复合赋值运算符的运算

运　算　符	实　　例	等　价　形　式
+=	a += b	a = a+b
– =	a –= b	a = a–b
*=	a* = b	a = a*b
/=	a/ = b	a = a/b
%=	a% = b	a = a%b

【例 3-7】复合赋值运算符的使用。

源程序如下：

```
#include <stdio.h>
#include <stdlib.h>

int main()
{
    int  m=15,n=3,i=9,k=8,x;

    m+=n*i;
    n-=i/n;
    printf("%d,%d,%d\n",m,n,i*=2*(m-n));
    k%=m;
    printf("x=%d\n",x=m+n+i+k);

    system("pause");
    return 0;
}
```

运行结果如图 3-7 所示。

图 3-7　例 3-7 运行结果

3.6　逗号运算符和逗号表达式

C 语言提供一种特殊的运算符——逗号运算符（又称顺序求值运算符）。用它将两个或多个表达式连接起来，表示顺序求值（顺序处理）。

用逗号连接起来的表达式，称为逗号表达式。

逗号表达式的一般形式如下：

表达式 1,表达式 2,…,表达式 n

逗号表达式的求解过程是自左向右，求解表达式 1，求解表达式 2，…，求解表达式 n。

整个逗号表达式的值是表达式 n 的值。

例如，逗号表达式"7*9,16+15"的值为 31。

查运算符优先级表可知,"="运算符优先级高于","运算符(事实上逗号运算符级别最低),结合性为自左向右。

【例3-8】求逗号表达式的值。

源程序如下:

```
#include <stdio.h>
#include <stdlib.h>

int main()
{
    int i,j;

    j=(i=9,12*5);           /*先把9赋值给i,计算逗号表达式的值为60,j的值即为60*/
    printf("%d,%d\n",i,j);   /*输出i和j的值*/
    j=i=7,12*i;             /*i=7,j=7,整个逗号表达式的值为18,但逗号运算符的优先级
                              比赋值运算符低,所以先赋值再计算逗号表达式*/

    printf("%d,%d\n",i,j);

    system("pause");
    return 0;
}
```

运行结果如图3-8所示。

逗号表达式的作用主要用于将若干表达式"串联"起来,表示一个顺序的操作(计算)。在许多情况下,使用逗号表达式的目的只是想分别得到各个表达式的值,而并非一定需要得到和使用整个逗号表达式的值。

图3-8   例3-8运行结果

并不是任何地方出现的逗号都是作为逗号运算符。如在变量说明中,函数参数表中逗号只是用作各变量之间的间隔符。

例如:`printf("%d,%d,%d", a,b,c);`

其中"a,b,c"并不是一个逗号表达式,它是printf( )函数的三个参数,参数间用逗号间隔。

如果改写为:`printf("%d, %d,%d",(a,b,c),b,c);`

则"(a,b,c)"是一个逗号表达式,它的值等于c的值。括号内的逗号不是参数间的分隔符,而是逗号运算符。括号中的内容是一个整体,作为printf( )函数的一个参数。

3.7   自增、自减运算符

++是自增运算符,它的作用是使变量的值增加1。--是自减运算符,它的作用与自增运算符相反,让变量的值减1。它们均为单目运算符。

例如:

```
k++;            /*相当于k=k+1*/
k--;            /*相当于k=k-1*/
```

自增、自减运算符既可作前缀运算符,也可作后缀运算符。无论是前缀运算符还是后缀运算符,对于变量本身来说,都是自增1或自减1,具有相同的效果;但对表达式来说,对应值却不同。采用前缀形式,在计算表达式值时,取变量增减变化后的值即新值;采用后缀形式,则在计算表达式值时,取变量增减变化前的值即旧值。两种形式中,表达式的值相差1。

说明：后缀（如 k++）是先使用变量的值再使变量自增 1，前缀（如 ++k）是先使变量增 1 再使用该变量的值。（--运算类似）

例如：

```
int  a,b,i=4,j=4;
a=i++;
b=++j;
```

该程序段执行完后，i 和 j 的值均为 5，而 a 的值为 4（后缀形式，取 i 的旧值），b 的值为 5（前缀形式，取 j 的新值）。

自增、自减运算符的运算对象只能为变量，不能为常量或表达式。因为常量的值是不允许改变的，表达式的值实际上也相当于一个常量，它们都不能放在赋值号的左边。

【例 3-9】 自增、自减运算符的使用。

源程序如下：

```
#include <stdio.h>
#include <stdlib.h>

int main()
{
    int  i=5;

    printf("%d\n",++i); /*i 加 1 后输出 6,i=6*/
    printf("%d\n",--i); /*i 减 1 后输出 5,i=5*/
    printf("%d\n",i++); /*输出 i 为 5 之后再加 1(i 为 6)*/
    printf("%d\n",i--); /*输出 i 为 6 之后再减 1(i 为 5)*/
    printf("%d\n",-i++); /*输出-5 之后再加 1(i 为 6)*/
    printf("%d\n",-i--); /*输出-6 之后再减 1(i 为 5)*/

    system("pause");
    return(0);
}
```

运行结果如图 3-9 所示。

图 3-9　例 3-9 运行结果

3.8　条件运算符和条件表达式

条件运算符 "?:" 是 C 语言中唯一的三目运算符，即需要三个数据或表达式构成条件表达式，其一般形式如下：

表达式 1 ? 表达式 2 : 表达式 3

条件表达式的操作过程：如果表达式 1 成立，则表达式 2 的值就是此条件表达式的值；否则，表达式 3 的值就是此条件表达式的值。

例如：表达式

max=a>b?a: b;

说明：

● 条件运算符的优先级高于逗号运算符和赋值运算符。

对于 "x=a>?a:b;"，赋值号右边不必加小括号，因为 "?:" 的优先级高于 "="。

- 条件运算符的优先级低于算术运算符和比较运算符。

对于"x=a–3>b+2? a+1: b–3;"也不必加小括号，运算符的运算顺序为 a–3、b+2、a+1、b–3、">"、"? :"、"="。

- 条件运算符的结合方向为"自右向左"。
- 条件表达式中的表达式类型可以不一样。

例如，以下语句是正确的：

```
a>b ?16:17.69;
i>j ? printf("i>j"):printf("i<=j");
```

【例 3-10】利用条件表达式求 a、b、c 中的最大者。

源程序如下：

```
#include <stdio.h>
#include <stdlib.h>

int main()
{
    float a,b,c,max;

    scanf("%f,%f,%f",&a,&b,&c);
    max=a>b?a>c?a:c:b>c?b:c;
    printf("max=%f\n",max);

    system("pause");
    return 0;
}
```

运行结果如图 3-10 所示。

读者一定会认为程序中的语句"max=a>b?a>c?a:c:b>c?b:c;"太难理解了。事实上，这句就是"max=a>b?(a>c?a:c): (b>c?b:c);"，即若 a 大于 b，则取 a、c 中的较大者，否则取 b、c 中的较大者。去掉小括号不影响结果，这正体现了条件表达式"自右向左"的结合性，当然，加上小括号更易理解。

图 3-10   例 3-10 运行结果

3.9   本章常见错误及解决方法

1．程序设计中算术表达式与数学中算式的区别

在程序设计中，用"*"来表示乘号，用"/"来表示除号，用"%"表示求余。

例如，初学者容易将"5 乘以 a"写成数学算式中的"5a"，这是不对的，必须写成"5*a"。

2．自增、自减运算符在变量前和变量后的区别

自增运算符在变量前，例如"++i"，它的运算规则就是"先自增运算再使用变量"；自增运算符如果在变量后面，例如"i++"，那么它的运算规则就是"先使用变量再进行自增运算"。自减运算符的使用同自增运算符。

3．逗号运算符与逗号分隔符的区别

逗号是作为运算符还是作为分隔符使用，要看具体的使用环境。例如，在函数中，参数之间的逗号就是用作分隔符作用的。

4．混合运算中各运算符的优先级区别

如果在一个表达式中有多个运算符，一定要按着优先级的顺序，从高向低进行运算。

常用运算符的优先级如表 3-2 所示。

表 3-2　常用运算符的优先级

优 先 级	运 算 符	优 先 级	运 算 符
1	( ) [ ] ． ->	9	^
2	! ~ -（负号）++ -- &（取变量地址） * （type）(强制类型) sizeof	10	|
3	* / %	11	&&
4	+ -	12	||
5	>> <<	13	?:
6	> >= < <=	14	= += -= *= /= %= |= ^= &= >>= <<=
7	== !=	15	,
8	&		

3.10　本 章 小 结

本章在基本数据类型的基础上介绍了运算符与表达式。主要内容有：

（1）算术运算符与算术表达式，算术运算符有+、-、*、/、%，它的结合性是左结合。

（2）关系运算符与关系表达式。关系运算符有>、>=、<、<=、= =、! =，关系运算符的优先级高于赋值运算符而低于算术运算符，其中>、>=、<、<=具有相同优先级并高于==、! =。

（3）逻辑运算符与逻辑表达式。逻辑运算符有&&、||、!，其中! 是单目运算符且是右结合性，其余都是左结合性。

（4）赋值运算符与赋值表达式。赋值运算符的优先级比较低，仅高于逗号运算符，是左结合性，与算术运算符结合构成了复合赋值运算符。

（5）逗号运算符与逗号表达式。逗号运算符的运算级别最低，具有右结合性。

（6）自增、自减运算符。它作为变量后缀与前缀的区别在于前者是先使用变量的值再自增或自减 1，后者是先自增或自减 1 再使用变量的值。

（7）条件运算符与条件表达式。条件运算符是 C 语言的唯一的三目运算符，它的运算优先级高于赋值运算符而低于逻辑运算符。

习　　题

一、选择题

1. 以下选项中，不是 C 语言表达式的是（　　　　）。

　　A．a+=9　　　　　　　B．i++　　　　　　　C．++5　　　　　　　D．m=a+2

2. 在 C 语言中，要求运算对象必须为整型的运算符是（　　　）。

    A. /　　　　　　　　　B. %　　　　　　　　　C. +　　　　　　　　　D. *

3. 以下运算符中，结合性与其他运算符不同的是（　　　）。

    A. ,　　　　　　　　　B. %　　　　　　　　　C. /　　　　　　　　　D. +

4. 只要求一个操作数的运算符，称为（　　　）运算符。

    A. 单目　　　　　　　B. 双目　　　　　　　C. 三目　　　　　　　D. 多目

5. 以下运算符中，优先级最低的是（　　　）。

    A. >=　　　　　　　　B. ==　　　　　　　　C. =　　　　　　　　　D. !=

二、填空题

1. 若有以下定义，则执行表达式 y+=y-=m+=y 后的 y 值是_____。

```
int m=5,y=2;
```

2. 若 a 是 int 型变量，且 a 的初始值为 6，则执行下面表达式后 a 的值为_____。

```
a=+a-+a*a;
```

三、上机操作题

1. 编写程序，求一个五位数各个数位数字之和。

2. 编写程序，计算并输出一元二次方程 $ax^2+bx+c=0$ 的两个实根，其中 a、b、c 的值由用户从键盘输入（假设该方程有两个不等实根）。

四、编写程序，求下面算术表达式的值

1. x+a%3*(int)(x+y)%2/4，设 x=2.5,a=6,y=6.8。

2. (float)(a+b)/2+(int)x%(int)y，设 a=2,b=3,x=3.6,y=4.6。

五、根据给出的程序写出运行结果

1. 源程序如下：

```
#include <stdio.h>
#include <stdlib.h>

int main()
{
    int i,j,m,n;

    i=0;
    j=5;
    m=++i;
    n=j++;
    printf("%d,%d,%d,%d\n",I,j,m,n);

    system("pause");
    return 0;
}
```

2. 源程序如下：

```
#include <stdio.h>
#include <stdlib.h>

int main()
{
```

```
    char c1='e',c2='f',c3='g',c4='\121',c5='\118';

    printf("a%cb%c\tc%c\tabc\n",c,c2,c3);
    printf("\t\b%c%c",c4,c5);

    system("pause");
    return 0;
}
```

第 4 章　编译预处理与标准库函数

编译预处理是指在系统对源程序进行编译之前，对程序中某些特殊命令行的处理。预处理程序将根据源代码中的预处理命令修改程序。使用预处理功能，可以改善程序的设计环境，提高程序的通用性、可读性、可修改性、可调试性、可移植性，易于模块化。

预处理命令的位置一般在主函数之前，定义一次，可在程序中多处展开和调用，它的取舍决定于实际程序的需要。预处理命令一般包括：宏定义和宏替换、文件包含、条件编译。可执行程序的生成过程如图 4-1 所示。

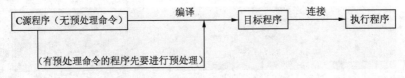

图 4-1　可执行程序的生成过程

预处理命令是一种特殊的命令，为了区别一般的语句，必须以#开头，结尾不加分号。预处理命令可以放在程序中的任何位置，其有效范围是从定义点开始到文件结束。

在 C 语言程序设计中，C 标准函数库（C Standard Library）是所有目前符合标准的头文件（head file）的集合以及常用的函数库，例如输入/输出和字串符控制。几乎所有的 C 语言程序都是由标准函数库的函数来创建的，在用的时候把它所在的文件名用#include ＜＞（或者#include " "）加到里面就可以了（尖括号或引号内填写具体的文件名）。

本章知识要点：
- ◎ 不带参数的宏定义。
- ◎ 带参数的宏定义。
- ◎ 取消宏定义。
- ◎ 文件包含。
- ◎ 条件编译。
- ◎ 标准库函数的分类及使用。
- ◎ 随机函数。

4.1　宏　定　义

我们常说的宏是借用汇编语言中的概念，其含义是用一个名字来代表一个字符串。引入宏定义的目的是在 C 语言中作一些定义和扩展。

宏定义可以分为符号常量（不带参数）的宏定义和带参数的宏定义两种。使用#undef 命令终止宏定义的作用域。

4.1.1　符号常量（不带参数）的宏定义

用一个指定的标识符（即名字）来代表一个字符串，其一般形式为：

```
#define 标识符 字符串
```

其中，"define" 为宏定义命令；"标识符" 为所定义的宏名；"字符串" 可以是常数、表达式、格式串等。

在进行编译前，预处理程序会用 "字符串" 原样替换程序中的 "标识符"。

宏定义的作用：

（1）便于对程序进行修改。

（2）提高源程序的可移植性。

（3）减少源程序中重复书写字符串的工作量。

【例 4-1】输入圆的半径，求圆的周长、面积和对应的球的体积。要求使用无参宏定义圆周率。

```c
#include <stdio.h>
#include <stdlib.h>
#define PI 3.1415926              /*PI 是宏名，3.1415926 用来替换宏名的常数*/

int main()
{
    double radius,length,area,volume;

    printf("Input a radius: ");
    scanf("%lf",&radius);
    length=2*PI*radius;                /*引用无参宏求周长*/
    area=PI*radius*radius;             /*引用无参宏求面积*/
    volume=PI*radius*radius*radius*3/4;    /*引用无参宏求体积*/
    printf("length=%.2lf,area=%.2lf,volume=%.2lf\n", length, area, volume);

    system("pause");
    return 0;
}
```

程序的运行结果如图 4-2 所示。

说明：

① 为了与变量名加以区别，宏名一般用大写字母表示。但这并非是规定，也可使用小写字母。

② 宏定义是用宏名代表一个字符串，不管该字

```
Input a radius: 3
length=18.85,area=28.27,volume=63.62
请按任意键继续. . .
```

图 4-2　例 4-1 运行结果

符串的词法和语法是否正确，也不管它的数据类型，即不作任何检查。如果有错误，只能由编译程序在编译宏展开后的源程序时发现。

③ 在宏定义时，可以使用已经定义的宏名。即宏定义可以嵌套，在宏展开时可以层层替换。例如

```
#include <stdio.h>
#include <stdlib.h>
#define  R  3.0
#define  PI  3.14159
#define  L  2*PI*R
#define  S  PI*R*R

int main()
{
    printf("L=%f\nS=%f\n",L,S);

    system("pause");
    return 0;
}
```

替换为

```
printf("L=%f\nS=%f\n", 2*PI*R, PI*R*R);
printf("L=%f\nS=%f\n",2*3.14159*3.0,3.14159*3.0*3.0);
```

④ 在程序中，用双引号括起来的宏名被认为是一般字符，并不进行替换。例如：

```
#define  PAI  3.14159
printf("PAI * r * r = %f",s);                    /*并不用 3.14159 替换 PAI*/
```

⑤ 宏定义是专门用于预处理命令的一个专用名词，它与定义变量的含义不同，只作字符替换，不分配内存空间。

4.1.2　带参数的宏定义

C 语言允许宏带有参数。在宏定义中的参数称为形式参数（简称形参），在宏调用中的参数称为实际参数（简称实参）。对带参数的宏，在调用中，不是进行简单的字符串替换，而是还要进行参数替换。即不仅要宏展开，而且要用实参去替换形参。

带参宏定义的一般形式为：

```
#define   宏名(形参表)   字符串
```

其中，字符串中包含有括号中所指定的参数。

带参宏调用的一般形式为：

```
宏名(实参表);
```

例如：

```
#define M(y)  y*y+3*y              /*宏定义*/
k=M(5);                            /*宏调用*/
```

在宏调用时，用实参 5 去替换形参 y，经预处理宏展开后的语句为：k=5*5+3*5;

【例 4-2】已知有如下的定义：

```
#define SQ(x)  (x*x)
#define CUBE(x)  (SQ(x)*x)
#define FIFTH(x)  (CUBE(x)*SQ(x))
```

求 y = FIFTH(a)替换以后的展开式。

求解过程如下：

① y = (CUBE(x) * SQ(x));

② y =((SQ(x)*x) * (x*x));

③ y=(((x*x)*x) * (x*x));

④ y=(((a*a)*a) * (a*a))。

说明：

① 在宏定义中的形参是标识符，而宏调用中的实参可以是表达式。

例如：

```
#include <stdio.h>
#include <stdlib.h>
#define SQ(y) (y)*(y)

int main()
{
    int a,sq;

    printf("input a number: \n");
    scanf("%d",&a);
    sq=SQ(a+1);
    printf("sq=%d\n",sq);

    system("pause");
    return 0;
}
```

本例中第三行为宏定义，形参为 y。程序宏调用中实参为 a+1，是一个表达式，在宏展开时，用 a+1 替换 y，再用(y)*(y)替换 SQ，得到语句 sq=(a+1)*(a+1);这与函数的调用是不同的，函数调用时要把实参表达式的值求出来后再赋予形参。而宏替换中对实参表达式不作计算直接照原样替换。

② 在带参宏定义中，形式参数不分配内存单元，因此不必作类型定义。而宏调用中的实参有具体的值，要用它们去替换形参，因此必须作类型说明，这与函数中的情况不同。在函数中，形参和实参是两个不同的量，各有自己的作用域，调用时要把实参值赋予形参，进行"值传递"。而在带参宏中，只是符号替换，不存在值传递的问题。

③ 在定义有参宏时，在所有形参外和整个字符串外，均应加一对圆括号。

例如：求 10 /(3*3).

```
#define SQ(x)   x*x                      /*宏定义*/
printf("%f\n",10/SQ(3));                 /*宏调用*/
```

替换后：

```
printf("%f\n",10/3*3 );
```

显然这是一个错误的结果。

宏定义应改为：

```
#define SQ(x)  (x*x)
```

替换后：

```
printf("%f\n",10/(3*3));
```

④ 定义带参宏时，宏名与左圆括号之间不能留有空格。否则，C编译系统会将空格以后的所有字符均作为替换字符串，从而将该宏视为无参宏。

⑤ 带参的宏和带参函数很相似，但有本质上的不同，除上面已谈到的各点外，把同一表达式用函数处理与用宏处理两者的结果有可能是不同的。例如，

```
      (A)                          (B)
#define SQ(y) (y*y)          int SQ(int y)
                             {
                                 return (y*y);
                             }
int main()                   int  main()
{                            {
   int i;                        int i;
   for(i=1;i<=5;i++)            for(i=1;i<=5;i++)
     printf("%d\n",SQ(i+2));      printf("%d\n",SQ(i+2));
   return 0;                     return 0;
   system("pause");             system("pause");
}                            }
```

程序运行结果如下：

```
      (A)                          (B)
       5                            9
       8                           16
      11                           25
      14                           36
      17                           49
```

在上例（B）中函数名为 SQ，形参为 y，函数体表达式为(y*y)。（A）中宏名为 SQ，形参也为 y，字符串表达式为(y*y)。二者是相同的。（B）中的函数调用为 SQ(i+2)，（A）的宏调用为 SQ(i+2)，实参也是相同的。从输出结果来看，却大不相同。

分析如下：

在（B）中，函数调用是把实参 i 值与 2 相加后的结果传给形参 y，然后输出函数值，循环 5 次，输出 3~7 的平方。而在（A）中宏调用时，只作替换。SQ(i+2)被替换为(i+2*i+2)。在第一次循环时，由于 i 等于 1，其计算过程为：1+2*1+2=5，然后 i 自增 1 变为 2。在第二次循环时，i 值为 2，因此计算式：2+2*2+2=8，然后 i 再自增 1 变为 3。进入第三次循环，计算式为：3+2*3+2=11，i 值再自增 1 变为 4，依次进入第四、五次循环进行计算，其值分别为 14、17。

从以上分析可以看出函数调用和宏调用二者在形式上相似，在本质上是完全不同的。

⑥ 宏定义也可用来定义多个语句，在宏调用时，把这些语句又替换到源程序内。例如：

```
#define SSSV(s1,s2,s3,v)  s1=l*w;s2=l*h;s3=w*h;v=w*l*h;
#include <stdlib.h>
#include <stdio.h>

int main()
{
    int l=3,w=4,h=5,sa,sb,sc,vv;

    SSSV(sa,sb,sc,vv);
    printf("sa=%d\nsb=%d\nsc=%d\nvv=%d\n",sa,sb,sc,vv);

    system("pause");
    return 0;
}
```

程序第一行为宏定义，用宏名 SSSV 表示 4 个赋值语句，4 个形参分别为 4 个赋值符左部的变

量。在宏调用时，把 4 个语句展开并用实参替换形参，使计算结果送入实参之中。

⑦ 较长的定义在一行中写不下时，可在本行末尾使用反斜杠表示续行。

⑧ 宏替换不占运行时间，只占编译时间。而函数调用则占运行时间。

一般用宏来代表简短的表达式比较合适。

4.1.3　取消宏定义

宏定义的作用范围是从宏定义命令开始到程序结束。如果需要在源程序的某处终止宏定义，则需要使用#undef 命令取消宏定义。取消宏定义命令#undef 的语法格式为：

```
#undef   标识符
```

其中的标识符是指已定义的宏名。

例如：

```
#include <stdio.h>
#include <stdlib.h>
#define PI 3.14159

int main()
{
    float r=10.0;
    float b,c,d;

    b=PI*r;
    #undef PI                           /*取消了宏定义*/
    c=PI*r*r;
    d=PI*r*r*r;
    printf("r=%6.2f\n",r);
    printf("b=%6.2f\nc=%6.2f\nd=%6.2f\n",b,c,d);

    system("pause");
    return 0;
}
```

由于程序在第 9 行取消了宏定义，宏定义 PI 的有效范围为第 1 ~ 8 行，因此编译时会出现："error C2065：'PI'：未声明的标识符"的出错信息。这时，只要将语句"#undef PI"后面使用的PI，全部写成 3.14159 即可。

4.2　文　件　包　含

文件包含是指一个源文件可以将另一个源文件的全部内容包含进来，即将另外的文件包含到本文件之中。C 语言提供了#include 命令用来实现文件包含的操作。文件包含命令行的一般形式为：

```
#include "包含文件名"        // 或 #include <包含文件名>
```

其中：

（1）使用双引号：包含文件名中可以包含文件路径，系统首先到当前目录下查找被包含文件，如果没找到，再到系统指定的"包含文件目录"（由用户在配置环境时设置）去查找。

（2）使用尖括号：直接到系统指定的"包含文件目录"去查找。

　　文件包含命令的功能是把指定的文件插入该命令行位置取代该命令行，从而把指定的文件和当前的源程序文件连成一个源文件。

　　在程序设计中，文件包含是很有用的。一个大的程序可以分为多个模块，由多个程序员分别编程。有些公用的符号常量或宏定义等可单独组成一个包含文件（也称头文件，常以".h"为扩展名），在其他文件的开头用包含命令包含该文件即可使用。这样，可避免在每个文件开头都去书写那些公用量，从而节省时间，并减少出错概率。

　　例如，编写一个头文件 bj.h 存入当前目录下。

```
/*编制包含文件，并将其复制到 C 源程序所在的目录中，包含文件名为 bj.h*/
#define START  {
#define OK  }
#define MAX(x,y)  x>y?x:y
```

编写另一程序 file.cpp：

```
/*当前程序*/
#include "bj.h"
#include <stdio.h>
#include <stdlib.h>

int main()
START
    float x=50.0, y=10.0;
    long lx=25,ly=38;

    printf("float max = %f\n",MAX(x,y));
    printf("long max = %ld\n",MAX(lx,ly));

    system("pause");
    return 0;
OK
```

程序 file.cpp 的运行结果如图 4-3 所示。

头文件除了可以包含公用的符号常量、宏定义外，也可以包含结构体类型定义和全局变量定义等。

```
float max = 50.000000
long max = 38
请按任意键继续. . .
```

图 4-3　file.cpp 的运行结果

　　说明：

（1）在包含文件中不能有 main()函数。

（2）编译预处理时，预处理程序将查找指定的被包含文件，并将其复制到#include 命令出现的位置上。

（3）一个 include 命令只能指定一个被包含文件，若有多个文件要包含，则需用多个 include 命令。

（4）文件包含允许嵌套，即在一个被包含的文件中又可以包含另一个文件。

4.3　条 件 编 译

　　一般情况下，源程序中所有的行都参加编译。但如果用户希望某一部分程序在满足某条件时才进行编译，否则不编译或按条件编译另一组程序，这时就要用到条件编译。预处理程序提供了条件编译的功能，可以按不同的条件去编译不同的程序段，因而产生不同的目标代码文件。这对于程序的移植和调试是很有用的。

条件编译的宏命令主要有#if、#ifdef、#ifndef、#endif、#else 等。它们按照一定的方式组合，构成了条件编译的程序结构，下面分别介绍。

1. 第一种形式

```
#ifdef 标识符
    程序段1
#else
    程序段2
#endif
```

其功能是：如果标识符已被#define 命令定义过则对程序段 1 进行编译；否则对程序段 2 进行编译。

如果没有程序段 2（它为空），本格式中的#else 可以没有，即可以写为：

```
#ifdef 标识符
    程序段
#endif
```

格式中的"程序段"可以是语句组，也可以是命令行。

2. 第二种形式

```
#ifndef 标识符
    程序段1
#else
    程序段2
#endif
```

其功能是：如果标识符未被#define 命令定义过则对程序段 1 进行编译；否则对程序段 2 进行编译。这与第一种形式的功能相反。

3. 第三种形式

```
#if 常量表达式
    程序段1
#else
    程序段2
#endif
```

其功能是：如果常量表达式的值为真（非 0），则对程序段 1 进行编译；否则对程序段 2 进行编译。因此可以事先给定一定条件，使程序在不同条件下，完成不同的功能。

【例 4-3】条件编译示例。

```
#include <stdio.h>
#include <stdlib.h>
#define R 1
#define PI 3.14159

int main()
{
    float r,s1,s2;

    printf ("input a number:\n");
    scanf("%f",&r);
```

```
#if R
    s1=PI*r*r;
    printf("area of round is: %f\n",s1);
#else
    s2=r*r;
    printf("area of square is: %f\n",s2);
#endif

system("pause");
return 0;
}
```

程序运行结果如图 4-4 所示。

本例中采用了第三种形式的条件编译。在程序第一行宏定义中，定义 R 为 1，因此在条件编译时，常量表达式的值为真，故计算并输出圆的面积 s1。

```
input a number:
3.5
area of round is: 38.484478
请按任意键继续. . .
```

图 4-4　例 4-3 运行结果

上面介绍的条件编译当然也可以用条件语句来实现。但是用条件语句将会对整个源程序进行编译，生成的目标代码程序很长；而采用条件编译，则根据条件只编译其中的程序段 1 或程序段 2，生成的目标程序较短。如果条件选择的程序段很长，采用条件编译的方法是十分必要的。

4.4　C 标准库函数

C 源程序是由函数组成的。虽然在前面程序中都只有一个主函数 main( )，但实际使用的程序往往由多个函数组成。函数是 C 源程序的基本模块，相当于其他高级语言的子程序。C 程序的全部工作都是由各式各样的函数完成的，所以通常也会把 C 语言称为函数式语言。

C 语言提供了极为丰富的库函数，库函数由 C 编译环境提供，用户无须定义，只需在程序前包含有该函数原型的头文件，即可在程序中直接调用。在前面各章例题中用到的 printf( )、scanf( )、getchar( )、putchar( )等函数均属库函数。当然除了库函数之外，C 语言也允许用户建立自己定义的函数，关于如何建立用户自己的函数会在本书的第 7 章中进行详细讲述。

还应该指出的是，一个 C 源程序必须有且也只能有一个主函数 main( )。在 C 语言中，main( )函数是主函数，C 程序的执行总是从 main( )函数开始，它可以调用其他函数，而不允许被其他函数调用，完成对其他函数的调用后再返回到 main( )函数，最后由 main( )函数结束整个程序。

4.4.1　C 标准函数库的分类

C 语言丰富的函数库，从功能角度分为以下 7 类。

1. 字符判断和转换函数库

此类函数用于对字符按 ASCII 码分类为：字母、数字、控制字符、分隔符、大小写字母等，也可以使用字符转换函数将参数转换为需要的大小写格式。所有的字符函数都包含在 ctype.h 头文件中，使用字符函数前都要在程序的首部使用预处理命令#include "ctype.h"将头文件包含到程序中方可使用。

如：isalpha( )、isdigit( )、isspace( )、tolower( )、toupper( )等。

2．输入/输出函数库

此类函数的主要功能是完成数据输入/输出功能。输入/输出函数原型都在头文件 stdio.h 中，使用此类函数前，必须在程序头部使用预处理命令#include "stdio.h"命令将头文件包含进来方可使用。

如：printf( )、scanf( )、putchar( )、getchar( )、putc( )、fprintf( )、fscanf( )等。

3．字符串函数库

此类函数主要功能是用于字符串操作和处理。字符串函数原型都在头文件 string.h 中，使用此类函数前，必须在程序头部使用预处理命令#include "string.h"将头文件包含进来方可使用。

如：strcat( )、strcmp( )、strlen( )、strncmp( )、strncpy( )等。

4．动态存储分配（内存管理）函数库

此类函数主要功能是用于内存管理。内存管理函数原型在头文件 alloc.h，使用此类函数前，在程序头部使用预处理命令#include "alloc.h"将头文件包含进来方可使用。

如：calloc( )、free( )、malloc( )、realloc( )等。

5．数学函数库

此类函数主要功能是用于数学函数计算。数学函数原型在头文件 math.h，使用此类函数前，必须在程序头部使用预处理命令#include "math.h"将头文件包含进来方可使用。

如：sin( )、cos( )、sqrt( )、log( )等。

6．日期和时间函数库

此类函数主要功能是获得系统时间或对得到的时间进行格式转化等操作。日期和时间函数原型在头文件 time.h，使用此类函数前，必须在程序头部使用预处理命令#include "time.h"将头文件包含进来方可使用。可以利用 ctime( )函数和 time( )函数获得当前系统时间。

7．其他函数库

此类函数主要功能是用于其他各种功能。其他函数函数原型在头文件 stdlib.h，使用此类函数前，必须在程序头部使用预处理命令#include "stdlib.h"将头文件包含进来方可使用。可以利用 rand( )函数和 srand( )函数来获得随机数。

由于标准库函数所用到的变量和其他宏定义均在扩展名为.h 的头文件中描述，因此在使用库函数时，务必要使用预编译命令"#include"将相应的头文件包括到用户程序中，例如#include <stdio.h>或#include "stdio.h"。

4.4.2　常用数学库函数

C 语言提供的数学库函数可以解决一些只用算术运算符不能完成的问题。数学函数原型都包含在 math.h 头文件中。除了简单的数学函数，程序开发常用的三角函数和对数函数如表 4-1 所示。

表 4-1　常用数学库函数

函　数　名	函数和形参类型	功　　能	说　　明
sin	double sin(double x)	计算 sin(x)的值	x 的单位为弧度
cos	double cos(double x)	计算 cos(x)的值	x 的单位为弧度

函 数 名	函数和形参类型	功 能	说 明
tan	double tan(double x)	计算 tan(x)的值	x 的单位为弧度
exp	double exp(double x)	求 e^x 的值	
log	double log(double x)	求 $\log_e x$，即 lnx	x>0
log10	double log10(double x)	求 $\log_{10} x$	x>0
pow	double pow(double x, double y)	计算 x^y 的值	
sqrt	double sqrt(double x)	计算 x 的平方根	
abs	int abs(int x)	求整数的绝对值	
fabs	double fabs(double x)	求实数的绝对值	

表中列出了常用的数学函数，更多的函数可参阅附录 D。我们通过下面的程序来进一步了解这些函数的使用。

【例 4-4】打印出三角函数和对数函数的运算结果。

```c
#include <math.h>
#include <stdlib.h>
#include <stdio.h>

int main()
{
    printf("三角函数: \n");
    printf("三角函数  cosine of 1 is %.3f\n",cos(1.0));
    //此处的 cos(1.0) 不能写成 cos(1),
    //否则，会出现错误提示: 对重载函数的调用不明确。
    printf("三角函数  sine of 1 is %.3f\n",sin(1.0));
    printf("三角函数  tangent of 1 is %.3f\n",tan(1.0));
    printf("\n");
    printf("对数函数: \n");
    printf("对数函数 e 的 1 次方 is %.3f\n",exp(1.0));
    printf("2 的自然对数函数 is %.3f\n",log(2.0));
    printf("2 的以 10 为底的对数函数 is %.3f\n",log10(2.0));

    system("pause");
    return 0;
}
```

4.4.3 随机函数

在进行程序设计中有时需要随机输入一些数据，这时调用随机函数可以完成此项任务。 在 C 语言中要使用随机函数 rand( )和 srand( )时，必须包含 "stdlib.h" 头文件。

1. rand( )函数

rand( )函数原型: int rand(void);

功能：返回 0~RAND_MAX 之间的随机整数。在 Visual Studio 2010 环境下，RAND_MAX 的值是 32 767。

默认的情况下，在程序的一次运行过程中，第一次调 rand( )时都是从一个种子数开始返回随机数的（例如 41），然后以此数为基础，开始产生随机数序列，所以同一个程序的每次运行产生的随机数序列是一样的。为了使程序产生的随机数序列不同，需要改变第一个基础数，这时，就需要通过 srand( )函数来设置。

2. srand( )函数

srand( )函数原型：`void srand (unsigned seed);`

功能：初始化随机数发生器，可以使随机数发生器 rand( )函数产生新的随机序列。一般配合 time( )函数使用，因为时间每时每刻都在改变，产生的 seed 值都不同。

time( )函数的原型：unsigned time(NULL); 此函数的功能是获取系统的当前时间，并返回一个无符号的整数，此整数是从 1970/01/01 到现在的秒数。用此函数时需要在程序的头部包含 time.h 头文件。

利用随机函数要产生指定范围的随机数，其通常为公式"int x = 1+rand( ) % n;"可以生成 1～n 之间的随机数，如 1+rand( )%100 表达式将产生 1～100 之间的数字，也可以使用公式 a+rand( )%(b-a+1) 来产生 a~b 之间的数字。

【例 4-5】利用随机函数 rand( )和 srand( )来产生一期体育彩票的中奖号码。

分析：彩票号码是需要随机产生的，但是彩票号码的产生又要求在一定的范围内，所以此时需要使用随机函数 rand( )。体育彩票要求 6 个红球为 1～33 之间的随机数值和蓝球为 1～16 间的随机数值。

```
#include <stdlib.h>
#include <stdio.h>

int main()
{
    int hq1, hq2, hq3, hq4, hq5, hq6, lq1;
    hq1 =1+rand()%33;
    hq2 =1+rand()%33;
    hq3 =1+rand()%33;
    hq4 =1+rand()%33;
    hq5 =1+rand()%33;
    hq6 =1+rand()%33;
    lq1 =1+rand()%16;
    printf("本期中奖号码是: \n 红球%02d%,%02d,%02d,%02d,%02d,%02d\n 蓝球%02d \n",
hq1, hq2, hq3, hq4, hq5, hq6, lq1);

    system("pause");
    return 0;
}
```

程序运行结果如下：

```
本期中奖号码是:
红球 09,21,32,02,30,17
蓝球 07
```

再次运行程序时，其运行结果仍然为：

```
本期中奖号码是:
红球 09,21,32,02,30,17
蓝球 07
```

这个程序每次运行的结果都是一样的。为了改变这种情况，在调用此函数产生随机数前，必须先利用 srand( )设好随机数种子，为了使种子数不停地变化，可利用系统的当前时间。

下面就是改进后的程序，体育彩票的中奖号码不再相同的，实现了随机号码。

```c
#include <stdlib.h>
#include <stdio.h>
#include <time.h>

int main()
{
    int hq1, hq2, hq3, hq4, hq5, hq6, lq1;

    srand(time(NULL));
    hq1 =1+rand()%33;
    hq2 =1+rand()%33;
    hq3 =1+rand()%33;
    hq4 =1+rand()%33;
    hq5 =1+rand()%33;
    hq6 =1+rand()%33;
    lq1 =1+rand()%16;
    printf("本期中奖号码是: \n 红球%02d%,%02d,%02d,%02d,%02d,%02d\n 蓝球%02d \n",
hq1, hq2, hq3, hq4, hq5, hq6, lq1);

    system("pause");
    return 0;
}
```

程序两次运行的结果如图 4-5 所示。

图 4-5　例 4-5 程序两次运行结果

4.5　本章常见错误及解决方法

（1）通常情况下，在宏定义时，字符串后面不加分号。例如：

```c
#define PI 3.1415;
#include <stdio.h>
#include <stdlib.h>

int main()
{
    double r;
    double s;

    printf("enter r:\n");
    scanf("%lf",&r);
    s=PI*r*r;
    printf("s=%.2f\n",s);

    system("pause");
    return 0;
}
```

在编译时，在"s=PI*r*r;"出现"error C2100: illegal indirection"的错误，使用符号常量后的

字符串进行替换，可以看出"s=3.1415;*r*r;"显然是错误的。将符号常量的声明修改为"#define PI 3.1415"可使程序正确运行。

（2）带参数的宏定义时，字符串有没有括号含义有所不同。例如：

```
#define T(x) x*x
```

当 x 为 5 时，T(x) 的运算结果为 25。

当 x 为 2+3 时，T(2+3)的运算结果为 11。

请读者牢记对于宏的一个规则"原样替换，不做计算"。为了安全期间，对宏的参数及整个宏的外面要加上括号。

（3）使用库函数前，忘加头文件。解决方法：凡是使用库函数的程序中，务必将函数所在的头文件使用预处理包含在程序首部。

（4）忘记在语句的末尾加分号，或在预处理命令后多加分号。解决方法：记住一点每一个语句的后边都要加分号，而预处理命令并不是语句，所以不加分号；而且每行只能写一个预处理命令，不能多个命令写在一行上。

4.6　本章小结

本章主要讲述了宏的定义及使用方法、文件包含和条件编译。

（1）符号常量（不带参数）的宏定义

用一个指定的标识符（即名字）来代表一个字符串，其一般形式为：

```
#define 标识符 字符串
```

（2）带参宏定义的一般形式为：

```
#define 宏名(形参表) 符串
```

带参宏调用的一般形式为：

```
宏名(实参表);
```

（3）取消宏定义命令#undef 的用法格式为：

```
#undef 标识符
```

（4）文件包含命令行的一般形式为：

```
#include "包含文件名"   //或 #include <包含文件名>
```

其中：

① 使用双引号：包含文件名中可以包含文件路径，系统首先到当前目录下查找被包含文件，如果没找到，再到系统指定的"包含文件目录"（由用户在配置环境时设置）去查找。

② 使用尖括号：直接到系统指定的"包含文件目录"去查找。一般来说，使用双引号比较合适。

（5）进行条件编译的宏指令主要有#if、#ifdef、#ifndef、#endif、#else 等。它们按照一定的方式组合，构成了条件编译的程序结构。

（6）常用的函数及其对应的库名。

（7）随机函数 rand( )和 srand( )的使用方法。

习 题

一、选择题

1. 以下关于文件包含的说法中错误的是 ( )。

    A. 文件包含是指一个源文件可以将另一个源文件的全部内容包含进来

    B. 文件包含处理命令的格式为#include "包含文件名"或#include <包含文件名>

    C. 一条包含命令可以指定多个被包含文件

    D. 文件包含可以嵌套，即被包含文件中又包含另一个文件

2. 有以下程序。

```c
#define  MAX(x,y)  (x)>(y)?(x):(y)
#include <stdio.h>
#include <stdlib.h>

int  main( )
{
    int a=5,b=2,c=3,d=3,t;

    t=MAX(a+b,c+d)*10;
    printf("%d\n",t);
    system("pause");

    return 0;
}
```

该程序的输出结果是 ( )。

    A. 70   B. 60   C. 7   D. 6

3. 下面程序的功能是通过带参的宏定义求圆的面积，请将程序补充完整。

```c
#define  PI 3.1415926
#define  AREA(r)  _____
#include <stdio.h>
#include <stdlib.h>

int main()
{
    float r=5;

    printf("%f",AREA(r));

    system("pause");
    return 0;
}
```

    A. PI*(r)*(r)   B. PI*(r)   C. r*r   D. PI*r*r

4. 以下叙述正确的是 ( )。

    A. 可以把 define 和 if 定义为用户标识符

    B. 可以把 define 定义为用户标识符，但不能把 if 定义为用户标识符

    C. 可以把 if 定义为用户标识符，但不能把 define 定义为用户标识符

    D. define 和 if 都不能定义为用户标识符

5. 有以下程序：

```
#define  PI  3.14
#define  R  5.0
#define  S  PI*R*R
#include <stdio.h>
#include <stdlib.h>

int main()
{
    printf("%f",S);

    system("pause");
    return 0;
}
```

该程序运行结果为（　　　）。

　　A. 3.14　　　　　　B. 78.500000　　　　　C. 5.0　　　　　　D. 无结果

二、程序设计题

1. 定义不带参数的宏 PI 代表圆周率，然后输入圆的半径，求该圆的周长和面积。

2. 定义带参数的宏，然后输入圆的半径 r 和圆柱的高 h，求圆的周长及圆柱的体积。

3. 新建一个头文件（文件名是 fsum.h），在此文件中定义一个函数 int f(int x,int y)，其功能是求两个数 x、y 的和。再定义一个源程序文件，在此文件中调用 fsum.h 中的函数 f( )，以实现求输入的两个数的和。

4. 要将"China"译成密码，译码规律是：用原来字母后面的第 4 个字母代替原来的字母。例如，字母'a'后面第 4 个字母是'e'，用'e'代替'a'。因此，"China"应译为"Glmre"。请编写编写程序，用赋初值的方法使 c1、c2、c3、c4、c5 五个变量的值分别为'C'、'h'、'i'、'n'、'a'，经过运算，使 c1、c2、c3、c4、c5 分别变为'G'、'l'、'm'、'r'、'e'并输出。

第 5 章 选择结构

顺序结构程序设计是按照从上到下的顺序逐一执行其语句的，但是在实际应用中，并不是所有的程序都是自上而下顺序执行，而是根据条件有选择地执行。比如，考试成绩在 60 分及以上的输出"合格"，否则输出"不合格"。这时就面临着一个选择，针对同一个分数，要么输出"合格"，要么输出"不合格"，这两条输出语句就不能按顺序结构的执行方式都被执行到。那么，这种根据条件来决定下一条（或下一组）语句该如何执行？这就是将要学习的选择（分支）结构程序设计。

选择结构可以使某一条或几条语句在流程中不被执行或被执行，if 语句和 switch 语句就是实现选择结构的两种语句。if 语句一般用来实现量少的分支，如果有多个分支一般采用 switch 语句。

本章知识要点：

◎ if 语句的格式与使用。

◎ if 语句的嵌套。

◎ switch 语句与 break 语句的组合应用。

5.1 if 语 句

if 语句根据给定的条件即表达式进行判断，表达式的值为真（非 0）或假（0），决定了 if 后紧跟的语句（或语句组）是否被执行。C 语言的 if 语句有三种形式，分别为单分支 if 语句、双分支 if 语句和多分支 if 语句。另外，把基本 if 语句嵌套起来可以构成嵌套的 if 语句。

5.1.1 if 语句中的条件表示

if 语句的基本形式：

```
if(条件表达式)语句；
```

关键字 if 后面括号里的表达式就是用来描述条件的，该表达式通常是逻辑表达式或关系表达式，但也可以是其他表达式，如赋值表达式，甚至可以是一个变量。

1. 关系表达式

在程序中经常需要比较两个量的大小关系，以决定程序的下一步工作。从第 3 章我们已经知道关系表达式是使用关系运算符连接起来的式子，用来表示运算对象的关系，其结果是一个逻辑值：真或假。设有定义 int a=3,b=2,c=1;，则 a>b 的值为真，c==a 的值为假。

选择结构中，若条件表达式值为真则执行，否则不执行该语句。

如下例判断整数 a 能否被 2 整除的程序段：

```
int a=9;
if(a%2!=0)
    printf("%d 不能被 2 整除\n",a);
```

表达式值为真，输出"9 不能被 2 整除"。

2. 逻辑表达式

逻辑表达式就是用逻辑运算符将关系表达式或逻辑量连接起来的有意义的式子，如：

```
x>10||x<100      x==y&&a!=b      5&&b
```

逻辑表达式的值是一个逻辑值，即"真"或"假"。

如：3>2&&8>3 的结果为真；3>12||4>15 的结果为假。

逻辑表达式可以用来表示较为复杂的条件，如下例判别变量 year 是否为闰年。

闰年的条件是：能被 4 整除，但不能被 100 整除；或者能被 400 整除。其表达式为：(year%4==0)&&(year%100!=0)||(year%400==0)，满足条件则为闰年。

3. 任意的数值类型作表达式

如：if(7) printf("ok");表达式的值为 7，C 语言规定一个非 0 的数即为真，则执行输出语句，输出 ok；若 if(0) printf("ok");则不执行输出语句。常见的还有实型、字符型、指针型数据作表达式。

5.1.2 if 语句的三种形式

if 语句的三种形式分别为单分支选择语句 if 语句，双分支选择语句 if...else 语句，多分支选择语句 if...else if 语句。

1. 单分支 if 语句

单分支 if 语句的形式为：

```
if(表达式)语句;
```

单分支选择结构流程图如图 5-1 所示。

首先判断表达式的值是否为真，若表达式的值为真即非 0，则执行其后的语句；否则不执行该语句。

【例 5-1】从键盘输入一个整数，求该整数的绝对值。

源程序如下：

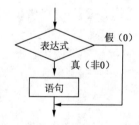

图 5-1 单分支选择结构流程图

```
#include <stdio.h>
#include <stdlib.h>

int main()
{
    int num,result;

    printf("Enter an integer: ");
    scanf("%d",&num);                        /*输入整数 num*/
    result=num;
    if(num<0)
        result=-num;                         /*求负数 num 的绝对值*/
    printf("%d 的绝对值是 %d\n",num,result);  /* 输出结果 */
```

```
    system("pause");
    return 0;
}
```

当输入负数时，程序的运行结果如图 5-2 所示。

当输入正数时，程序的运行结果如图 5-3 所示。

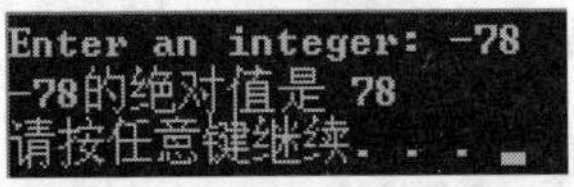

Enter an integer: -78
-78的绝对值是 78
请按任意键继续. . .

图 5-2　例 5-1 运行结果 1

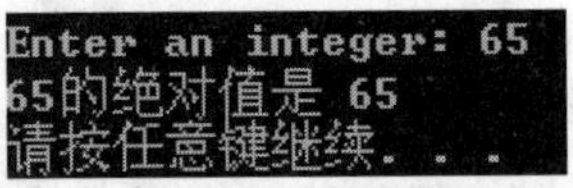

Enter an integer: 65
65的绝对值是 65
请按任意键继续. . .

图 5-3　例 5-1 运行结果 2

程序分析：如果输入的整数是正数，则其绝对值依然是其本身；如果输入的数是负数，则其绝对值是其相反数。

整体来看该程序还是顺序结构，只不过 if 语句根据表达式的值进行了一个选择，导致语句 result=-num; 要么被执行，要么不被执行。

注意：在 if 语句中，if 关键字后的表达式必须用( )括起来，通常之后不加分号。

2．双分支 if 语句

双分支 if 语句即 if...else 语句，其一般形式为：

```
if(表达式)语句 1;
else  语句 2;
```

双分支结构流程图过程如图 5-4 所示。首先计算表达式的值，如果表达式的值为非 0，即真（TRUE），则执行语句 1，跳过语句 2；如果表达式的值为 0 即假（FALSE），则跳过语句 1 而执行语句 2；然后程序继续向下执行。

真（非0)
假（0)
表达式
语句1
语句2

图 5-4　双分支结构流程图

【例 5-2】从键盘输入两个整数，输出这两个数中较大的数。

源程序如下：

```
#include <stdio.h>
#include <stdlib.h>

int main()
{
    int a,b,max;

    printf("please input two numbers:\n");
    scanf("%d%d",&a,&b);
    if(a>b)
        max=a;                    /*如果 a 的值大于 b，则将 a 的值赋给 max*/
    else
        max=b;                    /*否则将 b 的值赋给 max   */
    printf("max=%d\n",max);

    system("pause");
    return 0;
}
```

程序运行结果如图 5-5 所示。

please input two numbers:
78
49
max=78
请按任意键继续. . .

图 5-5　例 5-2 运行结果

【例 5-3】根据收入，计算纳税金额。设其中收入高于 20 000

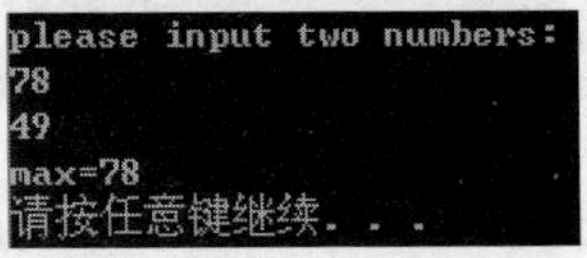

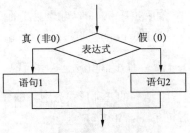

元的纳税金额分两部分，20 000 元以下部分按 2%收取，高于 20 000 元部分按 2.5%收取。

参考程序如下：

```
#include <stdio.h>
#include <stdlib.h>
#define  LOWRATE   0.02          /*低于标准收入部分纳税率*/
#define  HIGHRATE  0.025         /*高于标准收入部分纳税率*/
#define  CUTOFF  20000.0         /*标准收入*/

int main()
{
    double  taxable, taxes;

    printf("Please type in the taxable income: ");
    scanf("%lf",&taxable);
    if(taxable<=CUTOFF)               /*收入小于等于标准收入*/
        taxes=LOWRATE*taxable;
    else                              /*收入大于标准收入*/
        taxes=HIGHRATE*(taxable-CUTOFF)+20000*0.02;

    printf("Taxes are ￥%7.2f\n",taxes);

    system("pause");
    return 0;
}
```

程序的运行结果如图 5-6 所示。

这里要注意的是：

```
Please type in the taxable income: 25000
Taxes are ￥ 525.00
请按任意键继续. . .
```

图 5-6　例 5-3 运行结果

- 虽然 if 和 else 之间加了分号，但 if...else 仍是一条语句，都同属于一个 if 语句。

- else 子句是 if 语句的一部分，和 if 语句配对使用，不能单独使用。

【例 5-4】从键盘输入一个整数，判断该数能否被 2 和 3 整除。

分析：要判断一个整数 n 是否能够被 m 整除，可使用%运算符实现，即根据 n%m 的结果进行判断，如果 n%m 的结果为 0，说明 n 能够被 m 整除。这一条件可表述为：n%m==0。请注意一个"="表示赋值；两个"="一起使用（即"=="）才表示判断是否相等。当有多个条件同时成立时，可使用"&&"连接每个条件；当多个条件中只要有一个成立时，可使用"||"连接每个条件。

源程序如下：

```
#include <stdio.h>
#include <stdlib.h>

int main()
{
    int num;

    printf("从键盘输入一个整数:\n");
    scanf("%d",&num);
    if(num%2==0 && num%3==0)
        printf("%d 能够被 2 和 3 同时整除!\n",num);
    else
        printf("%d 不能够被 2 和 3 同时整除!\n",num);
```

```
  system("pause");
  return 0;
}
```

当输入 72 时，运行结果如图 5-7 所示。

【例 5-5】从键盘输入三个数，求出最大数并输出。

源程序如下：

```
#include <stdio.h>
#include <stdlib.h>

int main()
{
  double a,b,c ;
  double max ;

  printf("Enter three numbers \n") ;
  scanf ("%lf%lf%lf",&a,&b,&c);
  if(a>b)
    max=a ;
  else
    max=b ;
  if(max<c)
    max=c ;
  printf("Max=%f\n",max) ;

  system("pause");
  return 0;
}
```

程序运行结果如图 5-8 所示。

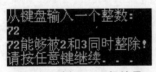

图 5-7 例 5-4 运行结果

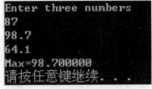

图 5-8 例 5-5 运行结果

分析：这道题目运用了一个双分支结构与一个单分支结构。将输入的三个数分别存放于变量 a、b、c 中，先利用双分支结构得到前两个数 a、b 中的大数 max，再用一个单分支结构将这个 max 与第三个数 c 进行比较，再将大数存放于 max 中，这样进行比较之后得到的 max 一定为 a、b、c 中最大的数，从而得到三个数中的最大数。

3. 多分支 if 语句

多分支 if 语句即 if...else if 形式的条件语句，其一般形式为：

```
if(表达式 1) 语句 1;
else if(表达式 2) 语句 2;
…
else if(表达式 n) 语句 n;
else 语句 n+1;
```

多分支选择结构流程图如图 5-9 所示：依次判断条件表达式的值，当出现某个条件表达式的值为真时，则执行其对应的语句，然后跳出整个 if 结构继续执行程序；如果所有的表达式均为假，则执行语句 n+1，然后继续执行后续程序。

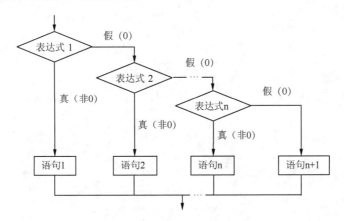

图 5-9 多分支选择结构流程图

【例 5-6】实现下述分段函数，要求自变量为整型数据，函数值为双精度类型数据，输出结果保留 2 位小数。

$$f(x)=\begin{cases} x*x+2x-5.6 & (x<0) \\ \sin(x)-3.2x+6 & (0\leqslant x\leqslant20) \\ 4.6/x-3x-10 & (x\ \text{为其他值}) \end{cases}$$

分析：首先可以在坐标轴上标出这三个区间，会发现 x 的三个区间互相排斥且构成了 x 轴的整体，下面就用 if...else if 语句实现它。当 x 位于某个区间[m,n]时，可以表述为 x>=m && x<=n。

```c
#include <stdio.h>
#include <stdlib.h>
#include <math.h>

int main()
{
    int x;
    double y;

    printf("Enter x: ");
    scanf("%d",&x);
    if(x<0)
        y=x*x+2*x-5.6;
    else if(x>=0&&x<=20)
        y=sin((double)x)-3.2*x+6;
    else
        y=4.6/x-3*x-10;
    printf("%.2f\n",y);

    system("pause");
    return 0;
}
```

程序运行结果如图 5-10 所示。

【例 5-7】输入一个百分制成绩，输出其对应的等级。90~100 分为 A，80~89 分为 B，70~79 分为 C，60~69 分为 D，0~59 分为 E。

源程序如下：

```
Enter x: 12
-32.94
请按任意键继续. . .
```

图 5-10 例 5-6 运行结果

```
#include <stdio.h>
#include <stdlib.h>

int main()
{
    int x;
    char grade;

    printf("please input score:");
    scanf("%d",&x);
    if(x>=90)
      grade='A';
    else if(x>=80)
        grade='B';
    else if(x>=70)
        grade='C';
    else if(x>=60)
        grade='D';
    else
        grade='E';
    printf("grade=%c\n",grade);

    system("pause");
    return 0;
}
```

程序运行结果如图 5-11 所示。

编程时注意分支所在位置，表示了一个区间，分支顺序不能放错。

```
please input score:67
grade=D
请按任意键继续. . .
```

图 5-11 例 5-7 运行结果

5.1.3 复合语句在分支语句中的应用

条件语句在语法上仅允许每个分支中带一条语句，而实际上分支要处理的操作往往需要多条语句才能完成，这时就要把它们用{}括起来，构成复合语句来执行。

从前面几章的学习已经知道，复合语句就是逻辑上相关的一组用{}括起来的语句，它被当成一条语句来执行，当条件表达式值为真时，{}内的语句全部被执行，否则全部不被执行，可以用在单个语句可以使用的任意地方，比如 if 语句也可以写成下述形式：

```
if(表达式)                          /*分支语句为复合语句*/
{
    语句序列;
}
```

注意左右花括号应换行并与关键字 if 对齐，分支内的语句相对于 "{" 向右缩进 4 个空格。这样可使层次清晰，便于程序维护。

【例 5-8】任意输入两个整数，按从小到大的顺序排序并输出。

源程序如下：

```
#include <stdio.h>
#include <stdlib.h>

int main()
{
```

```
    int m,n,t;                    /*定义三个变量m、n、t，t为交换顺序时所用的中间变量*/

    printf("enter one number: ");
    scanf("%d",&m);
    printf("enter an other number: ");
    scanf("%d",&n);

    if(m>n)                       /*如果m的值大于n，交换m、n的顺序*/
    {
        t=m;
        m=n;
        n=t;
    }
    printf("the sorted series :%d   %d\n",m,n);

    system("pause");
    return 0;
}
```

程序运行结果如图 5-12 所示。

上述程序中，如果去掉 t = m; m = n; n = t; 外的一对{}，当输入 12,98 时，会出现什么情况呢？

```
enter one number: -12
enter another number: 98
the sorted series :-12   98
请按任意键继续. . .
```

图 5-12 例 5-8 运行结果

分析：这个程序应用了一个经典的交换算法，即利用中间变量，假如中间变量是 t，那么正确的程序为：t = m; m = n; n = t;，此三条语句作为一个整体被执行，缺少任意一条都将出错，不能实现 m 与 n 的交换。所以如果去掉了它们外面的{}，程序段如下：

```
…
if(m>n)
    t=m;
    m=n;
    n=t;
…
```

当 m>n 时，这三条语句都将被执行，没有错误；而当 m<=n 时，只有 t=m 这一条语句不被执行，而 m = n; n = t; 这两条语句还将被执行，从而引发错误结果。

5.1.4 if 语句的嵌套

当有多个分支选择时，除了可以使用 if...else if 结构，还可以采用嵌套结构。

当 if 语句的执行语句又是 if 语句时，就构成了 if 语句的嵌套。

其一般形式如下：

```
if(表达式1)
    if(表达式2)    语句1；
    else          语句2；
else
    if(表达式3)    语句3；
    else          语句4；
```

上述结构中 if 语句中的执行语句又是 if...else 结构，这时将会出现多个 if 和多个 else 重叠的情况，这时要特别注意 if 和 else 的配对问题。

例如以下程序段，共 5 行：

```
①  if(表达式)
②      if(表达式)  语句1；
③  else
④      if(表达式)  语句2；
⑤      else  语句3；
```

这段程序中，有三个 if，两个 else。这其中的每个 else 是和哪个 if 配对的呢？

C 语言规定：在省略花括号的情况下， else 总是与它上面最近的并且没有和其他 else 配对的 if 配对。

按程序的书写格式来看，是希望第③行出现的 else 子句能和第①行出现的 if 配对，但实际上这个例子中的第③行的 else 和第②行的 if 配对。

那么如何才能实现第③行出现的 else 和第①行出现的 if 配对呢？这时可以利用加花括号{}的方法来改变原来的配对关系。例如：

```
if(表达式)
{ if(表达式)
    语句1；
}
else
    if(表达式)语句2；
    else 语句3；
```

这样，{}限定了内嵌 if 语句的范围，就可以实现第三行出现的 else 和第一行出现的 if 配对。

需要注意的是：

- else 和 if 是成对出现的，有 else 出现，必定有 if 语句。

- 有 if 语句，不一定有 else 语句。

学习选择结构不要被分支嵌套所迷惑，只要掌握 else 与 if 配对规则，依次匹配 if 与 else，弄清各分支所要执行的功能，嵌套结构也就不难理解了。

总之嵌套的形式是千变万化的，为了保证嵌套的层次分明和对应正确，不要省略掉花括号。另外，在书写时尽量采取分层递进式的书写格式，内层的语句往右缩进几个字符（一般为 4 个），使层次清晰，有助于增加程序的可读性。

【例 5-9】求一元二次方程 $ax^2+bx+c=0$ 的解（$a \neq 0$）。

源程序如下：

```
#include <stdio.h>
#include <stdlib.h>
#include <math.h>

int main()
{
    float a,b,c,deta,x1,x2,p,q;

    printf("Enter a,b,c:");
    scanf("%f,%f,%f", &a, &b, &c);
    deta=b*b-4*a*c;
    if(fabs(deta)<=1e-6)                      /*fabs(): 求绝对值库函数*/
        printf("x1=x2=%7.2f\n", -b/(2*a));    /*输出两个相等的实根*/
    else
    {
        if(deta>1e-6)                          /*求出两个不相等的实根*/
        {
```

```
        x1=(-b+sqrt(deta))/(2*a);
        x2=(-b-sqrt(deta))/(2*a);
        printf("x1=%7.2f,x2=%7.2f\n", x1, x2);
    }
    else                                    /*求出两个共轭复根*/
    {
        p=-b/(2*a);
        q=sqrt(fabs(deta))/(2*a);
        printf("x1=%7.2f + %7.2f i\n", p, q);  /*输出两个共轭复根*/
        printf("x2=%7.2f - %7.2f i\n", p, q);
    }
}

system("pause");
return 0;
}
```

程序运行结果如图 5-13 所示。

说明：由于实数在计算机中存储时，经常会有一些微小误差，所以本例判断 deta 是否为 0 的方法是：判断 deta 的绝对值是否小于一个很小的数（如 10^{-6}）。

```
Enter a,b,c:1,5,4
x1=  -1.00,x2=  -4.00
请按任意键继续. . .
```

图 5-13　例 5-9 运行结果

本例采用了 if 语句的嵌套结构：先分为 deta 等于零和不等于零两种情况，其中不等于零的情况中又嵌套了大于零和小于零两种情况。

5.1.5　条件运算符与条件表达式

条件运算符 "?:" 是唯一的三目运算符。由条件运算符组成条件表达式的一般形式为：

表达式 1? 表达式 2: 表达式 3

其中，表达式 1 一般为关系表达式或逻辑表达式，表达式 2 和表达式 3 一般为同类型表达式。

条件表达式的求解过程是：先求解表达式 1，若表达式 1 的值不为 0，则求解表达式 2，表达式 2 的值就是条件表达式的值；若表达式 1 的值为 0，则求解表达式 3，表达式 3 的值就是条件表达式的值。

在条件语句中，若只执行单个赋值语句，常使用条件运算符来表示。这样的写法不但使程序简洁，而且提高了运行效率。

例如，从键盘上输入一个字符，如果它是小写字母，则把它转换成大写字母输出；否则，直接输出。程序段如下：

```
printf("input a character: ");
scanf("%c",&ch);
ch=(ch>='a' && ch<='z') ? (ch-32) : ch;
```

如果输入大写字母 A 则程序运行结果为 ch=a。

使用条件表达式时，还应注意以下几点：

（1）条件运算符 "?" 和 ":" 是一对运算符，不能分开单独使用。

（2）条件运算符的运算优先级低于关系运算符和算术运算符，但高于赋值运算符。因此 max=(a>b)?a:b 可以去掉括号而写为 max=a>b?a:b。

（3）条件运算符的结合方向是自右至左。例如，a>b?a:c>d?c:d 应理解为 a>b?a:(c>d?c:d)，这也就是条件表达式嵌套的情形，即其中的表达式 3 又是一个条件表达式。

5.2　switch 语句

前面介绍了根据两个以上的值来控制程序的流程，例如给学生成绩划分等级 A、B、C、D、E 等，诸如此类问题，利用嵌套的 if 语句或多分支 if 语句当然也是可以解决的，但是如果分支太多，if 语句嵌套的层次数太多，势必会造成程序冗长，可读性差。

C 语言提供了另一种用于多分支选择结构的 switch 语句，它能够根据表达式的值（多于两个）来执行不同的语句。

switch 语句一般与 break 语句配合使用。其一般形式为：

```
switch(表达式)
{
    case 常量表达式 1：语句 1；
    case 常量表达式 2：语句 2；
    …
    case 常量表达式 n：语句 n；
    default       ：语句 n+1；
}
```

其执行过程是：计算 switch 后面表达式的值，逐个与其后的 case 常量表达式的值相比较，当表达式的值与某个常量表达式的值相等时，即执行其后的语句，然后不再进行判断，继续执行后面所有 case 后的语句。如表达式的值与所有 case 后的常量表达式均不相同时，则执行 default 后的语句。

【例 5-10】输入一个数字，输出其对应的英文单词。

源程序如下：

```
#include <stdio.h>
#include <stdlib.h>

int main()
{
    int a;

    printf("input integer number: ");
    scanf("%d",&a);
    switch (a)
    {
        case 1:printf("one\n");
        case 2:printf("two\n");
        case 3:printf("three\n");
        case 4:printf("four\n");
        case 5:printf("five\n");
        case 6:printf("six\n");
        case 7:printf("seven\n");
        case 8:printf("eight\n");
        case 9:printf("nine\n");
        default:printf("error\n");
    }

    system("pause");
    return 0;
}
```

输入数字 1，其运行结果如图 5-14 所示。

并不是我们想要的输出"one"。

在 switch 语句中，"case 常量表达式"相当于一个语句标号，表达式的值和某标号相等则转向该标号执行，但不能在执行完该标号的语句后跳出整个 switch 语句。为了避免上述情况，C 语言提供了 break 语句，专用于跳出 switch 语句。

break 语句用法如下：

图 5-14　例 5-10 运行结果

```
switch(表达式)
{
    case 常量表达式 1: 语句 1; break;
    case 常量表达式 2: 语句 2; break;
    …
    case 常量表达式 n: 语句 n; break;
    default        : 语句 n+1;
}
```

break 语句只能位于 switch 语句和循环体（以后章节将详细讲述）中。它导致程序立刻终止当前的 switch 语句，执行 switch 语句后面的语句。

上述 switch 语句的执行过程中当表达式的值与某个常量表达式的值相等时，即执行其后的语句，然后跳出 switch 语句。如果表达式的值与所有 case 后的常量表达式均不相同，则执行 default 后的语句，然后跳出 switch 语句。

【例 5-11】输入 2016 年的一个月份，输出这个月的天数。（2016 年为闰年）

分析：根据输入的月份数判断，当月份为 1、3、5、7、8、10、12 时，天数为 31；当月份为 4、6、9、11 时，天数为 30；2016 年是闰年，所以，当月份为 2 时，天数为 29。

源程序如下：

```
#include <stdio.h>
#include <stdlib.h>

int main()
{
    int month,days;

    printf("请输入月份 : \t");
    scanf("%d",&month);
    switch(month)
    {
        case 1:
        case 3:
        case 5:
        case 7:
        case 8:
        case 10:
        case 12:days=31;break;
        case 4:
        case 6:
        case 9:
        case 11:days=30;break;
        case 2:days=29;break;
        default:days=-1;
```

```
    }
    if(days==-1)
        printf("输入错误! \n ");
    else
        printf("2016 年 %d 月有 %d 天!\n",month,days);

    system("pause");
    return 0;
}
```

程序运行结果如图 5-15 所示。

图 5-15　例 5-11 运行结果

注意：switch 语句允许多情况执行相同的语句。例如 4、6、9、11 月均执行 days=30; 可以写成：

```
    case 4:  case 6:  case 9:  case 11:days=30;
```

但不能写成：

```
    case 4,6,9,11:days=30;
```

也不能写成：

```
    case 4, case 6, case 9,case 11:days=30;
```

【例 5-12】计算器程序。用户输入运算数和四则运算符，输出计算结果。

源程序如下：

```
#include <stdio.h>
#include <stdlib.h>

int main()
{
    float a,b;
    char c;

    printf("input expression: a+(-,*,/)b \n");
    scanf("%f%c%f",&a,&c,&b);
    switch(c)
    {
        case '+': printf("%f\n",a+b);  break;
        case '-': printf("%f\n",a-b);  break;
        case '*': printf("%f\n",a*b);  break;
        case '/': printf("%f\n",a/b);  break;
        default: printf("input error\n");
    }

    system("pause");
    return 0;
}
```

程序运行结果如图 5-16 所示。

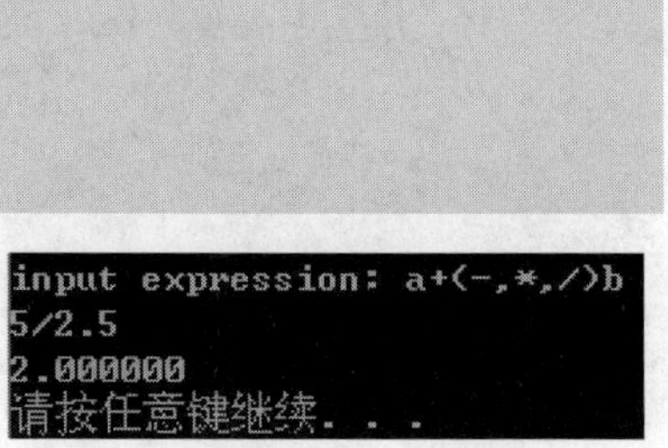

switch 语句用于判断字符 c 是+、-、*、/中的哪一种运算符，然后输出相应运算值。当输入运算符不是+、-、*、/时给出错误提示。

使用 switch 语句时需注意：

图 5-16　例 5-12 运行结果

（1）switch 关键字后表达式可以是任何结果为整型或字符型（long、int 或 char）的表达式。

（2）case 关键字后面只能是整型或字符型的常量或常量表达式。不能处理 case 后为非常量的情况。例如 if (a > 1 && a < 10)，就不能使用 switch...case 来处理。

（3）case 后的各常量表达式的值不能相同，否则会出现错误。

（4）在 case 后，允许有多个语句，可以不用{}括起来。

（5）每个 case 语句的结尾绝对不要忘了加 break，否则将导致多个分支重叠（除非有意使多个分支重叠）。

（6）default 子句省略不用时没有语法错误。但建议使用 default 子句，即使认为已经涵盖了所有情况，把 default 子句只用于检查真正的默认情况。

另外，使用 switch 语句时应注意 case 语句的排列顺序。

case 语句的排列顺序不影响输出结果，所以有很多人认为 case 语句的顺序无所谓。但事实却不是如此。如果 case 语句很少，也许可以忽略这点，但是如果 case 语句非常多，比如写的是某个驱动程序，也许会经常遇到几十个 case 语句的情况。一般来说，可以遵循下面的规则：

（1）按字母或数字顺序排列各条 case 语句。如果所有的 case 语句没有明显的重要性差别，那就按 A、B、C 或 1、2、3 等顺序排列 case 语句。这样可以很容易地找到某条 case 语句。

（2）把正常情况放在前面，把异常情况放在后面。如果有多个正常情况和异常情况，把正常情况放在前面，把异常情况放在后面。

（3）按执行频率排列 case 语句。把执行频率高的情况放在前面，而把不常执行的情况放在后面。经常执行的代码可能是调试的时候单步执行最多的代码。如果放在后面找起来可能会比较困难，而放在前面则可以很快找到。

5.3　应用程序举例

【例 5-13】温度转换。如果输入一个华氏温度，则把它转换成摄氏温度；如果输入一个摄氏温度，则把它转换成华氏温度。

源程序如下：

```c
#include <stdio.h>
#include <stdlib.h>

int main()
{
  char tempType;
  float temp, fahren, celsius;

  printf("Enter the temperature to be converted: ");
  scanf("%f",&temp);
  printf("Enter an f if the temperature is in Fahrenheit");
  printf("\n or a c if the temperature is in Celsius: ");
                              /*利用两个printf实现一句较长英文的换行输出*/
  scanf("\n%c", &tempType);
  if(tempType=='f')                   /*输入字符'f'，则代表输入的是华氏温度*/
  {
    celsius=(5.0/9.0)*(temp-32.0); /*根据数学公式进行温度转换*/
    printf("\nThe equivalent Celsius temperature is %6.2fc.\n", celsius);
```

```
    }
    else
    {
        fahren=(9.0/5.0)*temp+32.0;      /*根据数学公式进行温度转换*/
        printf("\nThe equivalent Fahrenheit temperature is %6.2fF.\n", fahren);
    }

    system("pause");
    return 0;
}
```

程序运行结果如图 5-17 所示。

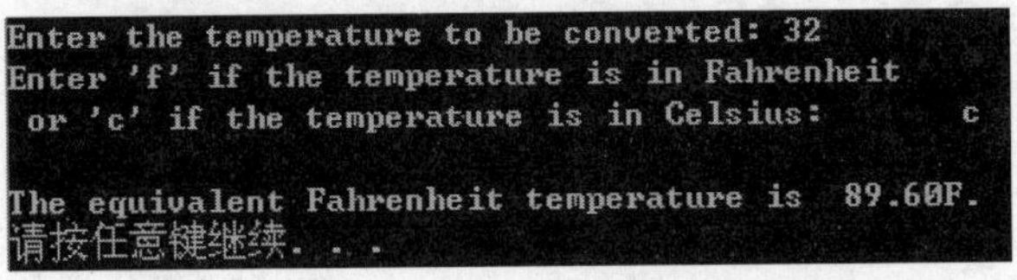

图 5-17　例 5-13 运行结果

本例中首先判断是哪一种情况，如果输入字符'f'则代表输入的是华氏温度，把它转换成摄氏温度；否则输入的是摄氏温度，把它转换成华氏温度。

【例 5-14】由公元年号判断某一年是否为闰年。

例题分析：闰年的条件：①公元号能被 4 整除，但不能被 100 整除，是闰年；②公元号能被 400 整除，是闰年。不满足这两个条件的不是闰年。以变量 leap 代表是否闰年的信息。若闰年，令 leap=1；非闰年，leap=0。

源程序如下：

```
#include<stdio.h>
#include <stdlib.h>

int main()
{
    int year,leap=0;

    printf("input year: ");
    scanf("%d",&year);
    if((year%4==0&&year%100!=0)||( year%400==0))
        leap=1;
    else
        leap=0;
    if(leap)
        printf("%d is a leap year.\n ",year);
    else
        printf("%d is not a leap year.\n ",year);

    system("pause");
    return 0;
}
```

程序运行结果如图 5-18 所示。

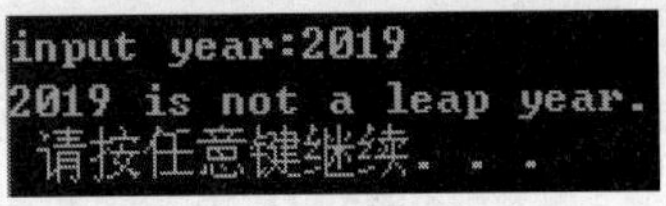

【例 5-15】运输公司对用户计算运费。路程（s）越远，每千米运费越低。标准如下：

图 5-18　例 5-14 运行结果

```
s<250              没有折扣
250≤s<500          2%折扣
500≤s<1000         5%折扣
1000≤s<2000        8%折扣
2000≤s<3000        10%折扣
3000≤s             15%折扣
```

设每千米每吨货物的基本运费为 p，货物重为 w，距离为 s，折扣为 d，则总运费 f 的计算公式为 f=p*w*s*(1−d)。

分析此问题，可以看出，折扣的变化是有规律的，折扣的"变化点"都是 250 的倍数（250、500、1000、2000、3000）。利用这一特点，可以在横轴上加一种坐标 c，c 的值为 s/250。当 c<1 时，表示 s<250，无折扣；1≤c<2 时，表示 250≤s<500，折扣 d=2%；2≤c<4 时，d=5%；4≤c<8 时，d=8%；8≤c<12 时，d=10%；c≥12 时，d=15%。

源程序如下：

```c
#include <stdio.h>
#include <stdlib.h>

int main()
{
    int c,s;
    float p,w,d,f;

    printf("输入基本运费，货物重量，距离");
    scanf("%f,%f,%d",&p,&w,&s);
    if(s>=3000)
        c=12;
    else
        c=s/250;
    switch(c)
    {
        case 0:d=0;break;
        case 1:d=2;break;
        case 2:
        case 3:d=5;break;
        case 4:
        case 5:
        case 6:
        case 7:d=8;break;
        case 8:
        case 9:
        case 10:
        case 11:d=10;break;
        case 12:d=15;break;
        default: printf("error"); break;
    }
    f=p*w*s*(1-d/100.0);
    printf("运费为：%15.2f\n",f);

    system("pause");
    return 0;
}
```

程序运行结果如图 5-19 所示。

输入基本运费，货物重量，距离1.5,200,3500
运费为：
　　　　892500.00
请按任意键继续. . . .

图 5-19　例 5-15 运行结果

5.4 本章常见错误及解决方法

1. if...else 语句与空语句的连用。例如：

```
if(NULL!=p);
fun();
```

这里的 fun( )函数并不是在 NULL!=p 的时候被调用，而是任何时候都会被调用。问题就出在 if 语句后面的分号上。在 C 语言中，分号预示着一条语句的结尾，但是并不是每条 C 语言语句都需要分号作为结束标志。if 语句的后面并不需要分号，如果不小心写了个分号，编译器并不会提示出错，因为编译器会把这个分号解析成一条空语句。也就是上面的代码实际等效于：

```
if(NULL!=p)
{
    ;
}
fun();
```

这是初学者很容易犯的错误，往往不小心多写了个分号，导致结果与预期相差很远。所以建议在真正需要用空语句时写成这样：

```
NULL;
```

而不是单用一个分号。这样做可以明显地区分真正必需的空语句和不小心多写的分号。

2. 复合语句丢失花括号，例如：

```
int a=3,b=5,c=4,t;
if(a<b)
    t=a;
    a=b;
    b=t;
if(a<c)
    t=a;
    a=c;
    c=t;
if(b<c)
    t=b;
    b=c;
    c=t;
printf("%d,%d,%d\n",a,b,c);
```

程序运行结果：4,3,3

本程序段将三个数按从大到小的顺序输出。编程的预期是得到"5,4,3"，但因为 if 语句的分支体丢失了复合语句外的花括号，并没有执行一组语句{t=a;a=b;b=t;}，仅执行了紧跟其后的一条语句 t=a;，下面两个 if 语句也是一样的错误。所以最后得到一个错误结果。

解决方法：分支体加上花括号，即{t=a;a=b;b=t;}。

3. switch 语句中缺失 break 语句，例如：

```
int i=1;
switch(i)
{
    case 1:printf("one");
    case 2:printf("two");
```

```
    case 3:printf("three");
    default:printf("%d",i);
}
```

程序运行结果：onetwothree1

本程序段输出数字对应的英文单词。break 的作用是结束 switch 语句。拿本例来说，i 的值与第一个 case 表达式值相匹配，本应输出 one，但缺少了 break 语句，并没有跳出 switch 语句，而是依次往下执行其余语句。所以得到错误结果，这是应注意的。

解决方法：使用 break 语句跳出 switch 语句。

```
case 1:printf("one");break;
case 2:printf("two"); break;
case 3:printf("three");break;
default:printf("%d",i); break;
```

5.5　本章小结

根据某种条件的成立与否而采用不同的程序段进行处理的程序结构称为选择结构。选择结构是 C 语言中一种重要的语句结构，它体现了程序的逻辑判断能力。选择结构又可分为简单分支（两个分支）和多分支两种情况。一般，采用 if 语句实现简单分支结构程序，用 switch 和 break 语句组合实现多分支结构程序。本章中主要介绍了下面内容：

（1）选择结构的控制条件。选择结构离不开逻辑判断，关系运算和逻辑运算正体现了这种逻辑判断能力。选择结构的控制条件通常用关系表达式或逻辑表达式构造，也可以用一般表达式表示。因为表达式的值非 0 即为"真"，0 即为"假"。所以，具有值的表达式均可作为 if 语句的控制条件。

（2）if 语句。C 语言利用 if 语句来实现选择结构。if 语句主要有 4 种句式，分别是：单分支的 if 语句、双分支的 if 语句、多分支的 if 语句和嵌套的 if 语句。在嵌套 if 语句中，一定要匹配好 else 与 if 结合的问题。在 if 语句的三种形式中，所有的语句应为单个语句，如果想在满足条件时执行一组（多句）操作，则必须把这一组语句用花括号"{}"括起来组成一个复合语句。

（3）switch 语句。switch 语句专门用于解决多分支选择问题。switch 语句只有与 break 语句相结合，才能设计出正确的多分支结构的程序。break 语句通常出现在 switch 语句或循环语句中，它能终止执行它所在的 switch 语句。

习　题

一、选择题

1. 有以下程序：

```
#include <stdio.h>
#include <stdlib.h>

int main()
{
  int a=0,b=0,c=0,d=0;
```

```
    if(a=1)  b=1;c=2;
    else d=3;
    printf("%d,%d,%d,%d\n",a,b,c,d);

    system("pause");
    return 0;
}
```

程序运行后的输出结果是（　　　）。

  A．0,1,2,0   B．0,0,0,3   C．1,1,2,0   D．编译有错

2．if(表达式)中，表达式如果是一个赋值语句，则表达式的值是（　　　）。

  A．0   B．1   C．不一定   D．语法错误

3．假定 w、x、y、z、m 均为 int 型变量，有如下程序段：

```
w=1; x=2;  y=3; z=4;
m=(w<x) ?w;x;
m=(m<y) ?m;y;
m=(m<z) ?m;z;
```

则该程序运行后 m 的值是（　　　）。

  A．4   B．3   C．2   D．2

4．下列关于 if 语句的描述中错误的是（　　　）。

  A．else 总是与前面最近的、未配对的，且为非独立 if 语句的 if 关键字配对

  B．用于条件判断的表达式必须用小括号括起，其中小括号不能省略

  C．用于条件判断的表达式可以是任意的表达式

  D．用于条件判断的表达式只能是关系表达式或逻辑表达式

5．有以下程序：

```
#include <stdio.h>
#include <stdlib.h>

int main()
{
  int  i=1,j=2,k=3;

  if(i++==1&&(++j==3||k++==3))
      printf("%d  %d  %d\n",i,j,k);

  system("pause");
  return 0;
}
```

程序运行后的输出结果是（　　　）。

  A．1 2 3   B．2 3 4   C．2 2 3   D．2 3 3

6．下列条件语句中，功能与其他语句不同的是（　　　）。

  A．if(a)   B．if(a==0)

      printf("%d\n",x);   printf("%d\n",y);

    else   else

      printf("%d\n",y);   printf("%d\n",x);

    C. if(a!=0)
              printf("%d\n",x);
        else
              printf("%d\n",y);

    D. if(a==0)
              printf("%d\n",x);
        else
              printf("%d\n",y);

7. 以下 4 个选项中，不能看作一条语句的是 (　　　)。

    A. {;}
    B. a=0,b=0,c=0;
    C. if(a>0);
    D. if(b==0) m=1;n=2;

8. 以下程序段中与语句 k=a>b?(b>c?1:0):0;功能等价的是 (　　　)。

    A. if((a>b) &&(b>c)) k=1;
       else　k=0;

    B. if((a>b) ||(b>c))　k=1

    C. if(a<=b)　　k=0;
       else if(b<=c)　　k=1;

    D. if(a>b)　　k=1;
       else if(b>c)　　k=1;
       else k=0;

9. 有定义语句：int a=1,b=2,c=3,x;,则以下选项中各程序段执行后，x 的值不为 3 的是 (　　　)。

    A. if (c<a) x=1;
       else if (b<a) x=2;
       else x=3;

    B. if (a<3) x=3;
       else if (a<2) x=2;
       else x=1;

    C. if (a<3) x=3;
       if (a<2) x=2;
       if (a<1) x=1;

    D. if (a<b) x=b;
       if (b<c) x=c;
       if (c<a) x=a;

10. 阅读以下程序：

```c
#include <stdio.h>
#include <stdlib.h>

int main( )
{
    int  x;

    scanf("%d",&x);
    if(x--<5)
        printf("%d",x);
    else
        printf("%d",x++);

    system("pause");
    return 0;
}
```

程序运行后，如果从键盘上输入 5，则输出结果是 (　　　)。

    A. 3
    B. 4
    C. 5
    D. 6

二、读程序写出结果

1. 源程序如下：

```c
#include <stdio.h>
#include <stdlib.h>
```

```c
int main()
{
  int x=1,y=0,a=0,b=0;

  switch(x)
  { case 1:switch(y)
    {   case 0:a++; break;
        case 1:b++; break;
    }
    case 2:a++;b++; break;
  }
  printf("%d  %d\n",a,b);

  system("pause");
  return 0;
}
```

输出结果是_____。

2. 源程序如下：

```c
#include <stdio.h>
#include <stdlib.h>

int main()
{
    int n=0,m=1,x=2;

    if(!n)   x-=1;
    if(m)    x-=2;
    if(x)    x-=3;
    printf("%d\n",x);

    system("pause");
    return 0;
}
```

输出结果是_____。

3. 源程序如下：

```c
#include <stdio.h>
#include <stdlib.h>

int main()
{
    int  a;

    scanf("%d",&a);
    if(a>50)  printf("%d",a);
    if(a>40)  printf("%d",a);
    if(a>30)  printf("%d",a);

    system("pause");
    return 0;
}
```

输出结果是_____。

4. 源程序如下：

```c
#include <stdio.h>
#include <stdlib.h>
```

```
int main()
{
    int a=50,b=20,c=10;
    int x=5,y=0;

    if(a<b)
      if(b!=10)
        if(!x)
            x=1;
        else if(y)  x=10;
      x=-9;
    printf("%d\n",x);

    system("pause");
    return 0;
}
```

输出结果是_____。

三、将程序补充完整

程序要求：将 a、b、c 三个整数按从大到小的顺序排列。

```
#include <stdio.h>
#include <stdlib.h>

int main()
{
    int a,b,c,t;

    printf("Input three integers: ");
    scanf("%d,%d,%d"            /*输入a、b、c 3个整数*/
    if(a<b)
    _____                 /*交换a、b的值*/
    if(a<c)
    _____                 /*交换a、c的值*/
    if(b<c)
    _____                 /*交换b、c的值*/
    printf("从大到小顺序为:%d,%d,%d",a,b,c);

    system("pause");
    return 0;
}
```

四、程序设计题

1. 输入一个整数，判断该数为奇数还是偶数。

2. 判别键盘上输入字符的种类（控制字符、大写字母、小写字母、数字或其他）。

3. 从键盘上输入三角形的三边长a、b、c，判断这三边能不能组成一个三角形，若能，计算并输出三角形的面积。提示：构成三角形的条件是任意两边之和大于第三边；三角形面积计算公式是 area=sqrt(d*(d-a)*(d-b)*(d-c)),其中 d=(a+b+c)/2。

4. 输入一位学生的出生年月日，并输入当前的年月日，计算并输出该学生的实际年龄。

5. 输入今天是星期几（1~7），计算并输出90天后是星期几。

6. 给定一个不多于5位的正整数，判断它是几位数，并分别打印出每一位数字。

7. 某商场进行打折促销活动，消费金额 p 越高，折扣 d 越大，其标准如下：

$p<200$ $d=0\%$

$200 \leqslant p < 400$　　$d=5\%$

$400 \leqslant p < 600$　　$d=10\%$

$600 \leqslant p < 1000$　　$d=15\%$

$1000 \leqslant p$　　$d=20\%$

要求用 switch 语句编程，输入消费金额，求其实际消费金额。

8. 使用 switch 语句，将一个百分制的成绩转换成 5 个等级：90 分以上为'A'，80~89 分为'B'，70~79 分为'C'，60~69 分为'D'，60 分以下为'E'。例如，输入 75，则显示 C。

第 6 章 循 环 结 构

在进行算法设计时，仅仅使用前面学过的顺序结构和选择结构，往往解决不了一些较复杂的问题。有很多问题中的动作可能要多次重复，比如累加、求一个班学生的平均分等。这时，就需要使用循环控制结构来设计算法，利用循环结构可以解决复杂的、重复性的操作。循环结构的作用是使某段程序重复地执行，具体循环的次数会根据某个条件来决定。循环结构的应用非常普遍，使用起来也比较灵活，熟练掌握循环结构对于学习编程非常重要。C 语言是支持循环结构的，C 语言的循环结构主要包括三种基本形式：while 语句、for 语句、do...while 语句。

本章主要介绍循环结构的三种基本语句及其特点，重点讲解常用的循环算法和编程方法，使读者能够熟练运用这三种基本循环控制结构编写程序。

本章知识要点：

◎ while 语句的一般形式及应用。

◎ for 语句的一般形式及应用。

◎ do...while 语句的一般形式及应用。

◎ 多重循环结构的使用。

◎ break 语句和 continue 语句。

6.1 while 语句

while 语句属于"当型"循环。"当型"循环是指在循环条件成立时，程序就一直执行循环体语句。while 语句的一般形式如下：

```
while(表达式)
    循环体语句
```

while 语句的执行过程：首先计算 while 后圆括号内的表达式，当表达式的值为"真"（非 0）时，执行循环体语句，然后继续判断表达式的值，重复上述执行过程，只有当表达式的值为"假"（0）时才退出循环，程序跳转到循环体后面的第一行代码处执行。while 语句流程图如图 6-1 所示。

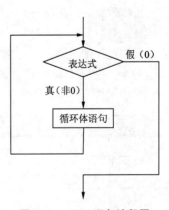

图 6-1 while 语句流程图

说明：

（1）while 是关键字。while 后圆括号内的表达式一般是条件表达式或逻辑表达式，但也可以是 C 语言中任意合法的表达式，其计算结果为 0 则跳出循环体，非 0 则执行循环体。

（2）循环体语句可以是一条语句，也可以是多条语句，如果循环体语句包含多条语句，则需要用一对花括号"{}"把循环体语句括起来，采用复合语句的形式。

【例 6-1】求前 100 个自然数的和，即求 $\sum_{n=1}^{100} n$。

分析：这是一个简单的求和问题，需要连续累加，因此只能使用循环结构实现重复累加的操作。设变量 sum 用于存放循环执行过程中的求和结果，设变量 n 为循环控制变量，同时也是每一次求和运算的基本数据项，然后可以利用 while 循环结构进行循环累加求和。

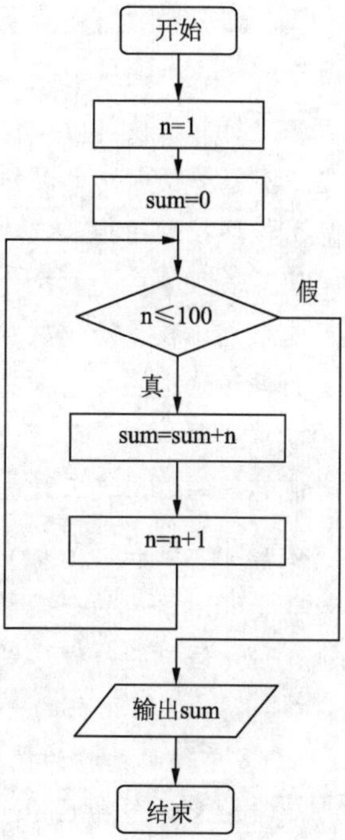

程序流程图如图 6-2 所示。根据流程图编制程序代码如下：

```c
#include <stdio.h>
#include <stdlib.h>

int main()
{
    int n,sum;

    n=1;
    sum=0;                 /*变量赋初值*/
    while(n<=100)
    {
        sum=sum+n;         /*累加求和*/
        n++;               /*修改基本数据项 n*/
    }
    printf(" sum=%d\n",sum);

    system("pause");
    return 0;
}
```

图 6-2 例 6-1 程序流程图

程序运行结果如图 6-3 所示。

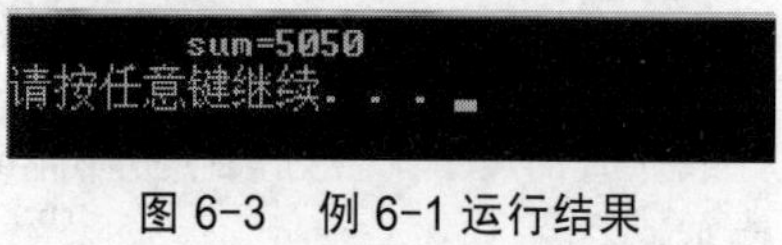

在读程序时，正确分析语句的执行顺序，即正确判断语句的跳转以及确定此时变量的值是非常重要的，是能否正确理解程序的关键，下面对例 6-1 的程序执行过程及变量值的变化进行具体分析，如表 6-1 所示。

图 6-3 例 6-1 运行结果

表 6-1　程序执行过程的具体分析

执行顺序	执行语句	执行结果	sum 的值	n 的值	说　　明
1	n=1;sum=0;		0	1	变量赋初值
2	计算表达式 "n<=100"	1<=100 结果为"真"			判断循环条件
3	sum=sum+n; n++;	sum←0+1, n←1+1,	1	2	执行循环体语句

执行顺序	执行语句	执行结果	sum 的值	n 的值	说　明
4	计算表达式　"n<=100"	2<=100 结果为"真"			判断循环条件
5	sum=sum+n; n++;	sum←1+2, n←2+1,	3	3	执行循环体语句
…	…	…	4950	100	…
200	计算表达式　"n<=100"	100<=100 结果为"真"			判断循环条件
201	sum=sum+n; n++;	sum←4950+100, n←100+1,	5050	101	执行循环体语句
202	计算表达式　"n<=100"	101<=100 结果为"假"			判断循环条件
203	printf("sum=%d\n",sum);				退出循环体，执行循环体 下面的语句

需要注意的几个问题：

（1）累加求和算法。这个程序采用的算法思想称为累加求和，即不断用新累加的值取代变量的旧值，最终得到求和结果，变量 sum 又称"累加器"，初值一般为 0。累加求和尽管方法简单，却是循环结构程序设计中经常采用的一种算法思想，后面的很多复杂程序最终都可以转化为累加求和或类似累加求和的问题来解决。使用 C 语言的循环结构对若干个数进行累加求和一般包括以下几个步骤：

步骤 1：设置基本数据项的初值；（如例 6-1 中的 n=1）

步骤 2：设置存放结果变量的初值；（如例 6-1 中的 sum=0）

步骤 3：循环条件判断，若条件满足转步骤 4，否则转步骤 6；

步骤 4：累加并修改基本数据项；（如例 6-1 中的 sum=sum+n;n++;）

步骤 5：转步骤 3；

步骤 6：结束并输出结果。

（2）必须给变量赋初值。在 C 语言中定义的变量必须要赋初值，即使变量的初值为 0，赋初值也不能省略。如果没有给变量赋初值，那么变量的初值就会是一个不可预知的数，结果将没有意义。例如例 6-1 中，读者可以省略赋值语句"sum=0;"，调试看会出现什么结果。

（3）正确判断条件的边界值。当 n 的值为 100 时，程序将继续执行循环体，然后控制流程再次判断条件表达式，此时，n 的值为 101（见表 6-1），表达式"n<=100"结果为假，退出循环。退出循环后，循环控制变量 n 的值是 101，而不是 100。

（4）避免出现"死循环"。使用 while 循环一定注意要在循环体语句中出现修改循环控制变量的语句，使循环趋于结束，如例 6-1 中的"n++;"，否则条件表达式的计算结果永远为"真"，就会出现死循环。

（5）可能出现循环体不执行。while 循环是先判断表达式的值，后执行循环体，因此，如果一开始表达式为假，则循环体一次也不执行。

（6）while 后面圆括号内的表达式一般为关系表达式或逻辑表达式，也可以是其他类型的表达式，如算术表达式等。只要表达式运算结果为非 0，就表示条件判断为"真"，运算结果为 0，就表示条件判断为"假"。例如下面的几种循环结构，它们所反映的逻辑执行过程是等价的，均表示当 n 为奇数时执行循环体，否则退出循环。

```
while(n%2)          while(n%2==1)        while(n%2!=0)
{                   {                    {
    ...                 ...                  ...
}                   }                    }
```

有时，条件表达式可能只是一个变量，比如有以下程序段：

```
...
p=1;
while(p)
{
    ...
    p=0;
    ...
}
```

这时，以变量 p 的值来作为循环判断条件，当 p 的值为不等于零的任何值时，都进行循环，只有当 p 的值为零时，结束循环。

【例 6-2】使用 while 语句求 n!，n!=1*2*3*⋯*n。

分析：该题与例 6-1 非常相似，只是把求和改成乘积。另外由于 n 的值并不确定，需要程序执行的时候由用户输入，要用到输入函数。本例中用变量 jc（阶乘）存储乘积值，由于阶乘的数量级递增非常快，采用整型数据类型存储数量级很有限，容易出现溢出错误。为了能容纳较大的阶乘值，将 jc 定义为 double 类型，即使这样，在测试程序时还是要注意输入的 n 的值不要过大，以免出现数据溢出问题。

```
#include <stdio.h>
#include <stdlib.h>

int main()
{
    int n,i=1;
    double jc=1;

    printf("请输入一个正整数: ");
    scanf("%d",&n);
    while(i<=n)
    {
        jc=jc*i;                /*累乘求积*/
        i++;                    /*修改基本数据项 i*/
    }
    printf("%d!=%.0f\n",n,jc);

    system("pause");
    return 0;
}
```

程序运行结果如图 6-4 所示。

此题虽然和例 6-1 非常相近，但仍有两个需要注意的问题：

（1）变量合理赋初值。变量初值的选取要根据实际情

```
请输入一个正整数: 6
6!=720
请按任意键继续. . . .
```

图 6-4　例 6-2 运行结果

况，例 6-1 中的求和变量 sum 的初值应该赋 0，本例题中用来存放乘积结果的变量 jc 的初值应该赋 1。

（2）防止出现数据溢出错误。累乘结果的变量 jc 虽然是整数，在这里不能定义成 int 型数据。由于 int 型变量可以存放数据的范围比较有限（根据编译环境不同有所不同），当用户输入的 n 值比较大时，就可能得到一个非常大的结果，为防止在计算阶乘时发生数据溢出错误，把 jc 定义成 double 类型（但还是要注意输入数据时不能太大）。

循环三要素之间的关系：循环变量赋初值、判断控制表达式和修改循环变量是"循环三要素"。一般来说，进入循环之前，应该给循环变量赋初值，确保循环能够正常开始；在控制表达式中判断循环变量是否达到循环的终止值；在循环体中对循环变量进行修改，以使循环正常地趋向终止。在编写程序时要注意它们的位置关系。循环控制变量的初值可能会影响控制表达式的设计和控制变量修改语句的语序。比如，把例 6-1 中循环变量的初值改为 0，则其他两个要素就要随之改变，修改后的主程序段如下：

```
int n,i=0;
double jc=1;

printf("请输入一个正整数: ");
scanf("%d",&n);
while(i<n)                    //注意此处，循环条件应为"i<n"
{
    i++;                     //注意此处，循环变量i应先增值，再乘积
    jc=jc*i;
}
printf("%d!=%.0f\n",n,jc);
```

【例 6-3】编写程序，计算并输出下面数列前 15 项中偶数项的和。

```
2*3,4*5,…,2n*(2n+1),…
```

分析：这是一个序列求和问题，可定义一个和变量 s，赋初值为 0，定义循环变量 n，n 要取 1~15 中的偶数，所以，可以给 n 赋初值为 2，每次循环后对 n 增加 2 以控制循环，循环体内每次对 s 加上 2n*(2n+1)。编写程序代码如下：

```
#include <stdio.h>
#include <stdlib.h>

int main()
{
    int n,s;

    n=2;
    s=0;
    while(n<=15)
    {
        s+=2*n*(2*n+1);               //注意这里的"*"不能省略
        n=n+2;
    }
    printf("%d\n",s);

    system("pause");
    return 0;
}
```

【例 6-4】编写程序，输入一个字符序列，直至换行为止，统计出大写字母、小写字母、数字、空格和其他字符的个数。

分析：这是一个关于字符处理的问题，首先可以定义一个字符变量 ch，利用 getchar( )函数把用户从键盘输入的字符逐个接收，存储在 ch 中，然后对 ch 进行判断分类。当读取的字符不是换行符时重复执行循环体，直至遇到换行符为止。getchar( )是字符读取函数，返回用户在键盘上按下的键位所对应的字符，不仅能读取 "a"、"b" 这样的可显示字符，也能读取回车符、Tab 符之类的控制字符。因为回车符的转义符为 "\n"，所以 while 语句的条件表达式可以写成 ch != '\n'。

源程序如下：

```c
#include <stdio.h>
#include <stdlib.h>

int main()
{
    char ch;
    int a,b,c,d,e;

    a=b=c=d=e=0;                          /*各变量赋初值 0*/
    while((ch=getchar())!='\n')           /*接收从键盘输入的字符，并判断是否为
                                            换行符，遇到换行符则停止循环*/

    {
        if(ch>='A'&&ch<='Z')  a++;        /*判断是否为大写字母*/
        else if(ch>='a'&&ch<='z')  b++;   /*判断是否为小写字母*/
        else if(ch>='0'&&ch<='9')  c++;   /*判断是否为数字*/
        else if(ch==' ')  d++;            /*判断是否为空格*/
        else  e++;
    }
    printf("%d,%d,%d,%d,%d\n",a,b,c,d,e);

    system("pause");
    return 0;
}
```

程序运行结果如图 6-5 所示，表示输入的这段文本中大写字母有 6 个，小写字母有 5 个，数字有 5 个，空格有 1 个，其他字符有 3 个。

```
QSDyu123*$#asd TRY89
6,5,5,1,3
```

图 6-5　例 6-4 运行结果

注意：表达式((ch=getchar( ))!='\n')的执行分两步，ch=getchar( )和 ch !='\n'，即首先利用 getchar( )函数从终端接收一个字符，存储在 ch 中，然后再判断 ch 是否等于'\n'。这里一定不能省略内部的括号，如果写成如下形式：

    (ch=getchar()!='\n')

调试结果就会发生错误，因为表达式的关系运算符 "!=" 运算优先级别高于赋值运算符 "="，上述语句相当于：

    while(ch=(getchar()!='\n'))

即先把接收的字符与'\n'进行关系运算，再把关系运算的结果 "真（1）" 或者 "假（0）" 存储在 ch 中，这显然是错误的。

6.2 for 语 句

for 语句是循环控制结构中使用最为广泛的一种控制语句，它充分体现了 C 语言的灵活性。for 语句又称"计数"型循环，它特别适合已知循环次数的情况。当然，for 循环同样适用于循环次数不确定而只知道循环结束条件的情况。for 循环可以实现所有的循环问题，它是 C 语言中形式最灵活、功能最强大的一种循环控制结构。

for 语句的一般形式如下：

```
for(表达式1;表达式2;表达式3)
    循环体语句
```

从语法形式上看，for 语句语法上要比 while 语句复杂，for 后面的圆括号内有三个表达式，并使用分号";"分隔，这三个表达式的运算次数、运算时间以及在循环中发挥的作用各不相同。它的执行过程如下：

步骤 1：计算表达式 1；

步骤 2：计算表达式 2，若表达式 2 的值为"真"（非 0），则执行一次循环体语句，然后转步骤 3，若表达式 2 的值为"假"（0），则转步骤 4；

步骤 3：计算表达式 3，然后转步骤 2；

步骤 4：退出循环，执行 for 语句后面的其他语句。

for 语句执行流程图如图 6-6 所示。

其中的表达式 1、表达式 2 和表达式 3 可以是 C 语言中任何一种类型的合法表达式，但最常用、最简单的形式是这样的：在表达式 1 中给循环变量赋初值；表达式 2 则是循环条件控制表达式；表达式 3 则实现循环控制变量的改变，使循环趋于结束。具体如下：

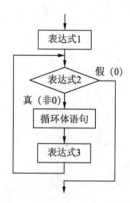

图 6-6 for 语句执行流程图

```
for( 循环变量赋初值；循环条件；循环变量增值 )
```

for 语句的功能等价于下面的 while 语句：

```
表达式1;
while(表达式2)
{   循环体语句;
    表达式3;
}
```

用 for 语句改写例 6-1，代码如下：

```c
#include <stdio.h>
int main()
{
    int n,sum=0;
    for(n=1;n<=100;n++)
        sum=sum+n;
    printf("sum=%d\n",sum);
    return 0;
}
```

由此可以看出，相对于 while 语句，for 语句在形式上更加简洁。

【例 6-5】编写程序，计算并输出下面数列中前 20 项中偶数项的和。

```
1*2,2*3,3*4,4*5,…,n*(n+1),…
```

分析：这是一个数列求和问题，题目明确是求前 20 项的和，因此选用 for 循环是最合适的。设变量 s 用于存放循环执行过程中的求和结果，设变量 n 为循环控制变量，每一次求和运算的数据项是通项公式 n*(n+1)，仅求偶数项的和，则设置循环控制变量 n 的初值为 2，每次循环后递增 2。

根据分析，设计出程序流程图如图 6-7 所示，根据流程图编写程序代码如下：

```c
#include <stdio.h>
#include <stdlib.h>

int main()
{
    int n,s=0;

    for(n=2;n<=20;n=n+2)
        s+=n*(n+1);
    printf("%d\n",s);

    system("pause");
    return 0;
}
```

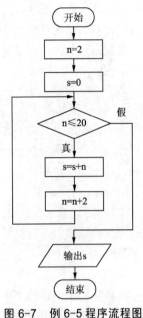

图 6-7　例 6-5 程序流程图

【例 6-6】编写程序，计算并输出下面数列前 10 项的和，结果取 3 位小数。

```
1/3,3/5,5/7,7/9,9/11,11/13,13/15,…,(2n-1)/(2n+1)
```

分析：这也是一个数列求和问题，和变量 s 和循环控制变量 n 的意义和例 6-5 一样，本题需要注意的是对于通项(2n-1)/(2n+1)，不能简单地把它转换为 C 语言的表达式(2*n-1)/(2*n+1)，因为循环变量 n 定义为 int 类型，所以(2*n-1)/(2*n+1)就是一个整数除的表达式，在 n 的取值范围 1~10 内，(2*n-1)总是小于(2*n+1)的，所以该除法表达式的结果总为 0，不能正确地计算出数列的和。解决办法是将该除法表达式变为实型数除法，即只要将分子或分母强制转换为实型数即可，比如，可以让(2*n-1)乘以实型常数 1.0 作为分子，或在(2*n-1)之前加上强制类型 (float)(2*n-1)，使之强制转换为 float 类型。

根据分析，编写代码如下：

```c
#include <stdio.h>
#include <stdlib.h>

int main()
{
    int n;
    float s=0;

    for(n=1;n<=10;n=n+1)
        s+=(2*n-1)*1.0/(2*n+1);
    printf("%.3f\n",s);
```

```
        system("pause");
        return 0;
}
```

程序运行结果如图 6-8 所示。

【例 6-7】 设 n=30，编写程序，计算并输出 S(n)的值。

$$S(n)=(1*2)/(3*4)-(3*4)/(5*6)+(5*6)/(7*8)+…+(-1)^{(n-1)}*[(2n-1)*2n]/[(2n+1)*(2n+2)]+…$$

分析：这是一个累加求和问题，题目明确是求 30 项的和，因此选用 for 循环是最合适的。设变量 s 用于存放循环执行过程中的求和结果，变量 n 为循环控制变量，每次求和运算的数据项由运算表达式中已经给出，即 $(-1)^{(n-1)}*[(2n-1)*2n]/[(2n+1)*(2n+2)]$，数据项的值会随循环变量 n 的改变而改变。

根据分析，编写程序代码如下：

```
#include <stdio.h>
#include <stdlib.h>
#include <math.h>

int main()
{
    int n;
    float s=0;

    for(n=1;n<=30;n++)
        s=s+pow(-1.0,(n-1))*((2*n-1)*2*n)/((2*n+1)*(2*n+2));
    printf("s(n)=%f\n",s);

    system("pause");
    return 0;
}
```

程序运行结果如图 6-9 所示。

图 6-8　例 6-6 运行结果　　　　图 6-9　例 6-7 运行结果

> **注意：** 在程序中如果使用了数学函数，就必须在源文件开头添加预编译命令#include <math.h>，本题目中用到了一个数学函数 pow( )，作用是进行幂运算，函数形式为 double pow(double x, double y)，即计算 x 的 y 次幂的值。

关于 for 语句的几点说明：

（1）循环体语句可以是简单语句也可以是使用一对花括号括起来的复合语句。如果是一个语句，也可以和 for 写在一行上，这样使程序看起来更加简洁；如果循环体包含多条语句，最好是另起一行，采用一对花括号括起来的复合语句形式，以增加程序的可读性。

（2）表达式的省略。for 语句中的三个表达式均可以省略，但是两个分号不能省略。

① 省略表达式 1。如果 for 语句中的表达式 1 被省略，表达式 1 的内容可以放在 for 循环结构之前。表达式 1 的内容一般来说是给循环变量赋初值，那么如果在循环结构之前的程序中循环变量已经有初值，那么表达式 1 就可以省略，但分号不能省略。比如例 6-7 中，for 语句中如果省略

表达式 1，可以改写成如下形式：

```
…
int n=1;
float s=0;
for(;n<=30;n++)
    s=s+pow((-1),(n-1))*((2*n-1*2*n)/((2*n+1)*(2*n+2));
printf("s(n)=%f",s);
…
```

② 省略表达式 2。如果表达式 2 省略，就意味着每次执行循环体之前不用判断循环条件，循环就会无休止地执行下去，就形成了"死循环"，编程中要避免此类情况出现。例 6-7 如果省略表达式 2，形式如下：

```
…
int n;
float s=0;
for(n=1; ;n++)
    s=s+pow((-1),(n-1))*((2*n-1*2*n)/((2*n+1)*(2*n+2));
printf("s(n)=%f",s) ;
```

相当于如下 while 循环：

```
…
int n=1;
float s=0;
while(1)
{
    s=s+pow((-1),(n-1))*((2*n-1*2*n)/((2*n+1)*(2*n+2));
    n++;
}
printf("s(n)=%f",s);
…
```

这样的程序将会无休止地执行下去。

③ 省略表达式 3。如果表达式 3 省略，则必须在循环体中另外添加修改循环变量值的语句，保证循环能够正常结束。例 6-7 如果省略表达式 3，程序可以改写成如下形式：

```
int n;
float s=0;
for(n=1;n<=30;)
{
    s=s+pow((-1),(n-1))*((2*n-1*2*n)/((2*n+1)*(2*n+2));
    n++;
}
printf("s(n)=%f",s);
```

这样的实现效果是一样的，同样是在每次循环结束之前对循环变量 n 自增 1。

④ 同时省略表达式 1 和表达式 3。如果表达式 1 和表达式 3 同时省略，只有表达式 2，也就是说只有循环条件，那就和 while 循环功能一样。下面两段程序是等价的。

```
n=1;
while(n<=100)
{
    sum=sum+n;
    n++;
}
```

等价于：

```
n=1;
for(;n<=100;)
{
    sum=sum+n;
    n++;
}
```

⑤ 同时省略三个表达式。for 循环的三个表达式也可同时省略，即：

```
for(;;)
{
    ...
}
```

这种形式虽然是合乎语法的，程序编译并不报错，但是缺失循环结束控制条件表达式 2，就会使循环体一直执行下去，形成"死循环"，所以要避免这种写法。

（3）表达式 1 和表达式 3 可以和循环变量无关。前面讲到，一般来说表达式 1 是给循环变量赋初值，表达式 3 是修改循环变量的值。但表达式 1 和表达式 3 的内容也可以和循环变量完全无关。

例如，用 for 语句实现求 1 到 100 的和，程序如下：

```
int n,sum=0;
for(n=1;n<=100;n++)  sum=sum+n;
printf("sum=%d\n",sum);
```

也可以这样写：

```
int sum,n=0;
for(sum=0;n<100;sum=sum+n)  n++;
printf("sum=%d\n",sum);
```

第二种形式虽然结果也正确，运行效果一样，但和第一种形式相比，程序的可读性和可维护性就大大降低了。可见，虽然 for 语句使用起来形式非常灵活，但是一般来说还是要遵从常用的形式，不要在表达式 1 和表达式 3 中出现和循环控制变量无关的内容。

> **思考：** 在第二种形式中，为什么 n 的初值设为 0 而不是 1，循环条件也和第一种形式不同，是 n<100，而不是 n<=100？

（4）表达式 1 和表达式 3 可以是一个简单的表达式，也可以是逗号表达式，即包含一个以上的简单表达式，中间用逗号隔开。

比如，在以后的学习中会遇到一些较为复杂的问题，和循环控制相关的变量可能多于一个，这时表达式 1 和表达式 3 可以是逗号表达式，只需注意按照逗号表达式的运行规则执行即可。如以下程序段：

```
for(i=0,j=10;i<=j;i++,j--)
{
    ...
}
```

表示在循环之初，分别对 i 和 j 赋初值 0 和 10，每一趟循环结束时，分别对 i 增 1，对 j 减 1。

【例 6-8】编写程序，输出所有的三位水仙花数。三位水仙花数是指一个 3 位数，其各位数字的立方和等于该数本身。例如，$153=1^3+5^3+3^3$，所以 153 是水仙花数。

分析：这是一个典型的穷举算法，因为水仙花数是一个 3 位数，程序需要对所有的 3 位数都做判断，所以可以定义一个变量 i，使 i 在 100～999 之间循环，逐个判断 i 是否为水仙花数。这类问题中，循环变量 i 有明确的初值和终值，并且是递增或递减变化的，选用 for 循环最合适。另外，题目中需要求各位数字的立方和，这种问题常用"/"和"%"两种运算结合使用来解决。

源程序如下：

```
#include <stdio.h>
#include <stdlib.h>

int main()
{
    int a,b,c,i;

    printf("水仙花数: \n");
    for(i=100;i<=999;i++)
    {
        a=i/100;                /*求出 i 的百位数字*/
        b=i/10%10;              /*求出 i 的十位数字*/
        c=i%10;                 /*求出 i 的个位数字*/
        if(i==a*a+a+b*b*b+c*c*c)
            printf("%d\n",i);
    }
    printf("\n");

    system("pause");
    return 0;
}
```

程序运行结果如图 6-10 所示。

注意：(1)在计算机解决实际问题时，常常会用到"穷举法"。"穷举法"解决的问题一般具有这种特点：如果问题有解，必定全在某个集合中；如果这个集合内无解，集合外也肯定无解。这样，在解决问题时，就可以将集合中的元素一一列举出来，验证是否为问题的解。本题就是一一验证 100～999 之间所有的数，最终找出答案。

（2）程序中在做是否相等关系判断（"i==a*a*a+b*b*b+c*c*c"）使用到了关系运算符"=="，而不是赋值运算符"="。在 C 语言中这两种运算符形式是不一样的，要注意区别。

图 6-10　例 6-8 运行结果

6.3　do...while 语句

do...while 语句属于"直到型"循环，可以直观地理解为，循环体语句一直循环执行，直到循环条件表达式的值为假为止。do...while 语句的一般形式如下：

```
do
    循环体语句
while(表达式);
```

执行过程：先执行循环体语句，然后计算 while 后圆括号内的表达式，当表达式为"真"（非 0）时，则再次执行循环体语句，重复上述操作直到表达式为"假"（0）时退出循环。其中循环体语句可以是简单语句也可以是用一对花括号"{}"括起来的复合语句。do…while 语句执行流程图如图 6-11 所示。

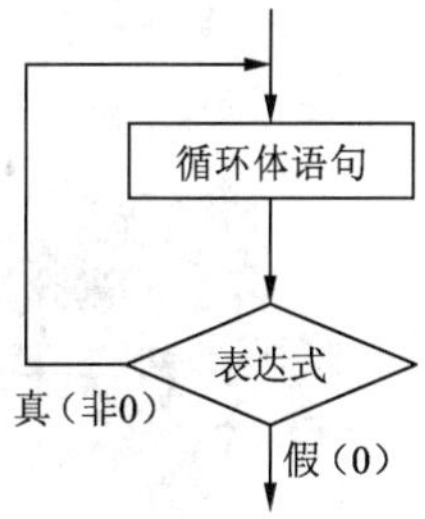

说明：

（1）do…while 语句中"while(表达式);"后面的分号是不能省略的，这一点和 while 语句要区分。while 语句的"while(表达式)"后面一定不能有分号，一旦加了分号，则表示 while 循环到此结束，后面的语句是顺序结构，和循环无关。

（2）do…while 语句是先执行循环体语句，后判断表达式，因此无论条件是否成立，将至少执行一次循环体。而 while 语句是先判断表达式，后执行循环体语句，因此，如果表达式在第一次判断时就不成立，则循环体一次也不执行。

一般来说，对于同一个问题，使用 while 语句或 do…while 语句结果是一样的，也就是说，只要循环体相同，其结果也会相同。比如求 1～100 的和，分别使用 do…while 和 while 语句形式如下：

图 6-11　do…while 语句执行流程图

```
int n,sum;
n=1;
sum=0;
do
{
    sum=sum+n;
    n++;
}
while(n<=100);
printf("sum=%d\n",sum);
```

```
int n,sum;
n=1;
sum=0;
while(n<=100)
{
    sum=sum+n;
    n++;
}
printf("sum=%d\n",sum);
```

从上面两个程序段看起来，除了循环判断条件所处的位置不同，其他并没有什么区别。但这个例子并不能说明使用 while 语句和 do…while 语句是完全等价的。

如果进行第一次循环时，while 后面的表达式就不成立，那么对于 while 循环来说，循环体语句一次也不执行，程序直接跳过循环结构，执行下面的语句；对于 do…while 循环来说，循环体语句还是要执行一次才会跳出循环结构。例如以下两段程序：

程序段 1
```
int n,sum=0;
scanf("%d",&n);
while (n<=10)
{
    sum=sum+n;
    n++;
}
printf("sum=%d\n",sum);
```

程序段 2
```
int n,sum=0;
scanf("%d",&n);
do
{
    sum=sum+n;
    n++;
}
while(n<=10);
printf("sum=%d\n",sum);
```

下面用不同的输入值，多次运行程序，观察运行情况。

第一次运行，结果如图 6-12 所示。

（a）程序段 1 运行结果　　　　　　　　　（b）程序段 2 运行结果

图 6-12　第一次运行结果

第二次运行结果如图 6-13 所示。

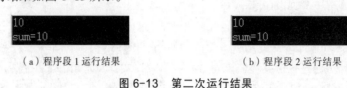

（a）程序段 1 运行结果　　　　　　　　　（b）程序段 2 运行结果

图 6-13　第二次运行结果

第三次运行结果如图 6-14 所示。

（a）程序段 1 运行结果　　　　　　　　　（b）程序段 2 运行结果

图 6-14　第三次运行结果

对程序段 1 和程序段 2 的运行情况进行分析，当输入 n 的值小于或等于 10 时，两段程序输出的结果是一样的，当输入 n 的值为 11，即大于 10 时，两段程序输出的结果就不同了。当 n=11 时，对于 while 循环来说，第一次判断表达式 "n<=10" 结果为假，循环体一次也没有执行，直接输出 sum 的值为 0；对于 do…while 循环来说，程序先执行一次循环体，sum 的值变为 11，再判断表达式 "n<=10" 结果为假，退出循环结构，输出 sum 的值为 11。所以，while 语句和 do…while 语句并不完全等价，实际应用时，要预估循环情况，若循环条件有可能一次也不成立，则必须选用 while 语句，若有把握不会出现循环条件一次也不成立的情况，用 do…while 语句更直观一些时，则可以选用 do…while 语句。

【例 6-9】编写程序，实现对用户输入口令的校验。假设用户预设口令是 "A"，若用户输入的口令和预设口令不一致，则需要重新输入，直到与预设口令一致为止。

分析：定义一个字符型变量 c 用来存放用户输入的口令。循环的条件是用户输入的口令和预设的口令不一致，用户需要先输入口令然后进行判断，因此选用 do…while 循环更合适一些。

源程序如下：

```c
#include <stdio.h>
#include <stdlib.h>

int main()
{
    char c;

    printf("请输入口令: \n");
    do
    {
        c=getchar();                /*接收用户输入的口令*/
    }while(c!='A');                  /*假定预设口令是字符'A'*/
```

```
    printf("校验成功\n");

    system("pause");
    return 0;
}
```

程序运行情况如图 6-15 所示，可以看到，如果输入的口令不是"A"，则循环继续，持续让输入，直到输入"A"，循环结束，输出"校验成功"。

【例 6-10】用公式 $\frac{\pi}{4}=1-\frac{1}{3}+\frac{1}{5}-\frac{1}{7}+...$，求 π 的近似值，直到最后一项的绝对值小于 10^{-6} 为止。

分析：本程序属于累加求和问题，可以定义实型变量 d 存放每一个基本数据项，注意题目中相邻基本数据项的符号不同,因此定义变量 sign 表示当前数据项的符号，初值为正号，即 sign=1，每循环一次，都使 sign 的符号取反，即 sign=-sign，其他步骤与一般的累加求和问题相同。

源程序如下：

```
#include <math.h>
#include <stdio.h>
#include <stdlib.h>

int main()
{
    double n,d,pi;
    int sign;

    sign=1;
    d=1.0;
    pi=0.0;
    n=1.0;
    do
    {
        pi=pi+d;
        n=n+2;
        sign=-sign;              /*改变数据项的符号*/
        d=sign/n;                /*求出数据项*/
    }
    while(fabs(d)>=1.0e-6);
    pi=4.0*pi;
    printf("pi=%10.7f\n",pi);

    system("pause");
    return 0;
}
```

程序运行结果如图 6-16 所示。

图 6-15 例 6-9 运行结果 图 6-16 例 6-10 运行结果

语句的先后顺序有时也非常重要，比如例 6-10 的程序体部分如果改写成如下形式：

```
double n,d,pi;
int sign;
sign=1;
d=1.0;
pi=0.0;
n=1.0;
do
{
    n=n+2;
    sign=-sign;
    d=sign/n;
    pi=pi+d;
}
while(fabs(d)>=1.0e-6);
pi=4.0*pi;
printf("pi=%10.7f\n",pi);
```

则程序运行结果如图 6-17 所示。

结果显然不正确，只是修改了循环体中的一个语句的顺序，结果就会产生错误，如果将程序在此基础上进一步修改，如下：

```
double n,d,pi;
int sign;
sign=1;
d=1.0;
pi=1.0;
n=1.0;
do
{
    n=n+2;
    sign=-sign;
    d=sign/n;
    pi=pi+d;
}
while(fabs(d)>=1.0e-6);
pi=pi-d;
pi=4.0*pi;
printf("pi=%10.7f\n",pi);
```

则程序运行结果如图 6-18 所示。

图 6-17　修改后的例 6-10 运行结果

图 6-18　再次修改后的例 6-10 运行结果

由此可以看出，变量初值改变了，循环体中语句的顺序就要做相应的调整，同时循环的次数可能也会受到影响，在编写程序时一定要注意考虑这些因素。

思考：为什么在循环体后要添加语句"pi=pi-d;"？

三种循环的比较：

上面介绍的三种循环语句 while、do...while 和 for 形式虽然不同，但主要结构成分都是循环三要素。三种语句都可以实现循环，一般来说可以互相替代。但它们也有一定的区别，使用时应根据语句特点和实际问题需要选择合适的语句。它们的区别和特点如下：

（1）while 和 do...while 语句一般实现条件循环，即无法预知循环的次数，循环只是在一定条件下进行；而 for 语句大多实现计数式循环。

（2）一般来说，while 和 do...while 语句的循环变量赋初值在循环语句之前，循环结束条件是 while 后面圆括号内的表达式，循环体中包含循环变量修改语句；一般 for 循环则是循环三要素集于一行。因此，for 循环语句形式更简洁，使用更灵活。

（3）while 和 for 是先测试循环条件，后执行循环体语句，循环体可能一次也不执行。而 do...while 语句是先执行循环体语句，后测试循环条件，所以循环体至少被执行一次。

知道了三种循环各自的特点，在实际使用时就可以根据特点合理选择。

6.4 多重循环结构

在处理实际问题时，有时仅仅使用前面学过的循环是不够的，可能在已有循环结构的循环体语句中还需要包含循环结构，这就是多重循环。

一个程序中的多个循环语句之间存在两种关系：并列关系和嵌套关系。循环不允许有交叉，循环之间的关系如图 6-19 所示。

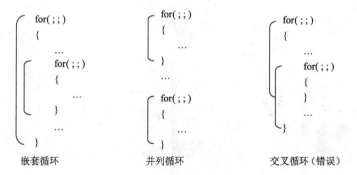

图 6-19　循环之间的关系

循环的嵌套是指一个循环语句的循环体内完整地包含另一个完整的循环结构。前面学习过的三种循环结构：while 循环、for 循环、do...while 循环都可以任意组合嵌套。

（1）while( )

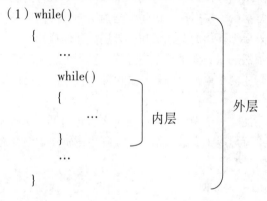

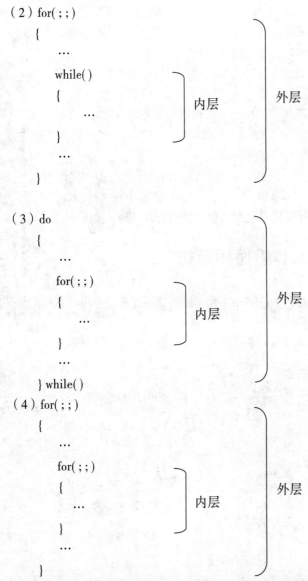

（2）for(; ;)
　{
　　…
　　while( )
　　{
　　　…
　　}
　　…
　}

（3）do
　{
　　…
　　for(; ;)
　　{
　　　…
　　}
　　…
　} while( )

（4）for(; ;)
　{
　　…
　　for(; ;)
　　{
　　　…
　　}
　　…
　}

　　这种嵌套层次数为两层的循环嵌套称为双重循环嵌套，它的执行过程是：首先进行外层循环的条件判断，当外层循环条件成立时顺序执行外层循环体语句，遇到内层循环，则进行内层循环条件判断，并在内层循环条件成立的情况下反复执行内层循环体语句，当内层循环因循环条件不成立而退出后重新返回到外层循环并顺序执行外层循环体的其他语句，外层循环体执行一次后，重新进行下一次的外层循环条件判断，若条件依然成立，则重复上述过程，直到外层循环条件不成立时，退出双重循环嵌套，执行后面其他语句。简单地说，就是外层循环执行一次，则内层循环要完整地执行一遍，如图 6-20 所示。

　　循环的嵌套一定是完整的包含关系，绝对不能在一个循环还没有结束之前开始另一个循环，而在第一个循环结束之后才结束第二个循环，这就形成了交叉关系，造成程序逻辑结构混乱而无法执行。

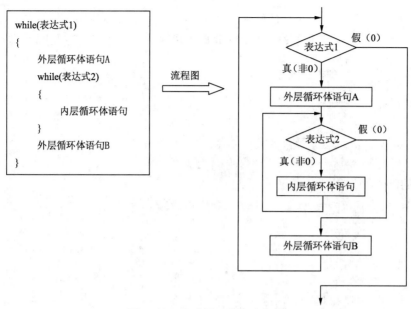

图 6-20　双重循环嵌套流程图

多重循环不仅包含双重循环结构，C 语言还允许循环结构的多重嵌套。如果一个循环的外面有两层循环就称为三重循环，如图 6-21 所示。当然，还允许有四重、五重等更多重循环。理论上嵌套可以是无限的，但一般使用两重或三重的比较多，若嵌套层数太多，就降低了程序的可读性和执行效率。

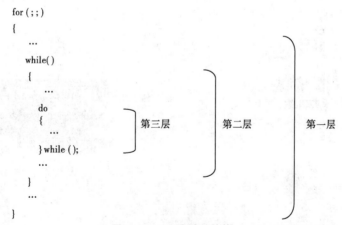

图 6-21　三重循环结构

【**例 6-11**】编写程序，输出 1000 以内所有的完数。如果一个整数的真因子（即除了自身以外的约数）之和等于这个数本身，这个数就被称为完数。例如，6 的因子是 1、2、3，并且 1+2+3=6，所以 6 是完数。

分析：此题应该分成两步来做。

第一步：判断一个数 n 是否为完数。可以定义一个变量 s 作为"累加器"，从 1～n-1 逐一去除 n，如果能除尽，就说明是 n 的因子，把它累加到 s 上，这是"穷举法"，可以选用 for 循环实现。

第二步：外层循环对 1000 以内的所有正整数——进行判断，利用第一步的方法，逐个判断 n 的因子之和 s 是否等于 n。若相等，则显示输出。对 1000 以内的所有正整数进行——测试，同样是"穷举法"，选用 for 循环结构。

程序思路如下：

```
for(n=2;n<=1000;n++)
{
    求 n 的所有因子之和赋给 s;
    若 n==s，则 n 是完数，显示输出;
}
```

把上面的内循环改成代码，程序如下：

```
#include <stdio.h>
#include <stdlib.h>

int main()
{
    int i,n,s;

    printf("输出 1000 以内的完数: \n");
    for(n=2;n<=1000;n++)              /*外循环，对 2-1000 之间的数进行判断*/
    {
        s=0;
        for(i=1;i<n;i++)             /*内循环，求出 n 的所有因子之和*/
            if(n%i==0)  s+=i;
        if(n==s)                      /*判断 a 是否等于所有因子之和*/
            printf("%d\n",n);
    }

    system("pause");
    return 0;
}
```

程序运行结果如图 6-22 所示。

【例 6-12】打印九九乘法口诀表。

分析：乘法口诀表的形式如下所示。

1*1=1

1*2=2   2*2=4

1*3=3   2*3=6   3*3=9

1*4=4   2*4=8   3*4=12   4*4=16

...

图 6-22　例 6-11 运行结果

1*9=9   2*9=18   3*9=27   4*9=36   5*9=45   6*9=54   7*9=63   8*9=72   9*9=81

九九乘法口诀表是一个二维图文表，这种表的处理常采用双重循环来实现。外循环控制输出行，内循环控制输出某行中的具体内容（即列）。求解此类问题的关键是分析图表的规律。九九乘法表的规律如下：

（1）乘法表共有 9 行。用外循环控制行，是定数循环，选用 for 循环比较合适。

（2）每行算式个数规律：第几行就有几列算式。用内层循环输出每行的算式，内循环每执行一次，输出一个算式，因此内循环执行次数=外循环变量的值。内循环每次也是定数循环，选用 for 循环。

（3）每个算式都既与所在行有关，又与所在列有关，规律是：列*行=积。

根据分析，编写程序代码如下：

```c
#include <stdio.h>
#include <stdlib.h>

int main()
{
    int i,j;

    for(i=1;i<=9;i++)                         /*外循环控制输出行*/
    {
        for(j=1;j<=i;j++)                     /*输出该行的内容*/
            printf("%2d*%d=%2d",j,i,i*j);     /*用%2d对输出位数作限定,对齐显示*/
        printf("\n");                         /*每行结束后,输出换行*/
    }

    system("pause");
    return 0;
}
```

程序运行结果如图 6-23 所示。

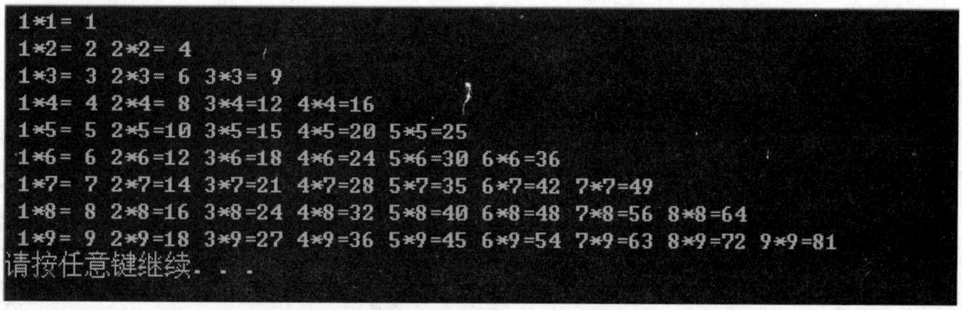

图 6-23 例 6-12 运行结果

注意：如果是多重循环，外循环和内循环应选用不同的循环控制变量。

6.5 break 语句和 continue 语句

前面学习了 C 语言的三种循环结构：while 语句、for 语句和 do...while 语句，这三种形式都是在一定的条件满足时进行循环，当循环条件不满足时，循环才会结束。但有的实例中允许在意外情况时中途结束循环，C 语言中提供了 break 语句和 continue 语句用于改变控制流。循环体中的 break 语句可实现终结本轮循环的执行，continue 语句可控制结束本次循环的执行。

6.5.1 break 语句

在第 5 章中学习过 break 语句，其功能是可以使流程跳出 switch 结构。实际上，break 语句也可以用在 while 语句、for 语句和 do...while 语句中，用于跳出循环结构。当 break 用于这三种循环语句时，可使程序跳出本层循环结构，接着执行循环体下面的语句。其一般形式如下：

```
break;
```

【**例 6-13**】执行如下程序段，分析 break 语句的作用。

源程序如下：

```
#include <stdio.h>
#include <stdlib.h>

int main()
{
    int i,k;

    for(i=1;i<=3;i++)
    {
        printf("第%d行: ",i);
        for(k=1;k<=100;k++)
        {
            if(k>10)
                break;
            printf("%d,",k);
        }
        printf("\n");
    }

    system("pause");
    return 0;
}
```

运行结果如图 6-24 所示。

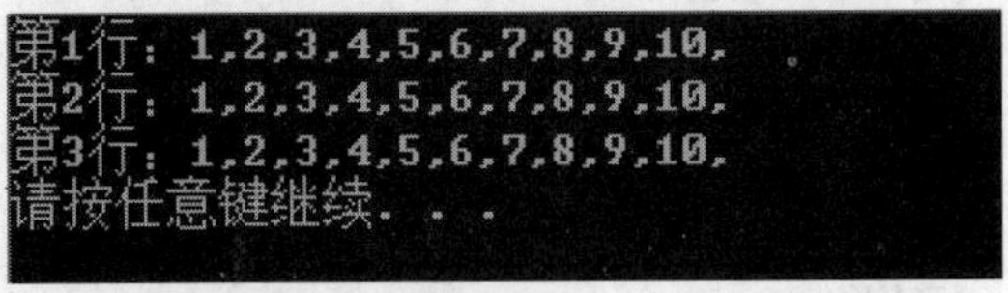

本例中，内循环的终结条件是 k<=100，根据输出可以看到，实际上 k 只执行到 10 就结束了，这是因为程序执行到了 break 语句，之后就跳出了内层的 for 循环，而外层循环继续执行，没有受到影响。

图 6-24　例 6-13 运行结果

【**例 6-14**】分别输出半径 1 ~ 10 时圆的面积，要求当圆的面积大于 100 时停止输出。程序如下：

```
#include <stdio.h>
#include <stdlib.h>

int main()
{
    int r;
    float area,pi=3.14159;

    for(r=1;r<=10;r++)
    {
        area=pi*r*r;
        if(area>100) break;
        printf("r=%d,area=%f\n",r,area);
    }
    system("pause");
    return 0;
}
```

运行结果如图 6-25 所示。

图 6-25　例 6-14 运行结果

当 r=6 时，条件 area>100 为真，执行到 break 语句，提前结束循环，不再输出，也不再继续执行其余的几次循环。程序跳转到 for 循环下面的语句接着执行。

说明：

（1）break 语句只能用于 while、for 和 do...while 循环语句以及 switch 语句中，不能用于其他语句。

（2）如果 break 语句用在多重循环结构体中，则只能使程序退出 break 语句所在的最内层循环。

6.5.2 continue 语句

continue 语句的作用是结束本次循环，即跳过循环体中下面尚未执行的语句，接着进行下一次是否执行循环体的判断。其一般形式如下：

```
continue;
```

continue 语句只能用于循环结构中。

对于 while 和 do...while 语句，continue 语句使程序结束本次循环，跳转到循环条件的判断部分，根据条件判断是否进行下一次循环；对于 for 语句，continue 语句使程序不再执行循环体中下面尚未执行的语句，直接跳转去执行"表达式 3"，然后再对循环条件"表达式 2"进行判断，根据条件判断是否进行下一次循环。

【例 6-15】输入若干学生的成绩，求平均成绩。

源程序如下：

```
#include <stdio.h>
#include <stdlib.h>

int main()
{
    int i,n,score;
    float sum=0,aver;

    printf("请输入学生的个数:");
    scanf("%d",&n);
    for(i=1;i<=n;i++)
    {
        printf("请输入学生的成绩:");
        scanf("%d",&score);
        if(score<0||score>100)                /*学生成绩输入有误*/
        {
            printf("输入成绩有误，请重新输入!\n");
            i--;                               /*此次输入成绩不算，计数应减去1*/
            continue;
        }
        sum=sum+score;
    }
    aver=sum/n;
    printf("%.2f\n",aver);

    system("pause");
    return 0;
}
```

程序运行结果如图 6-26 所示。

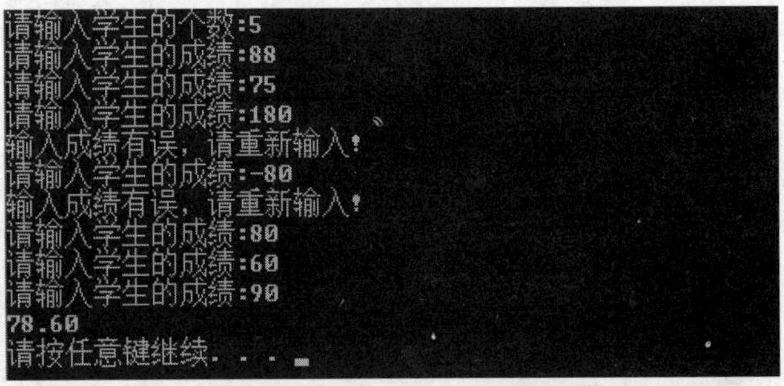

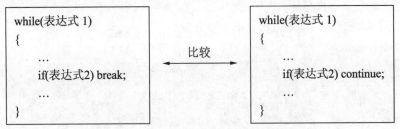

图 6-26　例 6-15 运行结果

当程序执行时,用户输入的成绩如果不在 0 ~ 100 之间,即 if 语句的条件"score<0 ‖ score>100"成立,程序就会输出错误信息,计数变量 i 减去 1,执行 continue;语句,这时,程序就会结束本次循环,不再执行循环体中下面尚未执行的语句"sum=sum+score;",直接跳转去执行 i++,接着判断 i<=n;,决定是否进行下一次循环。

continue 语句和 break 语句的区别是:continue 语句只是结束本次循环,而不是终止整个循环的执行。而 break 语句则是结束整个当前所在循环过程,执行循环体后面的语句。比如有以下两个循环结构,如图 6-27 所示。

while(表达式 1)
{
　…
　if(表达式2) break;
　…
}
	比较	while(表达式 1)
		{
		　…
		　if(表达式2) continue;
		　…
		}

图 6-27　break 语句和 continue 语句比较

它们的流程图分别如图 6-28 所示。

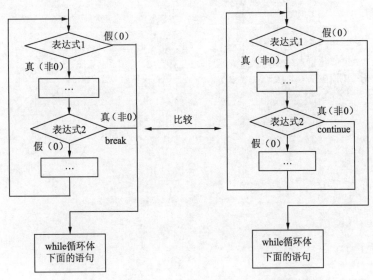

图 6-28　break 语句和 continue 语句流程图

注意比较当"表达式 2"为真时两个流程图流程的转向。

6.6　应用程序举例

【例 6-16】输出所有 5 位数中的回文数。回文数就是对称的数，以每行 10 个的格式输出。

分析：本题可从以下三个方面分析，逐个解决。

（1）所有 5 位数的表示，要对所有的 5 位数作判断，可采用 for 循环，用穷举法实现。循环的判断条件从最小的 5 位数 10 000 开始，到最大的 5 位数 99 999 结束，每次增加 1。

（2）回文数的判断，可采用取余%和整数/运算，分离出每个数的万位、千位、十位和个位，然后判断只要万位数等于个位数，并且千位数等于十位数，即可判定该数是回文数。

（3）输出格式，可引入一个计数变量 n，初值赋为零，每判定出一个回文数，计数变量 n 就加 1，输出时，若 n 为 10 的倍数，则输出一个换行符。

通过算法分析，可编写程序如下：

```c
#include <stdio.h>
#include <stdlib.h>

int main()
{
    int i,n=0;
    int ww,qw,sw,gw;                    //定义万位数字、千位数字、十位数字、个位数字

    for(i=10000;i<=99999;i++)
    {
        ww=i/10000;                     //求出万位数字
        qw=(i/1000)%10;                 //求出千位数字
        sw=(i/10)%10;                   //求出十位数字
        gw=i%10;                        //求出个位数字
        if(ww==gw && qw==sw)            //判断是否回文数
        {
            printf("%7d",i);            //输出该回文数
            n++;                        //计数变量加 1
            if(n%10==0) printf("\n");   //控制每行输出 10 个
        }
    }
    printf("\n 共有%d 个五位回文数。\n",n);

    system("pause");
    return 0;
}
```

运行程序，输出结果如图 6-29 所示，5 位数中共有 900 个回文数，屏幕显示不完整，可以拖动垂直滚动条查看。

【例 6-17】判断 m 是否为素数。

分析：所谓素数（又称质数），就是一个正整数，除了本身和 1 以外并没有任何其他因子。例如，2、3、5、7 就是素数。

方法一：

算法分析：若 m 有因子，则因子一定是成对出现的，因此判断的范围可以限定到 $2\sim\sqrt{m}$，若

此区间内存在能整除 m 的整数，则 m 就不是素数，若此区间内没有一个能整除 m 的数，说明 m 除了本身和 1 以外并没有任何其他因子，则 m 是素数。

图 6-29　例 6-16 运行结果

算法设计：定义一个整数 i 作为循环变量，定义一个整数 $k=\sqrt{m}$。让 i 从 2 到 k 循环，判断如果 m 能被 i 整除，则提前结束循环，此时 i 必然小于或等于 k；如果 m 一直没有被 $2\sim k$ 之间的任何一个整数整除，在完成最后一次循环后，i 还要加 1，$i=k+1$，循环才能正常结束。因此，在循环结束之后判断 i 的值是否大于 k，若是，则表明 m 未曾被 $2\sim k$ 之间任一整数整除过，因此 m 就是素数，否则，m 就不是素数。源程序如下：

```c
#include <math.h>
#include <stdio.h>
#include <stdlib.h>

int main()
{
    int m,i,k;

    scanf("%d",&m);
    k=(int)sqrt((double)m);          //这里用了强制类型转换函数
    for(i=2;i<=k;i++)
        if(m%i==0) break;            /*m 能被某个 i 整除，已不是素数，结束循环*/
    if(i>k)
        printf("%d is a prime number\n",m);
                /*结束循环后，对 i 的值做判断，若循环正常结束，则 i 的值一定是大于终值 k
                的，这时说明循环中从来没有出现过(m%i==0)为真的情况，即 m 是素数；若 i
                的值不大于 k，则说明循环是中途从 break 语句退出的，即 m 不是素数*/
    else
        printf("%d is not a prime number\n",m);

    system("pause");
    return 0;
}
```

运行程序，输入数据 28，运行结果如图 6-30 所示，输出 28 不是素数。

再次运行程序，输入数据 97，运行结果如图 6-31 所示，输出 97 是素数。

图 6-30　例 6-17 运行结果 1　　　　　　　　　图 6-31　例 6-17 运行结果 2

方法二：先定义一个变量 flag，用它来表示 m 是否为素数，可以假定 flag 的值为 1 时表示 m 是素数，flag 的值为 0 时表示 m 不是素数。这个变量 flag 通常称为"标志变量"，在以后的学习中还会碰到这种变量。可以事先假定 m 是一个素数，即把 flag 赋初值为 1，当在 m 被 2～k 除的循环过程中，如果 flag 能被 2～k 之中任何一个整数整除，那么就把 flag 的值置为 0。这样，在循环结束时，通过 m 的值就可以判断出 m 是否为素数。源程序如下：

```c
#include <math.h>
#include <stdio.h>
#include <stdlib.h>

int main()
{
    int m,i,k,flag;                    /*定义标志变量*/

    scanf("%d",&m);
    k=(int)sqrt((double)m);
    flag=1;                            /*假设 m 是素数*/
    for(i=2;i<=k;i++)
        if(m%i==0)
        {
            flag=0;                    /*表示 m 不是素数*/
            break;                     /*跳出循环*/
        }
    if(flag==1)
        printf("%d is a prime number\n",m);
    else
        printf("%d is not a prime number\n",m);

    system("pause");
    return 0;
}
```

思考：在方法二中，如果把下面的 if 语句：

if(flag==1) printf("%d is a prime number\n",m);

改为

if(flag) printf("%d is a prime number\n",m);

这二者等价吗？

【例 6-18】输出 1000 以内所有的素数（每行输出 10 个数）。

分析：问题可归结为：对 2～1000 以内的所有整数逐一判断是否是素数，这样可在上例的基础上，添加一个外层循环，对 2～1000 之间的整数穷举处理。为控制输出格式，可增加 1 个计数变量 n，每判断出一个奇数令 n 加 1，当 n 是 10 的倍数时，换行输出。源程序如下：

```
#include <math.h>
#include <stdio.h>
#include <stdlib.h>

int main()
{
    int m,i,k;
    int n=0;                              /*n 是计数变量，统计个数，并可控制换行*/

    for(m=2;m<1000;m++)
    {
        k=(int)sqrt((double)m);
        for(i=2;i<=k;i++)
            if(m%i==0) break;             /*m 能被某个 i 整除，已不是素数，结束循环*/
        if(i>k)
        {
            printf("%5d",m);
            n++;
            if(n%10==0) printf("\n"); /*每输出 10 个后换行*/
        }
    }
    printf("\n1000 以内共有%d 个素数。\n",n);

    system("pause");
    return 0;
}
```

程序运行情况如图 6-32 所示，1000 以内共有 168 个素数。

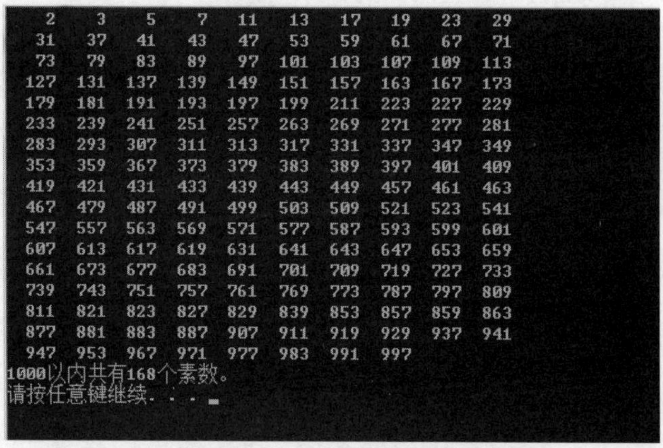

图 6-32　例 6-18 运行结果

算法效率改进：根据数学常识，除了 2 以外，其余的素数一定是奇数，所以可以对 for 循环做修改，使循环次数减少一半，改进后的程序如下：

```
#include <math.h>
#include <stdio.h>
#include <stdlib.h>

int main()
{
    int m,i,k;
    int n=1;
```

```
    printf("%5d",2);                /*首先输出素数 2，循环从 3 开始只考察奇数*/
    for(m=3;m<1000;m=m+2)
    {
        k=(int)sqrt((double)m);
        for(i=2;i<=k;i++)
            if(m%i==0) break;        /*m 能被某个 i 整除，已不是素数，结束循环*/
        if(i>k)
        {
            printf("%5d",m);
                n++;
            if(n%10==0) printf("\n");
        }
    }
    printf("\n1000 以内共有%d 个素数。\n",n);

    system("pause");
    return 0;
}
```

程序运行情况同样，但效率提高一倍。注意分析两个程序不同的地方，比如 n 的初值、m 的步长、首个素数 2 的输出等关键点。

【例 6-19】 求 Fibonacci 数列前 30 项，每行输出 5 个数。

分析：

（1）问题背景：Fibonacci 数列是中世纪意大利数学家在《算盘书》中提出的一个关于兔子繁殖的问题：如果一对兔子每月能生一对小兔，而每对小兔在其出生后的第三个月里，又能开始生一对小兔，假定在不发生死亡的情况下，每个月有多少对兔子？

（2）通过分析可以得出每个月兔子的对数应该是：

月份	1	2	3	4	5	6	7	...
兔子数	1	1	2	3	5	13		...

通过观察可以发现，每个月的兔子数量是有规律可循的，即

第 i 个月兔子的对数=第(i-1)个月兔子对数+第(i-2)个月兔子对数

（3）算法设计思想：可以设 f1 表示第(i-2)个月兔子对数，f2 表示第(i-1)个月兔子对数，f3 表示第 i 个月兔子的对数。即 f3=f1+f2。

```
1    1    2    3    5    8    13
f1   f2   f3
     f1   f2   f3
          f1   f2   f3
               f1   f2   f3
                    f1   f2   f3
```

从数据可以看出，先从第一项开始，f1、f2 分别表示第一项和第二项，初值均为 1，第三项的值 f3=f1+f2。

计算第四项的值：这时的 f3 表示的是第四项，那么 f1 表示的就应该是第二项，即刚才的 f2，f2 表示的就应该是第三项，即刚才的 f3。因此，在使用公式 f3=f1+f2 计算第四项的值之前，需要先把 f2 的值赋给 f1（f1←f2），把 f3 的值赋给 f2（f2←f3）。然后，再使用公式计算，得出的值 f3 就是第四项的值。

依此类推，就可以求出后面各项的值。如下所示：

f3 的值：f1=1， f2=1， f3=f1+f2;

f4 的值：f1=f2， f2=f3， f3=f1+f2;

f5 的值：f1=f2， f2=f3， f3=f1+f2;

…

通过上面的分析可以得知，从数列的第三项开始，每一项的值都依赖于其前两项，这种方法叫递推法。递推算法的基本思想是：从初值出发，归纳出新值与旧值间的关系，直到推出所需值为止。即新值的求出依赖于旧值，不知道旧值就无法推导出新值，类似于数学上的递推公式。

源程序如下：

```c
#include <stdio.h>
#include <stdlib.h>

int main()
{
    int f1,f2,f3,i;

    f1=1;f2=1;
    printf("%10d%10d",f1,f2);
    for(i=3;i<=30;i++)                      /*从第三项开始计算*/
    {
        f3=f1+f2;
        printf("%10d",f3);
        if(i%5==0) printf("\n");            /*每输出 5 个后换行*/
        f1=f2;
        f2=f3;
    }

    system("pause");
    return 0;
}
```

程序运行结果如图 6-33 所示。

```
         1         1         2         3         5
         8        13        21        34        55
        89       144       233       377       610
       987      1597      2584      4181      6765
     10946     17711     28657     46368     75025
    121393    196418    317811    514229    832040
请按任意键继续. . . . . .
```

图 6-33　例 6-19 运行结果

思考：上面程序中的两个语句

f1=f2;

f2=f3;

如果交换顺序，即写成：

f2=f3;

f1=f2;

是否正确？

【例 6-20】百钱买百鸡问题。这是中国古代数学家张丘建在《算经》中提出的问题。问题大意为：公鸡 5 元一只、母鸡 3 元一只、小鸡 1 元三只，问用 100 元钱买 100 只鸡，公鸡、母鸡、小鸡各应买多少个？

分析：本问题可使用穷举法实现。

设买母鸡 i 只，公鸡 j 只，小鸡 k 只，根据题意 i、j、k 应满足下面条件：

$$5*i + 3*j + z/3 = 100$$
$$i + j + k = 100$$

这是一个三元方程，只有两个算术式，方程会有多个解。所以此问题可归结为求这个不定方程的整数解。

由程序设计实现不定方程的求解与手工计算不同。在分析确定方程中未知数变化范围的前提下，可通过对未知数可变范围的穷举，验证方程在什么情况下成立，从而得到相应的解。在所有可能的买鸡方案中选出满足上述两个条件的母鸡、公鸡和小鸡数。由于公鸡 5 元一只，因此 100 元最多买 20 只公鸡；母鸡 3 元一只，100 元最多买 33 只母鸡；虽然小鸡 1 元三只，但最多只能够买 100 只小鸡。程序就需要用到三重循环，设三个循环变量 i、j、k，分别表示购买公鸡、母鸡和小鸡的数量。

源程序如下：

```c
#include <stdio.h>
#include <stdlib.h>

int main()
{
    int i,j,k,n;
    int money;

    printf(" 公鸡  母鸡   小鸡\n");
    for(i=0;i<=20;i++)                   /*最外层循环控制公鸡数*/
        for(j=0;j<=33;j++)               /*二重循环控制母鸡数*/
            for(k=0;k<=100;k++)          /*三重循环控制小鸡数*/
            {
                n=i+j+k;
                money=5*i+3*j+k/3;
                if(k%3==0&&n==100&&money==100)
                    printf("%5d%5d%5d\n",i,j,k);
            }

    system("pause");
    return 0;
}
```

程序运行结果如图 6-34 所示。

说明：本程序采用三重循环，循环体执行次数为 21 × 34 × 101=72 114 次。试想：进入前二重循环后，公鸡数是 i，母鸡数是 j，则符合条件的小鸡数即为 100-i-j，再判断所需钱数（i*5+j*3+k*1/3）是否等于 100 即可，为避免出现整除错误，可将等式两端同乘以 3，即将该条件判断设为 i*15+j*9+k==300，这样可使整个程序减少为二重循环，循环体执行次数为 21 × 34=714 次，大

```
公鸡  母鸡   小鸡
  0    25    75
  4    18    78
  8    11    81
 12     4    84
请按任意键继续. . .
```

图 6-34 例 6-20 运行结果

大提高了执行效率。优化程序如下：

```
#include <stdio.h>
#include <stdlib.h>

int main()
{
    int i,j,k,n;
    int money;

    printf(" 公鸡  母鸡  小鸡\n");
    for(i=0;i<=20;i++)                  /*最外层循环控制公鸡数*/
        for(j=0;j<=33;j++)              /*二重循环控制母鸡数*/
        {
            k=100-i-j;
            if(i*15+j*9+k==300)         /*二重循环控制母鸡数*/
                printf("%5d%5d%5d\n",i,j,k);
        }

    system("pause");
    return 0;
}
```

【例 6-21】编写程序，输出如下所示图形。

```
D D D D D D D
 C C C C C
  B B B
   A
```

分析：此题属于图形输出问题，因循环次数已知，故这类问题可以采用双重 for 循环实现。外循环控制行的输出，内循环控制每行输出的字符。图形的每行可视为由行前导空格和行中字符两部分构成，算法设计核心是探究行号与每行前导空格数及行内字符个数之间的对应关系。

分析本题图形规律：

（1）行号：用 for 循环，行号 i 作为循环控制变量，取值 1、2、3、4。

（2）前导空格：第 i 行（1、2、3、4）对应的空格数为 2*i（0、2、4、6、8）。

（3）每行字母：第 i 行（1、2、3、4）对应的字母个数为 9-2*i（7、5、3、1），每行输出的字符一样。

（4）每行结束，输出换行控制，字符递减，'D'→'C'→'B'→'A'，这可用字符变量值减 1 实现。

源程序如下：

```
#include <stdio.h>
#include <stdlib.h>

int main()
{
    int i,j;
    char ch='D';

    for(i=1;i<=4;i++)
    {
        for(j=1;j<=i;j++)
            printf("  ");          //每次循环输出 2 个空格，共循环 i 次，产生 2*i 个空格
```

```
        for(j=1;j<=9-2*i;j++)
        printf("%c ",ch);        /*每次循环输出 1 个字母和 1 个空格，共循环 9-2*i 次，产生
                                    本行字符*/
        printf("\n");
        ch--;                    //字符变量 ch 减 1，为下一行字符输出做准备
    }
    system("pause");
    return 0;
}
```

运行结果如图 6-35 所示。

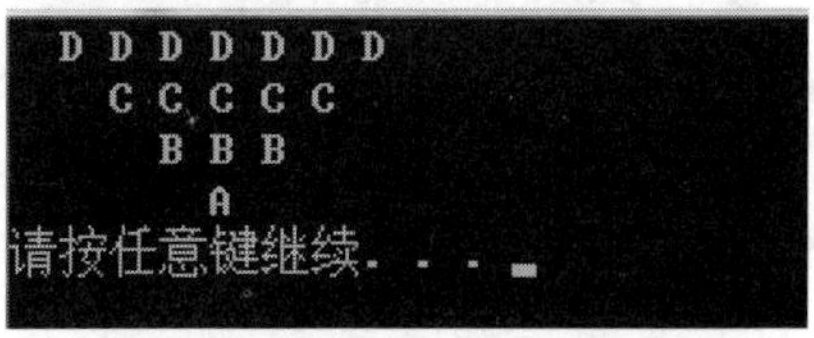

图 6-35　例 6-21 运行结果

【例 6-22】编写程序，输出如下所示图形。

```
        A
      A B C
    A B C D E
  A B C D E F G
```

分析：这是一个正三角图形，图形规律如下所示。

（1）行号：用 for 循环，行号 i 作为循环控制变量，取值 1、2、3、4。

（2）前导空格：呈递减规律，每行递减 2 个空格。

（3）每行字母：第 i 行（1、2、3、4）对应的字母个数为 2*i-1（1、3、5、7），每行字符从 'A'开始，依次递增。

（4）每行结束，输出换行控制。

根据分析，编写程序如下：

```
#include <stdio.h>
#include <stdlib.h>

int main()
{
    int i,j;
    char ch;

    for(i=1;i<=4;i++)
    {
        ch='A';                  //控制每行字符从'A'开始
        for(j=1;j<7-i;j++)       //空格随行递减，用 7-i 控制，常数 7 取大于 4 的数即可
            printf(" ");
        for(j=1;j<=2*i-1;j++)
        {
            printf("%c ",ch);
            ch++;                //行内字符递增
        }
        printf("\n");
    }

    system("pause");
    return 0;
}
```

运行程序，输出图形如图 6-36 所示。

图 6-36　例 6-22 运行结果

若将程序修改为如下程序，请思考将输出什么图形。

```
#include <stdio.h>

int main()
{
    int i,j;
    char ch='A';

    for(i=1;i<=4;i++)
    {
        for(j=1;j<7-i;j++)
            printf("  ");
        for(j=1;j<=2*i-1;j++)
        {
            printf("%c ",ch);
            ch++;
        }
        printf("\n");
    }

    return 0;
}
```

图形输出问题的一般方法：可以采用双重 for 循环实现。外循环控制行输出，内循环控制每行输出的字符。输出具体内容时，要找出每行内容之间的规律，对具体字符进行输出。每行各种字符的个数往往和行号有一定关系，可以利用 for 语句进行输出。每行或每列字符的内容即使不同，行与行或列与列字符之间一定存在某种联系，找出这种联系进行输出，必要时可以把每行的内容分为几部分分别进行输出。

6.7　本章常见错误及解决办法

循环结构对于初学程序设计的人来说，是最容易出现各种各样错误的。对于本章容易出现的错误及解决办法归纳如下。

1. 错误的分号

初学者往往会出现的一个错误是在 for 语句行或 while 语句行后面输入了分号（;），这将导致整个循环体到此结束，得不到所预期的算法结果。如将例 6-1 编写成如下代码：

```
#include <stdio.h>
#include <stdlib.h>

int main()
{
    int n,sum;

    n=1;sum=0;
    while(n<=100);
    {
        sum=sum+n;
        n++;
    }
    printf("  sum=%d\n",sum);

    system("pause");
```

```
    return 0;
}
```

运行程序，可看到没有出现任何结果，说明程序一直处于循环状态，进入了"死循环"。

出现这个错误，就是当执行到 while(n<=100)语句时，刚判断完条件"n<=100"成立，遇到";"，本次循环结束，进入下一次循环，继续判断条件（n<=100）是否成立，而 n++ 根本就没被执行到，所以 n 的值一直为 1，循环进入"永真"状态，无法达到终止条件。

若改为用 for 循环，而在 for 语句行后面也加上了不应该的";"，即程序段如下：

```
#include <stdio.h>
#include <stdlib.h>

int main()
{
    int n,sum;

    sum=0;
    for(n=1;n<=100;n++);
        sum=sum+n;
    printf(" sum=%d\n",sum);

    system("pause");
    return 0;
}
```

运行结果如图 6-37 所示。

可以看到，用 for 循环出现的错误和 while 循环并不一样，因为 for 语句是自动为循环变量 i 增加步长的，所以循环可以正常循环直到结束，但是循环体为空，

```
sum=101
请按任意键继续. . . 
```

图 6-37　for 循环运行结果

sum=sum+n 成为循环语句后的一条语句，和 for 循环无关，所以只在 for 循环结束后被执行一次，最终 sum 的值为 101。

所以，要注意 while 语句行、for 语句行、if 语句行后面不要加";"。

2．"死循环"

当 while、for 或 do...while 语句中的循环条件一直都为真时，就会形成"死循环"。其中，由于 for 循环形式的特点，一般表达式 2 是循环条件控制表达式；表达式 3 实现循环控制变量的改变，使循环趋于结束。因此，一般来说，使用 for 语句不容易出现"死循环"现象。使用 while 或 do...while 语句时就要特别注意。

比如以下程序：

```
#include <stdio.h>
#include <stdlib.h>

int main()
{
    int s,i;

    s=0;
    i=1;
    while(i<=100)
    {
        if(i%2==0) s=s+i;
```

```
    }
    printf("%d\n",s);

    system("pause");
    return 0;
}
```

在循环结构体中缺少改变循环变量 i 值的语句，致使循环控制条件一直为真，程序就会一直循环执行，陷入"死循环"。

解决方法：在循环体语句中，特别注意 while 和 do...while 语句，必须有使循环变量改变的语句，以使循环趋于结束。

上面程序段的正确表述如下：

```
#include <stdio.h>
#include <stdlib.h>

int main()
{
    int s,i;

    s=0;
    i=1;
    while(i<=100)
    {
        if(i%2==0) s=s+i;
        i++;                        //一定要有循环变量改变值的语句
    }
    printf("%d\n",s);

    system("pause");
    return 0;
}
```

3. 首次循环条件不成立

这种情况多出现在 while 语句中，程序在第一次进行循环条件的判断时，循环控制条件即为假，程序直接跳过循环体，不再执行循环语句。

比如以下程序：

```
#include <stdio.h>
#include <stdlib.h>

int main()
{
    int m,n,r,x,y,z;

    scanf("%d",&m);
    scanf("%d",&n);
    x=m;
    y=n;
    while(r!=0)
    {
        m=n;
        n=r;
        r=m%n;
    }
```

```
z=x*y/n;
printf("m 和 n 的最大公约数为: %d, 最小公倍数为: %d\n",n,z);

system("pause");
return 0;
}
```

这段程序粗看是辗转相除法求两数的最大公约数和最小公倍数，运行程序，输入 m 为 24，n 为 8，程序将报出如图 6-38 所示的错误提示。

图 6-38　运行错误提示

错误分析：程序在进入循环之前没有给变量 r 赋值，所以程序运行错误。

解决方法：一般在进入循环结构之前要注意给循环控制条件相关的变量以及循环体内相关的变量赋初值，使程序能够顺利进入循环结构，并能正确运算。

上面程序段的正确表述如下：

```
#include <stdio.h>
#include <stdlib.h>

int main()
{
    int m,n,r,x,y,z;

    scanf("%d",&m);
    scanf("%d",&n);
    x=m;
    y=n;
    r=m%n;                      //进入循环之前，先对循环控制变量赋初值
    while(r!=0)
    {
        m=n;
        n=r;
        r=m%n;
    }
    z=x*y/n;
    printf("m 和 n 的最大公约数为: %d, 最小公倍数为: %d\n",n,z);

    system("pause");
    return 0;
}
```

运行程序，输入 24 和 8，运行结果如图 6-39 所示，计算出了正确的最大公约数和最小公倍数。

图 6-39　运行结果

4. 使用多重循环时，内外层循环变量一样

在用到两重以上循环的嵌套时，内外层循环变量使用同一标识符，导致程序错误。比如以下程序段：

```c
for(i=0;i<=10;i++)
    for(i=0;i<=50;i++)
        for(i=0;i<=100;i++)
        {
            sum=sum+i;
            printf("%d",sum);
        }
```

这段程序用到了三重循环，循环变量都使用 i，这个程序段虽然没有编译错误，但运行时逻辑混乱，结果显然不是预期的。

解决方法：在循环的嵌套结构中，每一重的循环变量都不能一样。如果循环结构是并列关系，则可以使用相同的循环变量。

比如如下程序中，循环变量 i、j 被多次使用，但 i 和 j 都是在并列关系的循环中用到的，就是一个正确的程序。

```c
#include <stdio.h>
#include <stdlib.h>

int main()
{
    int i,j,k;

    for(i=1;i<=4;i++)
    {
        for(j=1;j<=4-i;j++)
            printf(" ");
        for(j=1;j<=2*i-1;j++)
            printf("* ");
        printf("\n");
    }
    for(i=3;i>=1;i--)
    {
        for(j=1;j<=4-i;j++)
            printf(" ");
        for(j=1;j<=2*i-1;j++)
            printf("* ");
        printf("\n");
    }

    system("pause");
    return 0;
}
```

运行程序，得到的预期结果如图 6-40 所示。

图 6-40　多重循环运行结果

5. 在循环的嵌套结构中，语句的位置不对

某个语句的具体位置是放在内循环外，还是放在内循环内，经常容易出错。比如下面的程序段：

```
#include <stdio.h>
#include <stdlib.h>

int main()
{
    int i,n,s;
    for(n=2;n<=1000;n++)
    {
        for(i=1;i<n;i++)
        {
            s=0;
            if(n%i==0)
            s+=i;
        }
        if(n==s)
            printf("%d,",n);
    }

    system("pause");
    return 0;
}
```

粗看这段程序是例 6-11 求 1000 以内的完数，程序编译也没有错误，但运行时就发现没有输出，即 1000 以内没有完数，显然这是错误的。

问题分析：该程序中把变量 s 赋初值的语句 s=0 错误地放置在内循环中，导致完数的判断条件总不能成立，根据程序逻辑，s=0 应放置在外层循环内、内层循环之上的位置。

解决方法：在用到循环的嵌套时，要一层一层进行算法分析，可以像例 6-11 一样，分层次分析算法，逐步细化，必要时用程序流程图描述出来再编程。

6. 花括号的配对问题

随着学习的深入，我们编写的程序结构逐渐复杂，程序中会出现多级花括号，初学者往往容易出现花括号的不配对问题，造成编译出错。一旦出现编译错误，可从最内层配对，逐层查找缺失花括号所在的位置。

解决办法：编程时养成良好的习惯，花括号直接成对书写，然后再在中间添加语句。另外，使用缩进格式也是增强程序可读性、避免花括号不配对的好习惯。

6.8　本章小结

本章介绍的循环结构是基本控制结构中最重要的一种，这种结构用于实现需要重复执行某些操作的程序。本章主要介绍了循环结构的特点和几种基本形式：while 语句、do...while 语句和 for 语句等循环结构语句。三种基本循环结构的特点总结如下：

（1）while 语句。一般形式：

```
while(表达式)
    循环体语句
```

while 语句属于"当型"循环。当循环控制表达式的值为非零时，执行循环体；当循环控制表达式的值为零时，不执行循环体，或者退出循环体。

> **注意：** 在程序中一定要有使循环开始执行和使循环趋向结束的语句存在。

（2）for 语句。一般形式：

```
for(表达式 1;表达式 2;表达式 3)
    循环体语句
```

for 语句又称"计数"型循环，它特别适合已知循环次数的情况。for 语句的结构较为紧凑，有助于初学者养成良好的编写循环程序的习惯。当然，它也同样适用于循环次数不确定而只知道循环结束条件的情况。for 语句是 C 语言中形式最灵活、功能最强大的一种循环控制结构，它充分体现了 C 语言的灵活性。

（3）do...while 语句。一般形式：

```
do
    循环体语句
while(表达式);
```

do...while 语句属于"直到型"循环。由于控制条件出现在循环体之后，因此循环体至少被执行一次。

（4）多重循环结构。循环嵌套是指一个循环语句的循环体内完整地包含另一个完整的循环结构。C 语言中三种循环结构（while 循环、for 循环、do...while 循环）之间可以任意组合嵌套。比如以下形式：

```
do
{
    …
    for( ; ; )                   内层      外层
    {
        …
    }
    …
} while()
```

两层的循环嵌套称为双重循环嵌套，它的执行过程是：首先进行外层循环的条件判断，当外层循环条件成立时顺序执行外层循环体语句，遇到内层循环，则进行内层循环条件判断，并在内层循环条件成立的情况下反复执行内层循环体语句，当内层循环因循环条件不成立而退出后重新返回到外层循环并顺序执行外层循环体的其他语句，外层循环体执行一次后，重新进行下一次的外层循环条件判断，若条件依然成立，则重复上述过程，直到外层循环条件不成立时，退出双重循环嵌套，执行后面其他语句。

C 语言还允许循环结构的多重嵌套，即三重或三重以上循环的嵌套。一般循环的嵌套只用到两重或三重。使用多重循环时，要注意循环不能交叉，内外层循环不能使用同一循环变量等问题。

（5）break 和 continue 语句在循环结构中的作用。

① 在循环体中可以使用 break 和 continue 语句改变循环执行过程。

② 使用 continue 语句，可以跳过本次循环体中那些尚未执行的语句。

③ 在 while 或 do...while 循环体中出现 continue 语句，流程将直接跳到循环控制条件的测试部分；对于 for 循环，则跳到执行表达式 3 的位置。

④ 使用 break 语句可使流程跳出本层循环，尤其在多层次的循环结构中，利用 break 语句可以提前结束内层循环。

习 题

编程题

1. 编写程序，计算并输出下面数列中前 10 项的和。

$1*2,2*3,3*4,4*5,…,n*(n+1),…$

2. 编写程序，计算并输出下面数列前 15 项中偶数项的和。

$2*3,4*5,…,2n*(2n+1),…$

3. 编写程序，计算并输出下面数列前 15 项（x=0.5）的和（结果取 3 位小数输出）。

$\cos(x)/x,\cos(2x)/(2x),\cos(3x)/(3x),…,\cos(n*x)/(n*x),…$

4. 编写程序，计算并输出下面数列中前 20 项中奇数项的和（结果取 3 位小数输出）。

$1/(1*2),1/(2*3),1/(3*4),…,1/(n*(n+1)),…$

5. 编写程序，求 1~2000 之间所有 3 的倍数之和，当和大于 1000 时结束。

6. 编写程序，计算并输出下面数列前 20 项的和。要求结果保留 4 位小数。

$2/1,3/2,5/3,8/5,13/8,21/13,…$

7. 编写程序，求 $\sum_{n=1}^{20} n!$（即求 1！+2！+3！+4！+…+20！）。

8. 编写程序，求 e 的近似值，直到最后一项的绝对值小于 10^{-5} 时为止，输出保留 5 位小数。

$$e=\frac{1}{1!}+\frac{1}{2!}+\frac{1}{3!}+\cdots+\frac{1}{n!}$$

9. 编写程序，读入一个整数，分析它是几位数。

10. 编写程序，输出所有三位数中的素数，每行输出 5 个，并且输出三位数中素数的个数。

11. 使用双循环输出以下图形：

```
A B C D E F G
A B C D E
A B C
A
```

12. 编写程序，用双重循环输出下面的图形。

13. 一个球从 100 m 高度自由落下，每次落地后又跳回原高度的一半，再落下。它在第 10 次落地时，共经过多少米？第 10 次反弹多高？

14. 猴子吃桃问题。猴子摘了若干桃子，第 1 天吃掉一半多一个；第 2 天吃了剩下桃子的一半多一个；以后每天都吃剩余桃子的一半多一个，到第 8 天早上要吃时只剩下一个了。问猴子最初摘了多少个桃子。

第 7 章 函 数

函数是 C 语言中模块化程序设计的核心概念，既可以把每个函数都看作一个模块，也可以将若干相关的函数合并成一个模块。模块的接口就是头文件，头文件中包含那些可以被其他文件调用的函数原型，源文件包含该模块中函数的定义。C 语言中的函数库是一些模块的集合，库中的每个头文件都是一个模块的接口，例如，在每个程序中都用到的<stdio.h>是包含输入/输出函数的模块的接口。

本章知识要点：

◎ 函数的定义。

◎ 函数的调用。

◎ 函数的参数传递方式。

◎ 指针的基本概念。

◎ 局部变量与全局变量。

◎ 变量的 4 种存储类型。

◎ 函数的嵌套与递归调用。

◎ 内部函数与外部函数。

7.1　C 程序与函数概述

C 语言是目前使用较为广泛的面向过程的高级程序设计语言，既能用来编写不依赖计算机硬件的应用程序，又能用来编写各种系统程序。编写 C 语言程序时通常是把一个大问题划分成一个个子问题，每个子问题对应一个函数，因此，C 语言程序一般是由大量的函数构成的，也可以说函数是构成 C 语言程序的基本功能模块。函数其实就是一段程序，它完成一项相对独立的任务，解决任务分解后的一个子问题。使用函数时，可以用简单的方法为其提供必要的数据，自动执行这段程序，然后能保存执行后的结果将程序回到原处继续。

7.1.1　模块化程序设计

一般地，在面对一项复杂任务设计程序时，通常采用模块化的解决方法：把大问题分成几个部分，每部分又分解成更细的若干小部分，直至分解成功能单一的小问题，我们把求解较小问题的算法称做"功能模块"。各功能模块可单独设计，然后求解所有子问题，最后把所有的模块组合起来就是解决原问题的方案，这就是"自顶向下"的模块化程序设计方法。模块化程序设计可以使复杂问题简单化，同时可以达到程序结构清晰、层次分明、便于编写和维护的目的。

将程序分割成模块具有以下优点：

（1）抽象性。抽象让一个团队的多个程序员共同开发一个程序更容易，团队成员可以在更大程度上相互独立地工作。我们知道模块会做什么，但是不需要知道这些功能的实现细节，可以不必为了修改部分程序而了解整个程序是如何工作的。

（2）可复用性。任何一个提供服务的模块都有可能在其他程序中复用。

（3）可维护性。将程序模块化之后，程序中的错误通常只影响一个模块实现，因而更容易找到并修正错误。

（4）高内聚性。模块中的元素彼此紧密相关。高内聚可以使模块易于使用，程序更容易理解。

（5）低耦合性。模块之间应该尽可能地相对独立。低耦合可以使程序更便于修改，并方便模块复用。

在不同的程序设计语言中，模块实现的方式有所不同。如在 FORTRAN 语言中，模块用子程序来实现；C 语言中，函数就是组成 C 语言程序的部件，是实现模块化程序设计的工具。

7.1.2　C 程序的一般结构

一个较大的程序一般应分为若干程序模块，每一个模块用来实现一个特定的功能。在 C 语言中，用函数来实现模块的功能。一个 C 程序由一个主函数和若干函数组成，由主函数调用其他函数，其他函数之间也可以相互调用。同一个函数可以被一个或多个函数调用任意多次。具体说来，有如下特点：

（1）一个源文件程序由一个或多个函数以及其他有关内容（如命令行、数据定义等）组成。函数是最小的功能单位，一个函数可以被不同源文件的其他函数调用。C 语言以文件为编译单位。

（2）一个 C 程序由一个或多个程序模块组成，每一个程序模块作为一个源程序文件。一个源程序文件可以被不同的程序使用。可对各源程序文件分别编写、分别编译，然后连接起来，提高调试效率。

（3）C 程序的执行总是从主函数开始，又从主函数结束，其他函数只有通过调用关系发生作用。在主函数的执行过程中调用其他函数，并将程序的执行控制权交给其他函数，执行完其他函数再返回到主函数，继续执行，直到主函数执行结束，才能结束整个程序的执行过程。需要注意的是，一个 C 程序有且仅能有一个主函数 main( )，主函数可以放在任何一个源文件中。

（4）所有的函数在定义时是相互独立的，一个函数并不从属于另一函数，即函数不能嵌套定义，不过函数之间可以相互调用，但不能调用 main( )函数。main( )函数是系统调用的。

（5）不同源文件的组装可以通过工程文件实现。

从使用者的角度来看，C 语言的函数分为两类，一类是由系统提供的标准库函数，如标准输入/输出函数（scanf( )、printf( )、getchar( )、putchar( )等），数学计算函数（sin( )、cos( )、fabs( )、sqrt( )等），数据格式转换函数（atoi( )、atof( )、sscanf( )、sprintf( )等），字符串处理函数（strlen( )、strcpy( )、strcmp( )等）和文件存取函数（fread( )、fwrite( )、fopen( )等），这类函数用户无须定义，也不必在程序中进行类型说明，只需在程序开头包含该函数原型声明所在的头文件，直接调用即可。另一类是用户在自己的程序中根据需要而编写的函数。C 语言的编写过程就是将用户编写的函数与 C 标准库函数组合在一起的过程。

从函数的形式看，函数分两类。一类是无参函数，在调用无参函数时，主调函数并不将数据传送给被调用函数，一般用来执行指定的一组操作。无参函数可以带回或不带回函数值，一般以不带回函数值的居多。另一类是有参函数，在调用函数时，在主调函数和被调用函数之间有参数传递，也就是说，主调函数可以将数据传给被调用函数使用，被调用函数中的数据也可以带回来供主调函数使用。

【例 7-1】函数的简单应用。

源程序如下：

```
#include <stdio.h>
#include <stdlib.h>

int main()
{
    void p_star();                  /*说明 p_star()函数*/
    void p_message();               /*说明 p_message()函数*/
    p_star();                       /*调用 p_star()函数*/
    p_message();                    /*调用 p_message()函数*/
    p_star();                       /*调用 p_star()函数*/

    system("pause");
    return 0;
}

void p_star()                       /*定义 p_star()函数*/
{
    printf("****************\n");
}

void p_message()                    /*定义 p_message()函数*/
{
    printf("Good morning!\n");
}
```

运行结果如图 7-1 所示。

说明：

例中共包含三个函数，主函数 main( )和用户定义函数 p_star( )和 p_message( )，在主函数 main( )中两次调用 p_star( )函数，一次调用 p_message( )函数，分别用来输出两行星号和一行信息。C 语言中函数的定义都是相互平行、相互独立的，在函数体内一定不能包含另一个函数的定义，但是可以调用其他的函数。

图 7-1　例 7-1 运行结果

7.2　函数的定义与调用

7.2.1　函数的定义

C 语言中的函数与变量一样，必须先定义才能使用。函数定义的一般格式如下：

```
返回值类型 函数名（形式参数列表）              /*函数头*/
{                                              /*函数体*/
```

```
    变量声明
    函数实现过程
}
```

1．返回值类型

返回值类型是返回给主调函数的运算结果的数据类型。当返回类型为 void 类型时说明函数没有返回值。如果省略返回值类型，C89 会假定函数返回值的类型为 int 类型，但是 C99 认为这是不合法的。

函数的返回值通过函数中的返回语句 return 将被调用函数中的一个确定的值带回到主调函数中去。

return 语句的用法如下：

```
return(表达式); //或 return 表达式; 或 return;
```

例如：

```
return z;
return (z);
return (x>y? x:y);
```

如果需要从被调用函数带回一个函数值（供主调函数使用），被调用函数中必须包含 return 语句。如果不需要从被调用函数带回函数值，则可以不要 return 语句。一个函数中可以有一个以上的 return 语句，执行到哪一个 return 语句，哪一个语句起作用。

return 语句的作用：

（1）使程序控制从被调用函数返回到主调函数中，同时把返回值带给主调函数；释放在函数的执行过程中分配的所有内存空间。

（2）如果函数返回值的类型和 return 语句中表达式的值类型不一致，则以函数返回值类型为准。对数值型数据，可以自动进行类型转换。如果函数有返回值，就应当在定义函数时明确指出函数值的类型。

（3）可以使用 void 将函数定义为空类型或无类型，表示函数不带回返回值。有关 void 型函数，请注意：void 类型的函数不是调用函数之后不再返回，而是被调函数在返回时没有返回值。void 类型在 C 语言中有两种用途：一是表示一个函数没有返回值；二是用来指明有关通用型的指针。

void 类型的函数和有返回值类型的函数在定义时没有区别，只是在调用时不同。有返回值的函数可以将函数调用放在表达式的中间，将返回值用于计算，而 void 类型的函数不能将函数调用放在表达式当中，只能在语句中单独使用。

void 类型的函数多用于完成一些规定的操作，而主调函数本身不再对被调用函数的执行结果进行引用。

（4）在 C 语言中，如果有返回值的函数没有 return 语句，则函数将带回不确定的值。

需要注意的是：如果在编写一个应该返回一个值的函数时忘记将这个值返回，将导致意料之外的错误；如果从返回值类型是 void 的函数中返回一个值，将导致编译错误。

2．函数名

函数名可以是任何合法的标识符，为了提高程序的可读性并减少注释，一般要求做到"见名知义"。

3．形式参数

形式参数列表是一组用逗号分隔的形式参数，它规定了函数被调用时应该接收到的参数，形参最好也能用一些有意义的名称。如果函数没有形式参数，那么在圆括号中可以写 void（void 也可以省略）。如果有形式参数，则每个形参的前面都需要说明其数据类型，即使这几个参数具有相同的数据类型，也必须对每个形参分别进行类型说明。例如，int max(int a, int b)不能写为 int max(int a, b)。

返回值类型、函数名和形参列表被称为函数头。

需要注意的是：函数头后面不能加分号，否则会产生语法错误；在函数体内，如果一个形参变量被再次定义成一个局部变量，将导致编译错误。

为了避免混淆，最好不要让传递给函数的实参与这个函数的形参使用相同的变量名。

4．函数体

函数体内声明的变量专属于该函数，其他函数不能对这些变量进行操作，在 C89 中，变量声明必须出现在所有可执行语句之前，但是在 C99 中，只要变量在第一次使用之前进行声明就行。包含在花括号内的变量声明和语句构成了函数体。

例如，求两整数最大值的函数 max( )的定义如下：

```
int max(int a,int b)              /*函数头,a和b是形式参数*/
{
    /*函数体，写在一对花括号内*/
    int m=a;

    if(m<b)
        m=b;

    return m;                     /*返回值*/
}
```

【例 7-2】 定义一个输出 n 行直角三角形的函数 PrintStar( )。

源程序如下：

```
void PrintStar(int n)             /*函数定义*/
{
    int i;

    for(i=1; i<=n; i++)           /*共输出n行星号*/
    { for(int j=1; j<=i; j++)     /*输出第i行星号*/
        printf("*");
      printf("\n");               /*输出换行符*/
    }
}
```

7.2.2 函数的调用

1．函数调用的方法

函数的调用是指在程序中使用已经定义过的函数。其过程与其他语言的子程序调用相似。函数调用的一般形式为：

函数名(实参列表)

说明：

（1）调用函数时，函数名称必须与具有该功能的自定义函数名称完全一致。如果是调用无参函数则可以没有实参列表，但括号不能省略。

（2）实际参数表中的参数（简称实参）可以是常数、变量或表达式。如果实参不止一个，则相邻实参之间用逗号分隔。

（3）实参的个数、类型和顺序，应该与被调用函数所要求的参数个数、类型和顺序一致，才能正确地进行数据传递。如果类型不匹配，C 编译程序将按赋值兼容的规则进行转换。如果实参和形参的类型不赋值兼容，通常并不给出出错信息，且程序仍然继续执行，只是得不到正确的结果。

（4）对实参表求值的顺序并不是确定的，有的系统按自左至右顺序求实参的值，有的系统则按自右至左顺序。

函数的调用还可以出现在表达式中，例如，n = 3 + max(5,9)，此时是将求两整数最大值的函数 max( )调用的返回值 9 与 3 进行求和后再将结果赋给变量 n。

函数也可以作为另一个函数调用的实际参数出现。这种情况是把该函数的返回值作为实参进行传送，因此要求该函数必须是有返回值的。例如：

```
n=max(a,max(b,c));
```

其中 max(b,c)是一次函数调用，它的值作为 max( )另一次调用的实参。n 的值是 a、b、c 三者中最大的。

又如：

```
printf("%d",max(a,b));
```

也是把 max( )函数的返回值作为 printf( )函数的一个实际参数。

函数调用作为其他函数的参数，实质上也是函数表达式形式调用的一种，因为函数的参数本来就要求是表达式形式。

【例 7-3】在主函数 main( )中调用例 7-2 所定义的 PrintStar( )函数。

源程序如下：

```
#include <stdio.h>
#include <stdlib.h>

void PrintStar(int n)                      /*函数定义*/
{
    int i;

    for(i=1;i<=n;i++)                      /*共输出 n 行星号*/
    {
        for(int j=1;j<=i;j++)              /*输出第 j 行星号*/
            printf("*");
        printf("\n");                      /*输出换行符*/
    }
}

int main(void)
{
    int  n;

    scanf("%d", &n);
    PrintStar(n);                          /*调用函数 PrintStar()，输出三角形*/
```

```
    system("pause");
    return 0;
}
```

运行结果如图 7-2 所示。

图 7-2　例 7-3 运行结果

2．对被调用函数的说明和函数原型

在调用自定义函数之前，应对该函数（称为被调用函数）进行说明，这与使用变量之前要先进行变量说明是一样的。在调用函数中对被调用函数进行说明的目的是，使编译系统知道被调用函数返回值的类型，以及函数参数的个数、类型和顺序，便于调用时对调用函数提供的参数值的个数、类型及顺序是否一致等进行对照检查。在 C 语言中，函数声明称为函数原型。使用函数原型是 ANSI C 的一个重要特点，它的作用主要是在程序的编译阶段对调用函数的合法性进行全面检查。

对被调用函数进行说明，其一般格式如下：

函数返回值类型　函数名(数据类型 1 [参数名 1] [, 数据类型 2 [参数名 2]…);

由于编译系统并不检查参数名，所以每个参数的参数名是什么都可以，带上参数名，只是为了提高程序的可读性。因此每个参数的"参数名"可以省略。

【例 7-4】对被调用的函数作说明。

源程序如下：

```
#include <stdio.h>
#include <stdlib.h>

int main()
{
    float add (float x,float y);        /*对被调用函数 add()的说明*/
    float  a,b,s;

    printf("Input float a,b:");
    scanf("%f,%f",&a,&b);
    s=add(a,b);
    printf("sum is %f\n",s);

    system("pause");
    return 0;
}
float add(float x,float y)              /*定义 add()函数*/
{
    float  z;
```

```
    z=x+y;

    return(z);
}
```

运行结果如图 7-3 所示。

说明：

这是一个很简单的函数调用，函数 add( )的作用是求两个实数之和，得到的函数值也是实型。请注意语句 "float add (float x,float y);" 是对被调用函数 add( )的函数说明，对比函数定义可以发现，函数说明其实就是函数头加上一个分号，或者还可以简化为 "float add (float,float);"，即省略形参名。

图 7-3　例 7-4 运行结果

C 语言同时又规定，在以下情况下，可以省去对被调用函数的函数说明。

（1）被调用函数的函数定义出现在调用函数之前时可以省去对被调用函数的函数说明。因为在调用之前，编译系统已经知道了被调用函数的函数类型、参数个数、类型和顺序。

（2）如果在所有函数定义之前，在函数外部（如文件开始处）预先对各个函数进行了说明，则在调用函数中可省略对被调用函数的说明。

3．函数调用的执行过程

函数调用时需要注意参数的传递和流程的控制。函数调用时，系统要做三个工作：

（1）函数在执行过程中，一旦遇到函数调用，系统首先为每个形参分配存储单元，并计算实参表达式的值，然后把实参复制到（送到或存入）对应形参的存储单元，实参与形参按顺序一一对应。

（2）将控制转移到被调用的函数，执行其函数体内的语句。

（3）当执行到 return 语句或函数结尾时，控制返回到调用函数，如果有返回值，回送一个值并返回控制，然后从函数调用点继续执行。函数调用点指的是：若函数调用出现在表达式中，则调用点是该表达式，若函数调用单独作为一个语句出现，则返回时执行该语句的下一条语句。

系统为了完成这些工作要用到堆栈，堆栈是一种"后进先出"的数据结构。这里可以想象成几辆汽车先后开进了只允许一辆车通行的死胡同，先进去的车辆只能等最后进去的车辆出来后才能出来。"后进先出"正好符合函数调用的规则，在例 7-4 的程序中，函数 main( )首先执行，当遇到函数调用后调用函数 add( )，只有等到函数 add( )执行完成，函数 main( )才能继续执行后面的语句。

编译器一般使用堆栈实现函数调用。当程序调用一个函数时，主调函数的返回地址必须压入函数调用堆栈，这样被调函数才知道如何返回到主调函数。函数的每次调用通常都会产生一些局部变量，这些变量会保存在程序执行堆栈中，这些数据称为函数调用的活动记录。当发生一次函数调用时，它对应的活动记录将被压入程序执行堆栈。当函数调用结束返回到主调函数后，它对应的活动记录将被弹出程序执行堆栈，保存在其中的局部变量将不能再被程序所访问。

程序执行堆栈中用来保存活动记录的存储单元的总数有一个上限，如果连续发生的多次函数调用产生的活动记录超过了这一上限，将会发生堆栈溢出错误。

4．函数的定义和说明

"定义"是指对函数功能的确立，包括指定函数名、函数返回值类型、形参及其类型、函数体等，它是一个完整的、独立的函数单位。在一个程序中，一个函数只能被定义一次，而且是在其他任何函数之外进行。

而"说明"（也称"声明"）则是把函数的名称、函数返回值的类型、参数的个数、类型和顺序通知编译系统，以便在调用该函数时系统对函数名称正确与否、参数的类型、数量及顺序是否一致等进行对照检查。在一个程序中，除上述可以省略函数说明的情况外，所有调用函数都必须对被调用函数进行说明，而且通常是在调用函数的函数体内进行。

对库函数的调用不需要再作说明，但必须把包含该函数说明的头文件用#include 命令包含在源文件前部。

7.2.3 函数的参数传递

在调用函数时，大多数情况下，主调函数和被调用函数之间有数据传递关系。这就是前面提到的有参函数。在定义函数时函数名后面括弧中的变量名称为"形式参数"（简称"形参"），在调用函数时，函数名后面括弧中的表达式称为"实际参数"（简称"实参"）。

形参出现在函数定义中，在整个函数体内都可以使用，离开该函数则不能使用。实参出现在主调函数中，进入被调函数后，实参变量也不能使用。形参和实参的功能是作数据传送。发生函数调用时，主调函数把实参的值传送给被调函数的形参从而实现主调函数向被调函数的数据传送。

在 C 语言中，实参向形参传送数据的方式是"值传递"。函数间实参变量与形参变量的值的传递过程类似于日常生活中的"复印"操作：甲方请乙方工作，拿着原件为乙方复印了一份复印件，乙方凭复印件工作，将结果汇报给甲方。在乙方工作过程中可能在复印件上进行涂改、增删、加注释等操作，但乙方对复印件的任何修改都不会影响到甲方的原件。

值传递的优点在于：被调用的函数不可能改变调用函数中变量的值，而只能改变它的局部的临时副本。这样就可以避免被调用函数的操作对调用函数中的变量可能产生的副作用。

【例 7-5】定义一个求整数平方的函数 int_square( )，然后在 main( )函数中调用该函数求任意输入的一个整数的平方。

源程序如下：

```
#include <stdio.h>
#include <stdlib.h>

int main()
{
    int int_square(int);            /*函数说明*/
    int a,c;

    printf("input integer a:");
    scanf("%d", &a);
    c=int_square(a);                /*主函数内调用功能函数 int_square()，实参为 a*/
    printf("square of %d is %d\n", a,c);

    system("pause");
    return 0;
}

int int_square(int x)
/*定义有参函数 int_square(),x 为形参，接收主调函数实参传递过来的数据值*/
{
```

```
        int  z;

        z=x*x;

        return(z);                    /*将函数的结果返回主调函数*/
    }
```

运行结果如图 7-4 所示。

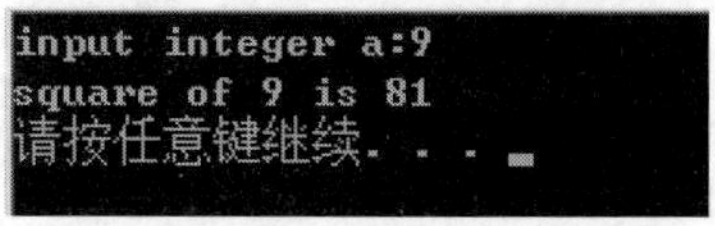

说明：

程序从主函数开始执行，首先输入 a 的值 9，接下来调用函数 int_square (a)。具体调用过程如下：

图 7-4　例 7-5 运行结果

（1）给形参 x 分配内存空间。

（2）将实参 a 的值传递给形参 x，于是 x 的值为 9。

（3）执行函数体。给函数体内的变量分配存储空间，即给 z 分配存储空间，执行算法实现部分得到 z 的值为 81，执行 return 语句，完成以下功能：

① 将返回值返回主函数，即将 z 的值返回给 main( )。

② 释放函数调用过程中分配的所有内存空间，即释放 x、z 的内存空间。

③ 结束函数调用，将流程控制权交给主调函数。

函数调用结束后继续执行 main( )函数直至结束。

注意：

（1）在函数定义中的形参变量，在未出现函数调用时，它们并不占内存中的存储单元。只有在发生函数调用时函数 int_square( )中的形参才被分配内存单元。在调用结束后，形参所占的内存单元也被释放。

（2）实参可以是常量、变量或表达式，如

```
int_square(a+8);
```

但要求它们必须有确定的值。在调用时将实参的值赋给形参变量（如果实参是数组名，则传递的是数组首地址，而不是变量的值。）

（3）在被定义的函数中，必须指定形参的类型，通常写在参数表内。例如

```
max(int x,int y)
{...}
```

（4）实参与形参的类型要相同或赋值兼容。例 7-5 中实参和形参都是整型，这是合法的、正确的。如果实参为整型而形参为实型，或者相反，则按前面介绍的不同类型数值的赋值规则进行转换。字符型与整型可以互相通用。

例如，实参值 a 为 4.4，而形参 x 为整型，则将实数 4.4 转换成整数 4，然后送到形参 x。

需要注意的是应将 int_square( )函数放在 main( )函数的前面或在 main( )函数中对被调用函数 int_square( )作原型声明，否则会出错。

（5）C 语言规定，实参变量对形参变量的传递是"值传递"，即单向传递，只由实参传给形参，而不能由形参传回来给实参。在内存中，实参单元与形参单元对应的是不同的存储单元，如图 7-5 所示。

在调用函数时，给形参分配存储单元，并将实参对应的值传递给形参，调用结束后，形参单元被释放，即形参 x 占用的存储单元被释放。实参单元仍保留并维持原值。因此，在执行一

个被调用函数时，形参的值如果发生改变，并不会改变主调函数的实参的值。例如，若在执行函数过程中 x 的值变为 20，而 a 的值仍为 9，保持不变，如图 7-6 所示。

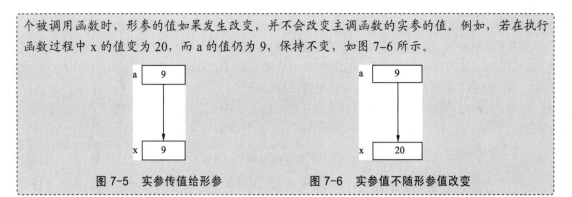

图 7-5　实参传值给形参　　　　图 7-6　实参值不随形参值改变

【例 7-6】分析下列 C 程序（程序中函数 swap(x,y) 的功能是实现变量 x 与 y 值的交换）。
源程序如下：

```c
#include <stdio.h>
#include <stdlib.h>

void swap(int x, int y)               /*定义函数 swap()*/
{
    int t;

    t=x; x=y; y=t;
    return;
}
int main()
{
    int x,y;                          /*定义变量x, y, 用作函数调用的实参*/

    printf("input x,y:");
    scanf("%d,%d", &x,&y);
    swap(x,y);                        /*调用函数*/
    printf("\noutput x,y:%d,%d\n",x,y);

    system("pause");
    return 0;
}
```

运行结果如图 7-7 所示。

从运行结果看并没有达到交换 x 和 y 值的目的。请大家分析其原因。

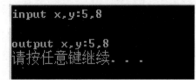

图 7-7　例 7-6 运行结果

7.3　函数的传址引用

7.3.1　地址的存储与使用

一般来说，程序中所定义的任何变量经相应的编译系统处理后，每个变量都占据一定数目的内存单元，不同类型的变量所分配的内存单元的字节数是不一样的。例如，C 语言中，一个字符型变量占 1 个字节；一个整型变量占 4 个字节；一个单精度实型变量占 4 个字节。内存区的每一个字节都有一个编号，这就是"地址"。

变量所占内存单元的首字节地址称做变量的地址。在程序中一般是通过变量名来对内存单元进行存取操作，其实程序经过编译后已经将变量名转换为变量的地址，由此可知，程序在执行过程中，对变量的存取实际上是通过变量的地址来进行的。

在 C 语言中，可以通过变量名直接存取变量的值，这种方式称为"直接访问"方式。例如，

```
int  x=3,y;        /*定义了整型变量 x 和 y，为 x 赋初值 3*/
y=x+1;             /*取出变量 x 所占内存单元中的内容（值为 3）进行计算，然后将计算结果（即
                     表达式的值）存放到变量 y 的内存单元中*/
```

还可以采用"间接访问"的方式，将变量的地址存放在另一个变量中。一个变量的地址称为该变量的指针。存放变量地址的变量称为指针变量。指针变量的值（即指针变量中存放的值）就是指针（地址）。当要存取一个变量值时，首先从存放变量地址的指针变量中取得该变量的存储地址，然后再从该地址中存取该变量值。例如：

```
int  x, *px;       /*定义了整型变量 x，还定义了一个用于存放整型变量所占内存地址的指针变量 px*/
px=&x;             /*将整型变量 x 的存储地址赋给指针变量 px*/
*px=3;             /*将整型值 3 存储在指针变量 px 所指向的存储单元中*/
```

其效果等价于：

```
int  x;
x=3;
```

假设编译时系统分配 2000 到 2003 四个字节给 x，分配 3000 到 3003 四个字节给 px，则内存单元中的数据如图 7-8 所示。

地址是指针变量的值，称为指针。指针变量也简称指针，因此，指针一词可以指地址值、指针变量，应根据具体情况加以区分。

赋值语句 px=&x;和*px=3;中用到了两个运算符&和*，关于这两个运算符的使用将在 7.3.2 节中进行详细说明。

7.3.2 指针说明和指针对象的引用

图 7-8 内存用户数据区

指针说明的任务是说明指针变量的名字和所指对象的类型。例如，

```
int *px;                    /*说明 px 是一个整型指针*/
```

指针类型是指指针所指对象的数据类型，如 px 是指向整型变量的指针，简称整型指针。整型指针是基本类型的指针之一。除各种基本类型之外，C 语言还允许说明指向数组、函数、结构和联合的指针，甚至是指向指针的指针。指针的类型多种多样，说明的语法各异并且比较复杂。指针变量定义的一般形式为：

```
类型说明符  *指针变量名,…;
```

例如：int *pi;

被说明的标识符的含义为：pi 是指向整型变量的指针。

指针变量有两个相关的运算符：

（1）&：取地址运算符。

（2）*：指针运算符或间接访问运算符。

"&"和"*"两个运算符的优先级别相同，按自右向左的方向结合。

例如，px=&x 中&x 表示取变量 x 的地址。&是单目运算符，该表达式的值为操作数变量 x

的地址。这条语句的作用是取出变量 x 的地址并将其赋给指针变量 px，称 px 指向 x 或 px 是指向 x 的指针，被 px 指向的变量 x 称为 px 的对象。"对象"就是一个有名字的内存区域，即一个变量。

赋值语句*px=3 中运算符"*"反映指针变量和它所指变量之间的联系。它是"&"的逆运算，也是单目运算符，它的操作数是对象的地址，"*"运算的结果是对象本身。例如，px 是指向整型变量 x 的指针，则 *(&x)和*px 都表示整型对象 x。即：

```
*(&x)=3;
*px=3;
x=3;
```

这三个操作的效果相同，都是将 3 存入变量 x 所占的内存单元中。

下列语句表明如何说明一个简单的指针，如何使用"&"和"*"运算符及如何引用指针的对象。

```
int x=1,y=2,z[10],*px;      /*定义了整型变量x,y,整型数组z和整型指针px,px可以指
                              向x,y,也可以指向z的一个元素*/
px=&x;                       /*使px指向x*/
y=*px;                       /*使y的值为1,因为*px=*(&x)=x=1*/
```

"&"和"*"两个运算符的使用需要注意以下几点：

（1）&运算符只能作用于变量，包括基本类型的变量、数组元素、结构变量或结构的成员，不能作用于数组名、常量、非左值表达式或寄存器变量。例如：

```
double r,a[20];
int i;
register int k;
```

则&r、&a[0]、&a[i]是正确的，而&(2*r)、&a、&k 是非法操作。

（2）如果 px 指向 x，则*px 可以出现在 x 可以出现的任何位置，因为*px 即表示 x。例如：

```
y=*px+1;                    /*等价于  y=x+1;*/
(*px)++;                    /*等价于  x++;*/
*px=y;                      /*等价于  x=y;*/
scanf("%d", px);           /*等价于 scanf("%d",&x);*/
```

其中 px 已经表示 x 的地址，在它的前面不能再使用取地址运算符"&"。

（3）px 也可以指向数组 z 中的一个元素。

```
px=&z[0];//或px=z;          /*使px指向数组z的第1个元素(下标为0)*/
px=&z[1];                   /*使px指向数组z的第2个元素(下标为1)*/
```

（4）如果已经执行了"px=&x;"语句，则&*px 表示先进行*px 运算，就是变量 x，再执行&运算，因此&*px 和&x 相同，表示变量 x 的地址。

（5）*&x 表示先进行&x 运算，得到变量 x 的地址，再进行*运算，取得&x 所指向的变量。*&x 和*px 的作用是一样的，等价于变量 x。

（6）(*px)++相当于 x++。如果没有括号，成为*px++，因为++和*为同一优先级别，结合方向为自右向左，因此它表示先对 px 进行*运算，得到 x 的值，然后使 px 的值增 1，这样 px 就不再指向 x 了。

【例 7-7】指针变量的应用：输入 a 和 b 两个整数，按从小到大的顺序输出 a 和 b。

源程序如下:

```
#include <stdio.h>
#include <stdlib.h>

int main()
{
    int a, b, *p1, *p2, *p;

    printf("请输入两个整数（用逗号分隔）:\n");
    scanf("%d,%d", &a, &b);
    p1=&a, p2=&b;                     /*把变量a、b的地址赋给指针p1、p2*/
    if(a>b)                           /*如果a>b，则交换两个指针的内容*/
    {
        p=p1; p1=p2; p2=p;
    }
    printf("a=%d,b=%d\n", a, b);
    /*输出指针p1、p2所指向的地址中的内容*/
    printf("min=%d,max=%d\n", *p1, *p2);

    system("pause");
    return 0;
}
```

运行结果如图 7-9 所示。

说明:

变量 a 和 b 的值并未交换，只是在 a 和 b 的值不符合要求时将指针变量 p1 和 p2 的值进行了交换。这个问题的算法是不交换整型变量的值，而是交换两个指针变量的值。

图 7-9　例 7-7 运行结果

交换前的情况如图 7-10（a）所示，交换后的情况如图 7-10（b）所示。

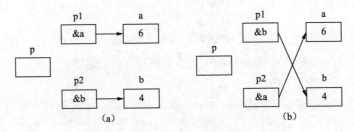

图 7-10　交换前后变量值的变化情况

【例 7-8】函数的传址引用。

源程序如下:

```
#include <stdio.h>
#include <stdlib.h>

void sum(int n,int *s)
{
    int i;
```

```
        *s=0;
        for (i=1; i<=n; i++)
            *s=*s+i;
    }

    int main()
    {
        int n,s;

        printf("input n:");
        scanf("%d", &n);
        sum(n,&s);                      //函数传址调用，传递的是参数 s 的地址
        printf("和是: %d\n", s);

        system("pause");
        return 0;
    }
```

在设计求和函数时，没有利用返回值带回结果，而是通过一个指针类型的形参，由其来将结果带回到主调函数。

运行结果如图 7-11 所示。

在本节最后对指针变量作几点说明：

（1）定义指针变量时变量名前的"*"表示该变量为指针变量，而指针变量名不包含"*"。

图 7-11 例 7-8 运行结果

（2）指针变量只能指向同一类型的变量。例如，下列用法是错误的：

```
int *p; float y;  p=&y;
```

这是因为指针变量 p 只能指向整型变量。

（3）只有当指针变量指向确定地址后才能被引用。例如，下列用法是错误的：

```
int *p;  *p=5;
```

这是因为虽然已经定义了整型指针变量 p，但还没有让该指针变量指向某个整型变量之前，如果要对该指针变量所指向的地址赋值，就有可能破坏系统程序或数据，因为该指针变量中的随机地址有可能是系统所占用的。可以作如下修改：

```
int *p, x;  p=&x;  *p=5;
```

（4）指针的类型可以为 void *，它代替传统 C 中的 char *作为一般指针类型。例如，在传统 C 中标准库函数 malloc( )的返回值说明为 char *，在标准 C 中被说明为 void *。

（5）一种类型的指针赋给另一类型的指针时必须用类型强制符来转换。例如：

```
int *pi;
char buf[100],*bufp=buf;        /*使 bufp 指向字符数组 buf*/
pi=(int *) bufp;                /*bufp 经强制类型转换赋给 pi，使 pi 也指向 buf*/
```

用 bufp 访问 buf 时每次存取一个字符，用 pi 访问 buf 时每次存取一个整型长度决定的字节。

【例 7-9】指针类型强制转换。

源程序如下：

```
#include <stdio.h>
#include <stdlib.h>

int main()
{
```

```
    int *pi;
    /*定义字符数组 buf 并赋初值*/
    char buf[10]={ 'a', 'b', 'c', 'd', 'e', 'f' };
    char *bufp=buf;                    /*使指针 bufp 指向字符数组 buf*/

    pi=(int *)bufp;                    /*使 pi 也指向 buf*/
    bufp++;
    pi++;
    printf("指针 bufp 指向的字符是: %c\n", *bufp);
    printf("指针 pi 指向的字符是: %c\n", *pi);

    system("pause");
    return 0;
}
```

运行结果如图 7-12 所示。

（6）在 C 语言中，任何指针都可以直接赋给 void 指针，无须进行强制类型转换。例如：

```
int x, *pi=&x;
void *p;
```

图 7-12　例 7-9 运行结果

则 p=pi; 是正确的指针赋值语句。

（7）上述规则也适用于函数调用时参数的类型转换，例如：

函数定义 1：

```
void f1(float *p)
{...}
```

函数调用 1：

```
int *pi;
...
f1((float *) pi);
```

函数定义 2：

```
void f2(void *p)
{...}
```

函数调用 2：

```
int *pi;
 ...
f2(pi);
```

7.4　局部变量与全局变量

在讨论函数的形参变量时曾经提到，形参变量只在被调用期间才分配内存单元，调用结束立即释放。这一点表明形参变量只有在函数内才是有效的，离开该函数就不能再使用了。这种变量有效性的范围称变量的作用域，变量的作用域也称为可见性。在 C 语言中，所有的变量都有自己的作用域。变量说明的方式不同，其作用域也不同。C 语言中的变量按作用域范围可分为两种，即局部变量和全局变量。

7.4.1 局部变量

在一个函数或复合语句内定义的变量称为局部变量,局部变量也称内部变量。局部变量仅在定义它的函数或复合语句内有效。例如函数的形参就是局部变量。

编译时,编译系统不为局部变量分配内存单元,而是在程序的运行中,当局部变量所在的函数被调用时,编译系统根据需要临时分配内存,函数调用结束,局部变量的空间被释放。

例如下面的代码段,在函数 fun1() 内定义了三个变量,其中 a 为形参,b、c 为定义在函数内的局部变量。在 fun1() 的范围内 a、b、c 有效,或者说 a、b、c 变量的作用域限于 fun1() 内。同理,x、y、z 的作用域限于 fun2() 内,在 fun2() 内有效。m、n 的作用域限于 main() 函数内,在 main() 函数内有效。

```
int fun1(int a)            /*函数 fun1()*/
{
    int b,c;                          a,b,c 的作用域
    …
}
int fun2(int x)            /*函数 fun2()*/
{
    int y,z;                          x,y,z 的作用域
    …
}
int main()
{
    int m,n;                          m,n 的作用域
    …
}
```

说明:

(1)主函数中定义的变量只能在主函数中使用,不能在其他函数中使用。同时,主函数中也不能使用其他函数中定义的变量。因为主函数也是一个函数,它与其他函数是平行关系。这一点是与其他语言不同的,应予以注意。例如:

```
#include <stdio.h>
#include <stdlib.h>

void f()
{
    int m=2;
    printf("%d", m);
}

int main()
{
    int n=3;

    printf("\n%d, %d\n", m, n);
    system("pause");
    return 0;
}
```

程序在编译时出现错误,提示主函数中所使用的 m 是没有定义的标识符。在函数 f() 中定义的 m 是局部变量,其使用范围就是在函数 f() 之中。

(2)形参变量属于被调函数的局部变量,实参变量属于主调函数的局部变量。

（3）允许在不同的函数中使用相同的变量名，它们代表不同的对象，分配不同的单元，互不干扰，也不会发生混淆。例如，形参和实参的变量名都为a，是完全允许的。

（4）在复合语句中也可定义变量，其作用域只在复合语句范围内。例如：

```
int main()
{
    int m,n;
    …
    {
        int a;
        a=m*n;
    }                    a 在此范围内有效        m,n 在此范围内有效
    …
    return 0;
}
```

变量a只在定义它的复合语句内有效，离开该复合语句变量a就无效，所占的内存单元也被释放。

7.4.2　全局变量

全局变量也称外部变量，它是在函数外部定义的变量。它不属于哪一个函数，而属于一个源程序文件，其作用域是整个源程序。

在函数中使用全局变量，一般应作全局变量说明。只有在函数内经过说明的全局变量才能使用，全局变量的说明符为 extern。但在一个函数之前定义的全局变量，在该函数内使用可不再加以说明。例如：

```
int m=1,n=2;              /*全局变量*/
float ff(int x)           /*定义函数 ff()*/
{
    int  y,z;
    …
}
char c1,c2;               /*全局变量*/
char fc(int x,int y)      /*定义函数 fc()*/
{
    int  i,j;
    …
}                                    全局变量
int main ()               /*主函数*/     c1,c2 的作用域      全局变量
{                                                        m,n 的作用域
    int a,b;
    …
    return 0;
}
```

m、n、c1、c2都是全局变量，但它们的作用域不同。在main( )函数和fc( )函数中可以使用在它们之前定义的全局变量 m、n、c1、c2。但由于c1、c2定义在函数 ff( )之后，而在函数 ff( )内又无对 c1、c2 的说明，所以它们在函数 ff( )内无效，在函数 ff( )中只能使用全局变量 m、n，而不能使用 c1 和 c2。

在一个函数中既可以使用本函数中的局部变量，又可以使用有效的全局变量。

说明：

（1）对于局部变量的定义和说明，可以不加区分。而对于全局变量则不然，全局变量的作用域是从定义点到本文件结束。如果定义点之前的函数需要引用这些全局变量，需要在函数内对被引用的全局变量进行说明。

全局变量的定义和全局变量的说明并不是一回事。全局变量定义必须在所有的函数之外，且只能定义一次。其一般形式为：

```
[extern] 类型说明符 变量名1,变量名2…;
```

其中方括号内的 extern 可以省去不写。例如：

```
int  a,b;
```

等效于：

```
extern int a,b;
```

而全局变量说明出现在要使用该外部变量的各个函数内，在整个程序内，可能出现多次，全局变量说明的一般形式为：

```
extern 类型说明符 变量名1,变量名2,…;
```

全局变量在定义时就已分配了内存单元，全局变量定义时可作初始赋值，而全局变量说明时不能再赋初始值，只是表明在函数内要使用某全局变量。

（2）设全局变量的作用是增加函数间数据联系的渠道。由于同一文件中的所有函数都能引用全局变量的值，因此，如果在一个函数中改变了全局变量的值，就能影响到其他函数，相当于各个函数间有直接的传递通道。由于函数的调用只能带回一个返回值，因此有时可以利用全局变量增加函数联系的渠道，使函数得到一个以上的返回值。

【例 7-10】利用全局变量实现交换两整数值的函数。

源程序如下：

```
#include <stdio.h>
#include <stdlib.h>

void swap();                 /*函数说明*/
int a, b;                    /*全局变量,从本行开始到程序所在文件结束都起作用*/

int main()
{
    a=3, b=5;                /*给全局变量a,b赋值*/
    swap();                  /*调用swap()函数*/
    printf("main函数中: a=%d, b = %d\n", a, b);

    system("pause");
    return 0;
}

void swap()                  /*函数功能: 交换两个整数的值*/
{
    int t;

    t=a; a=b; b=t;           /*交换的是全局变量a,b的值*/
    printf("swap函数中: a = %d, b = %d\n", a, b);
}
```

运行结果如图 7-13 所示。

（3）虽然全局变量可加强函数模块之间的数据联系，但是又使函数要依赖这些变量，因而使得函数的独立性降低。从模块化程序设计的观点来看这是不利的，因此在不必要时尽量不要使用全局变量。

图 7-13 例 7-10 运行结果

（4）在同一源文件中，允许全局变量和局部变量同名。但在局部变量的作用域内，全局变量被"屏蔽"不起作用。

【例 7-11】分析下列 C 程序，注意区分同名变量的取值。

源程序如下：

```c
#include <stdio.h>
#include <stdlib.h>

int a=5, b=6;               /*a、b为全局变量*/

int max(int a, int b)       /*形参a、b为局部变量*/
{
    int s;

    s=a>b ? a : b;          ⎫
                            ⎬ 形参a,b的作用域
    return s;               ⎭
}

int main()
{
    int a=12;               /*a为局部变量*/

    printf("实参a, b的值分别为: %d,%d\n", a, b);
    printf("函数调用的结果为: %d\n", max(a, b));   ⎫ 局部变量a的作用域

    system("pause");
    return 0;               ⎭
}
```

运行结果如图 7-14 所示。

函数 max( ) 中的 a、b 不是全局变量 a、b，它们的值是由实参传给形参的，全局变量 a、b 在 max( ) 函数范围内不起作用。在 main( ) 函数中，定义了一个局部变量 a，因此全局变量 a 在 main( ) 函数范围内不起作用，而全局变量 b 在此范围内有效。因此 printf( ) 函数中的 max(a,b) 相当于 max(12,6)，程序运行后得到结果为 12。

```
实参a, b的值分别为：12,6
函数调用的结果为：12
请按任意键继续...
```

图 7-14 例 7-11 运行结果

7.5 变量的存储类型

前面已经介绍了，从变量的作用域（即空间）角度来分，变量可以分为全局变量和局部变量。而从变量值的存在时间（即生存期）角度来分，变量可以分为静态存储方式和动态存储方式。静

态存储方式是指在程序运行期间分配固定的存储空间的方式。动态存储方式是指在程序运行期间根据需要进行动态的分配存储空间的方式。通常将用户存储空间分为三个部分：程序区、静态存储区和动态存储区。

7.5.1 存储类型区分符

变量的存储类型决定了它的存储周期、作用域和链接。变量的存储周期是指变量存在于内存的时间。有些变量的存在时间很短，有些变量反复被创建、收回，有些变量则在程序的整个运行期间都驻留在内存中。变量的作用域是指变量在程序中能够被访问到的区域。有些变量在程序的任何地方都能被访问到，而有些变量只能在程序的一部分地方被访问到。变量的链接属性是针对由多个源文件组成的程序而言的，旨在说明这个变量能否被其他源文件访问。

变量的存储周期分为自动存储周期和静态存储周期。具有自动存储周期的变量在执行到它所在程序块时才被创建，在退出程序块时被释放，存放在动态存储区。具有静态存储周期的变量在整个程序运行期间都存在，并占用同一个存储单元，存放在静态存储区。

变量的存储类型决定了为变量分配内存和释放内存的时间。变量的存储类型共有 4 种：自动（auto）、静态（static）、外部（extern）和寄存器（register）。其中自动类型和寄存器类型的变量属于动态存储方式；而外部类型和静态类型的变量属于静态存储方式。

7.5.2 自动变量

自动变量属于局部变量，具有局部变量的一切特点。函数中的局部变量，如果不声明为 static，则都是动态分配存储空间的，存储在动态存储区。函数中的形参以及在复合语句中定义的变量也都属于此类。这些局部变量称为自动变量，用关键字 auto 作存储类别的声明，关键字 auto 可以省略。自动变量在系统调用定义其的函数时会给它们分配存储空间，在函数调用结束时自动释放这些存储空间。

自动存储类型的变量只在所在块有效，在所在块被执行时获得内存单元，并在块终止时释放内存单元。例如：

```
int f(int a,int b)                /*a,b为函数 f()的形式参数*/
{
    auto int c=0;                 /*定义 c 为自动变量*/
    c=a+b;
    return c;
}
```

在上面的代码段中，整型变量 a 和 b 是形参，c 是自动变量，将 a 和 b 的和存放在 c 中。函数 f() 执行完以后，自动释放 a、b、c 所占的存储单元。自动存储类型几乎从来不用明确地指明，因为函数的局部变量（在函数体内说明的变量和函数形参列表中的变量）都默认为自动存储类型。定义自动变量 c 的语句中的 auto 一般省略不写。

自动存储是一种节约内存的手段，并且符合"最小权限原则"，因为自动变量只在需要它们的时候才占用内存。

需要注意的是，在 C++11 标准中重新定义了 auto 关键字的语义，将其用于自动类型推断，而不再表示自动变量的说明了。

7.5.3 外部变量

外部变量就是在函数外部定义的变量，也就是全局变量，存储在静态存储区。外部变量的有效范围就是其定义处到文件结束，定义点之前的函数是不能直接引用该变量的。前面讲过，可以在引用之前使用 extern 做外部变量说明来解决这个问题，表示把该变量的作用域扩展至此。

【例 7-12】外部变量的应用。

源程序如下：

```
#include <stdio.h>
#include <stdlib.h>

int main()
{
    extern int a, b;          /*外部变量说明,将外部变量的作用域扩展到此*/
    void f();                 /*函数说明*/

    printf("input a,b:");
    scanf("%d,%d", &a, &b);
    f();                      /*调用函数 f()*/

    system("pause");
    return 0;
}

int a, b;                     /*外部变量定义*/

void f()
{
    printf("%d+%d=%d\n",a, b, a+b);
}
```

运行结果如图 7-15 所示。

上段代码中的变量 a、b 是在函数外部定义的外部变量，它们的作用范围是从定义处至文件结束，main 函数在其定义之前，所以正常是不能引用的，需要在函数内部通过 extern 来做外部变量说明后才可以引用。

```
input a,b:3,7
3+7=10
请按任意键继续. . .
```

图 7-15　例 7-12 运行结果

使用 extern 不仅可以将外部变量的作用域在本文件中进行扩展，而且可以将外部变量的作用域扩展到其他文件。如果两个文件都要用到同一个变量 a，可以在一个文件中定义外部变量 a，在另一个文件中用 extern 做外部变量说明，即可将变量 a 的作用域扩展到该文件。

例如，在 f1.c 文件中有如下代码段：

```
#include <stdio.h>
int a;                   /*外部变量定义*/
int main()
{
    …
}
```

在 f2.c 文件中有如下代码段：

```
extern int a;            /*外部变量说明,将变量 a 的作用域扩展到 f2 文件*/
void ff()
{
```

```
      ...
}
```

从上述代码中可以看到，通过 extern 可以把在文件 f1 中定义的外部变量的作用域扩展到 f2 文件，这样这两个文件就可以共用同一个外部变量 a 了。在编译时如果遇到 extern，会先在本文件中寻找外部变量的定义，如果没有找到，就在连接时从其他文件中找，如果再找不到，系统就会报错。

7.5.4　静态变量

1．静态局部变量

当需要函数中的某个局部变量的值在函数调用结束后不消失而保留原值，即下次调用该函数时该变量能保留上次函数调用结束之后的值，此时可以使用 static 关键字声明该局部变量为静态局部变量。

静态局部变量是在函数编译时赋初值的，在程序运行时它已经有初值。以后每次调用函数时就不再重新赋值，只是保留上一次函数调用结束时的值。虽然静态局部变量在函数调用结束后仍然存在，但是其他函数不能引用它，因为它是局部变量，只能被本函数引用，不能被其他函数引用。

具有静态存储周期的变量所占用的存储单元是从程序运行的开始时刻分配和初始化的，并且只分配和初始化一次。但这并不意味着在程序的任何地方都可以访问到它们。存储周期和作用域是两个不同的概念。

【例 7-13】静态局部变量的应用。

源程序如下：

```
#include <stdio.h>
#include <stdlib.h>

int f(int a)                            /*形参 a 为自动变量*/
{
    auto b=0;                           /*b 为自动变量*/
    static int c;                       /*c 为静态局部变量*/

    b++; c++;
    return a+b+c;                       /*函数返回值*/
}

int main()
{
    int i;

    for(i=1; i<=3; i++)
        printf("第%d 次调用:%d\n", i, f(i));   /*输出 3 次函数调用的返回值*/

    system("pause");
    return 0;
}
```

运行结果如图 7-16 所示。

在函数 f( )中定义了两个局部变量，一个自动变量 b，一个静态局部变量 c。对于自动变量 b，每次

```
第1次调用:3
第2次调用:5
第3次调用:7
请按任意键继续. . .
```

图 7-16　例 7-13 运行结果

函数调用均需要重新分配存储空间，所以每次 b 的初始值均为 0。对静态局部变量 c 来说，在程序编译时被赋初值 0，仅会被赋初值一次，每调用一次函数静态局部变量 c 都能保留其在函数内被修改后的结果值，即每次函数调用后 c 的值分别为 1、2、3。计算函数返回值的表达式中，传递给形参 a 的值分别为 1、2、3，b 的值始终为 1，所以三次函数调用的结果值分别为 3、5、7。

静态局部变量与自动变量都是局部变量，但是它们具有以下几点区别：

（1）静态局部变量采用静态存储方式，存储在静态存储区，在程序整个运行期间都不释放。而自动变量采用动态存储方式，存储在动态存储区，函数调用结束后即释放。

（2）静态局部变量在编译时赋初值，并且只赋一次初值。而自动变量是在函数调用时赋初值，每调用一次函数就重新赋一次初值。

（3）如果在定义局部变量时不赋初值，静态局部变量在编译时会由系统自动赋初值 0（对数值型变量）或空字符（对字符变量）。而对自动变量来说，如果不赋初值，则它的值是一个不确定的值。

2．静态全局变量

静态全局变量是在函数外部定义的变量，也叫静态外部变量，存储在静态存储区。和外部变量不同的是，定义静态全局变量需要使用关键字 static，它的作用域被限制在定义其的文件之中，不可以被其他文件引用。编译时静态全局变量不会被其他文件发现，即使不同文件之间有同名的变量也没关系。如果需要一个只能被本文件访问的外部变量，那么可以使用 static 将其定义为静态全局变量，这样也可以避免该变量在其他文件中被错误修改。

需要注意的是，static 关键字作用于局部变量后，它就存储在静态存储区了。static 关键字作用于全局变量后，其存储空间和全局变量一样，仍然在静态存储区，但是它的作用域就被限定在定义其的文件中了。

7.5.5　寄存器变量

一般情况下，当程序被执行时，数据通常存储在内存，当需要计算或其他处理时才被装入 CPU 的寄存器中。为了提高效率，C 语言允许将局部变量的值放在 CPU 的寄存器中，这种变量叫寄存器变量，用关键字 register 作声明。寄存器是驻留在 CPU 中的存储单元，存取速度远远高于内存的存取速度，因此这样可以提高执行效率。一般将诸如循环变量或累加和变量等这类需要频繁访问的变量声明为寄存器类型。例如：

```
register int sum;
```

事实上，register 声明常常是多余的，今天的编译器已经具有很好的优化能力，编译器会找出被频繁访问的变量，并将其驻留在寄存器中，而无须 register 声明。

需要注意的是，一个计算机系统中的寄存器数目有限，不能定义任意多个寄存器变量，并且静态局部变量不能定义为寄存器变量。

7.5.6　存储类型小结

（1）变量分自动、外部、静态、寄存器 4 种存储类型，其中自动类型和寄存器类型的变量属于动态存储方式；而静态类型和外部类型的变量属于静态存储方式。

（2）自动变量和寄存器变量都属于局部变量，寄存器变量存储在 CPU 的通用寄存器中，可以大大提高程序的执行速度。

（3）静态变量分为静态局部变量和静态全局变量，均存储在静态存储区。静态局部变量与自动变量的区别是：静态局部变量只会在编译时赋一次初值，并且能保留上次函数调用改变后的结果值，而自动变量在每次函数调用时均会赋一次初值。静态全局变量与全局变量的区别是：全局变量的作用域是整个源程序，而静态全局变量作用域则是定义该变量的源文件。

（4）使用 extern 作外部变量说明，不仅能在同一文件中共享变量，还可以在不同文件中共享同一个变量。

7.6　函数的嵌套与递归调用

在一些特殊问题的求解算法中，一个函数可能需要通过调用其他函数才能得到最终的求解，这就是函数的嵌套调用。如果这个函数直接或者通过其他函数间接地调用自身，那么就是函数的递归调用。简单来说，函数的嵌套调用是在函数调用中再调用其他函数，函数的递归调用是在函数调用中再调用该函数自身。

7.6.1　函数的嵌套调用

函数的嵌套允许在一个函数中调用第二个函数，还可以在第二个函数中调用第三个函数，但是需要注意的是，函数的定义是不允许嵌套的。

【例 7-14】函数的嵌套调用。

源程序如下：

```
#include <stdio.h>
#include <stdlib.h>

int f1(int a)
{
    return a*a;
}

void f2(int a)
{
    printf("output:%d\n", f1(a));;
}

int main()
{
    int a;

    printf("input a:");
    scanf("%d", &a);
    f2(a);

    system("pause");
    return 0;
}
```

运行结果如图 7-17 所示。

在主函数 main( )中，调用了函数 f2( )，在 f2( )中调

图 7-17　例 7-14 运行结果

用了 f1( )，程序最终运行的结果就是输出 f1( )函数中的计算结果，即 5 的平方 25。

7.6.2 函数的递归调用

利用递归思想可以把一个复杂的问题转化为一个与原问题相似的简单问题来求解。递归算法只需少量的程序就可描述出解题过程所需要的多次重复计算，大大地减少了程序的代码量，用递归思想写出的程序通常简洁易懂。

下面先通过一个计算 $n!$ 的例子来了解递归函数的设计思想。$n!$ 这一数学问题，可以递归定义如下：

$$n! = \begin{cases} n \times (n-1)! & (n > 1) \\ 1 & (n = 0, 1) \end{cases}$$

根据这个关于阶乘的递归公式，不难得到如下递归函数：

```c
int fact(int n)
{
    if(n<=1)
        return 1;
    else
        return n*fact(n-1);
}
```

若 main( )函数中有如下调用：

```c
fact(4);
```

则函数递归求解的工作过程如图 7-18 所示。

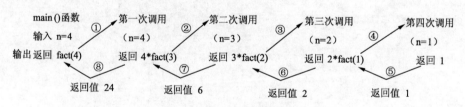

图 7-18 递归函数 fact(4)的实现过程

在递归调用中，调用函数又是被调用函数，执行递归函数将反复调用其自身。每调用一次递归函数，系统就在栈区为该函数的相关数据分配相应的存储空间，这一操作称为进入新的一层（这个层次的概念来自于栈区中的层次概念）。为了防止递归调用无终止地进行，必须在函数内有终止递归调用的手段和递归出口，即到何时不再递归调用下去。在上例中就是当 n<=1 时直接得到解，不再递归。

任何一个递归调用程序必须包括两部分：

（1）递归循环继续的过程；

（2）递归调用结束的过程。

递归函数的形式一般如下：

```c
if(递归终止条件成立)
    return  递归公式的初值;
else
    return  递归函数调用返回的结果值;
```

递归程序设计是一个非常有用的方法，可以解决一些用其他方法很难解决的问题。但递归程序设计的技巧性要求比较高，对于一个具体问题，要想归纳出递归式有时是很困难的，并不是每个问题都像 fact( ) 函数那样简单。

在递归程序设计中，千万不要把眼光局限于实现细节，否则很难理出头绪。编写的程序只给出运算规律，具体实现细节应该让计算机去处理。在复杂递归问题中，找出递归式是关键，不要陷入实现细节的泥沼中。

7.6.3　函数递归调用举例

1. 最大公约数

两个正整数的最大公约数是能够整除这两个整数的最大整数。求最大公约数的最经典算法是欧几里得算法又称辗转相除法。

假设两个整数为 a 和 b（a>=b），利用辗转相除法求 a 和 b 的最大公约数的步骤如下：

（1）用 a 除以 b，余数假设为 r，则：r=a % b。

（2）若 r=0，则 a 和 b 的最大公约数就是 b。

（3）若 r≠0，则把 b 的值给 a，r 的值给 b。

（4）继续求 a 除以 b 的余数，重复步骤（3）直至余数 r=0，得到最大公约数。

如果用 gcd(a, b) 表示两个整数 a 和 b 的最大公约数，用递归的思想实现辗转相除法的算法描述如下：

（1）当 a % b=0 时，gcd(a, b)=b。

（2）当 a % b≠0 时，gcd(a, b)=gcd(b,a % b)。

【例 7-15】利用辗转相除法求两个正整数的最大公约数。

源程序如下：

```
#include <stdio.h>
#include <stdlib.h>

int gcd(int a, int b)
{
    if(a%b==0)
        return b;
    else
        return gcd(b,a%b);
}

int main()
{
    int a,b;

    printf("input a:");
    scanf("%d", &a);
    printf("input b:");
    scanf("%d", &b);
    printf("%d和%d的最大公约数是%d\n",a,b,gcd(a,b));

    system("pause");
    return 0;
}
```

运行结果如图 7-19 所示。

2．幂计算

在数学上一般把 n 个相同的因数 a 相乘的积记做 a^n。这种求几个相同因数的积的运算叫做乘方，乘方的结果叫做幂。利用递归思想可以非常方便地进行幂计算。

图 7-19　例 7-15 运行结果

根据递归思想可以把 a^n 转化为 $a \cdot a^{n-1}$, a^{n-1} 可转化为 $a \cdot a^{n-2}$, ……, a^1 可转化为 $a \cdot a^0$, 由于 a^0 为 1，此时得到递归的终止条件。

【例 7-16】求 a^n（a、n 值由键盘自行输入）。

源程序如下：

```c
#include <stdio.h>
#include <stdlib.h>

int power(int a,int n)
{
    int c;

    if(n==0)
        return 1;
    else
        return a*power(a,n-1);
}

int main()
{
    int a,n;

    printf("input a:");
    scanf("%d", &a);
    printf("input n:");
    scanf("%d", &n);
    printf("%d^%d=%d\n", a, n, power(a, n));

    system("pause");
    return 0;
}
```

运行结果如图 7-20 所示。

3．最近共同祖先

由正整数 1、2、3、……组成了一棵无限大的二叉树，如图 7-21 所示。从某一个结点到根结点（编号是 1）都有一条唯一的路径，例如，从结点 8

图 7-20　例 7-16 运行结果

到根结点的路径是 8、4、2、1，从结点 11 到根结点的路径是 11、5、2、1。对于两个结点 x 和 y，在它们到根的路径上所经过的共同的结点称为 x 和 y 的共同祖先，而其中距离 x 和 y 最近的结点称为最近共同祖先。例如，结点 8 和结点 11 的共同祖先是结点 1 和 2，但它们的最近共同祖先是结点 2。

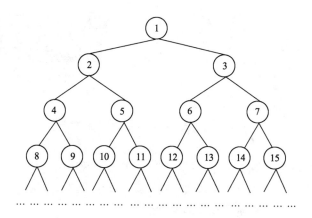

图 7-21 二叉树

【例 7-17】在图 7-21 所示的二叉树中寻找两结点的最近共同祖先。

分析：从图 7-21 中可以看出孩子和双亲之间的关系，如果双亲编号为 i，则左孩子编号为 2*i，右孩子编号为 2*i+1。反之，对于一个编号为 i 的结点，不论奇数偶数，除以 2 取整就是它的双亲结点。

每次让较大的数，也就是在树上辈分可能较低（也可能位于同一层）的结点，走向它们的双亲结点，直到它们相遇（相等）。这个过程可以用递归实现。

求结点 x 和 y 的最近共同祖先的递归函数设计思路如下：

```
if(x==y)
    return x;
else if(x>y)
    求 x/2 与 y 的最近共同祖先;
else
    求 x 与 y/2 的最近共同祖先;
```

源程序如下：

```
#include <stdio.h>
#include <stdlib.h>
int common(int x, int y);

int main(void)
{
    int m, n;

    printf("input node number: ");
    scanf("%d,%d", &m, &n);
    printf("Lowest Common Ancestors:%d\n", common(m, n));

    system("pause");
    return 0;
}

int common(int x, int y)
{
    if(x == y)
        return x;                           /*递归出口*/
    else if(x > y)
```

```
        return common(x/2, y);
    else
        return common(x, y/2);
}
```

```
input node number: 8,18
Lowest Common Ancestors:4
请按任意键继续. . .
```

运行结果如图 7-22 所示。

图 7-22　例 7-17 运行结果

7.7　内部函数与外部函数

在 C 语言中定义的函数一般都是全局的，可以被其他函数调用，调用其的函数可以在本文件中也可以在其他源文件中；也可以指定函数不能被其他文件中的函数调用。根据函数能否被其他源文件调用，可将函数分为内部函数和外部函数。

7.7.1　内部函数

如果一个函数只能被本文件中的其他函数调用，则称其为内部函数。定义内部函数需要使用关键字 static，具体格式如下：

```
static 返回值类型 函数名（形式参数列表）
{
    变量声明
    函数实现过程
}
```

例如，有如下函数定义：

```
static int f(int a,int b)
{
    …
}
```

函数 f( )是一个内部函数，只能被本文件中的函数调用，而不能被其他文件调用。在其他文件中即使有和 f( )同名的函数也不会发生冲突。使用内部函数可以使编程人员无须考虑函数是否会与其他文件中的函数重名的问题。

例如，在文件 f1.c 中有如下代码：

```
#include <stdio.h>
#include <stdlib.h>

void f()
{
    printf("This is function f in f1.c!\n");
}

int main()
{
    f();                                    //调用函数 f()
    system("pause");
    return 0;
}
```

在文件 f2.c 中有如下代码：

```
#include <stdio.h>

static void f()
{
    printf("This is function f in f2.c!\n");
}
```

虽然在文件 f1.c 中和文件 f2.c 中均定义了名为 f( ) 的函数，但是在文件 f2.c 中，定义函数 f( ) 时前面使用了关键字 static，标明了函数 f( ) 是一个内部函数，其使用范围被限定在了文件 f2.c 之中。文件 f1.c 中定义的函数即使和 f( ) 同名也不会冲突。上述程序代码的运行结果如图 7-23 所示。

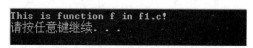

图 7-23　内部函数运行结果

7.7.2　外部函数

如果一个函数不仅能被本文件中的其他函数调用，还能被其他文件中的函数调用，则称其为外部函数。在定义外部函数时，可以在函数首部的最左端使用关键字 extern，具体格式如下：

```
extern 返回值类型 函数名（形式参数列表）
{
    变量声明
    函数实现过程
}
```

使用以上定义表示此函数是外部函数，可供其他文件调用。C 语言规定，如果在定义函数时省略 extern，则默认为外部函数。所以函数除非显式注明为 static，一般都是外部函数。在其他文件中使用外部函数的方法和使用外部变量一样，只需要使用 extern 作外部函数说明就可以了。

例如，在文件 f1.c 中有如下代码：

```
#include <stdio.h>
#include <stdlib.h>
extern void f();                    //外部函数说明

int main()
{   f();                            //调用函数 f()
    system("pause");
    return 0;
}
```

文件 f2.c 中有如下代码：

```
#include <stdio.h>
extern void f()
{
    printf("This is function f in f2.c!\n");
}
```

在上面的代码中，在文件 f1.c 中调用的函数 f( ) 来源于文件 f2.c，由于在函数 f( ) 的定义时使用的是关键字 extern，所以函数 f( ) 就是一个外部函数，可以在所有文件中被调用，只需使用外部函数说明语句"extern void f( );"即可。上述程序代码的运行结果如图 7-24 所示。

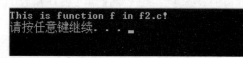

图 7-24　外部函数运行结果

7.8　本章常见错误及解决方法

（1）函数首行加分号。例如：

```
void func(int n);
{
    …
}
```

上述代码在函数定义时的函数头部加了分号，这种定义形式是错误的。要严格区分函数的声明、函数的调用和函数的定义三者之间的关系以及区别，正确使用这三种形式。

（2）函数返回多个值。例如：

```
int maxMin(int x,int y)
{
    int max,min;
    …
    return max,min;
}
```

上述代码在使用 return 时返回了多个值，这是错误的。对于返回具有某种数据类型的值的函数，仅能返回一个值而非多个。因此，要考虑函数的功能确定是否恰当，或者根据后续知识重新考虑问题。

（3）函数调用时的实参与函数定义时的形参类型不符。例如：

```
#include <stdio.h>
#include <stdlib.h>

void f(int*m)
{
    *m=*m+100;
}

int main()
{
    int x=9;

    f(x);
    printf("%d\n", x);

    system("pause");
    return 0;
}
```

上述代码中所定义的函数形参 m 是整型指针，但是调用函数 f( )时的实参是 x，类型为整型，这两者是不匹配的，会报编译错误。在函数调用时，一定要注意实参的数据类型要和函数定义时形参的数据类型一致，在此需要在主函数中将语句 "f(x);" 修改为 "f(&x);"。

（4）定义指针变量而没有赋值。例如：

```
int a=10, *p;
*p=20;
```

上述代码定义了指针 p，但没有给其赋初值，即明确其指向，这是错误的。对于指针在定义时就要考虑它的指向，如果指针在定义时没有明确的指向就是指针悬空，常会造成很多意想不到的错误。因此，在定义指针时就养成为指针赋值的习惯，需要在执行赋值语句"*p=20;"之前增加一条给指针赋初值的语句"p=&a;"。

（5）指针在定义后重新赋值时使用了"*"号。例如：

```
int a=10;
int b=43;
int *p=&a;
…
*p = &b;
```

上述代码在修改指针的指向时使用了"*"号是错误的。要理解"*"号的多重含义，如果在定义时"*"出现在数据类型后面其含义是指针声明的标示；而在指针声明之后再次出现则表示间接访问。如果是要为指针变量再次赋值而非间接访问，直接使用指针变量的变量名即可，在此将语句"*p = &b;"修改为"p = &b;"。

（6）在定义点之前或其他源文件中使用全局变量而没有进行全局变量说明。例如：

在 f1.c 文件中有如下代码段：

```
#include <stdio.h>
int m;                          //外部变量定义
void f();

int main()
{
    scanf("%d", &m);
    f();
    printf("m=%d\n", m);
    return 0;
}
```

在 f2.c 文件中有如下代码段：

```
void f()
{
    m=m*m;
}
```

上述代码中，全局变量 m 的定义在文件 f1.c 中，在文件 f2.c 中没有进行外部变量说明将变量 m 的作用域扩展到该文件是错误的。对于全局变量来说，其使用范围是从定义点到定义其的文件结束，如果要在其他地方使用该变量，必须使用 extern 作全局变量说明。在此需要在文件 f2.c 文件中增加一条全局变量说明语句"extern int m;"。

7.9　本章小结

1. 函数是 C 语言程序的基本单位

函数是 C 语言程序的主要组成部分，函数的重要性不言而喻。在进行模块化程序设计时，就是将程序功能进行细化，分成不同的功能模块，每个模块对应不同的函数。

在定义函数时不仅要考虑函数的功能、参数，还要考虑函数有无返回值等，如果函数有返回值，一定要有相应的 return 语句。

2. 注意区分函数的定义和函数的说明

函数定义是对函数名称、函数功能、返回值类型、形参及其类型的确立。在一个程序中，一个函数只能被定义一次，而且函数的定义要放在其他任何函数之外，也就是说函数的定义不能嵌套。

函数说明一般是由函数头和分号组成，并且括号中的形参名也可以省略，其作用是便于编译系统在调用函数时对函数进行对照检查。函数说明可以在需要的时候多次使用。

3. 指针说明和指针对象的引用

指针说明格式为：类型说明符　*指针变量名；

以该种形式定义的变量表示其是指向某一类型变量的指针，即在该变量中所存储的是另一变量的存储地址。

对指针的引用分为两种。一种是直接引用，直接使用指针变量名即可。采用这种形式其所对应的是地址，如果要修改其值，也只能使用地址值进行赋值。例如：

```
int *ptr,a=10;
ptr=&a;
```

在上述代码中，只能通过取地址运算符&把整型变量 a 的存储地址取出后赋给指针变量 ptr，而不能直接把 a 赋给 ptr。

另一种是使用间接访问运算符"*"的引用，这时所引用到的不再是指针所指向的变量的地址，而是其所指向的变量。例如：

```
int a=10,*ptr=&a;
*ptr=20;
```

在上述代码中，通过"*ptr"所访问到的实际就是指针 ptr 所指向的变量 a，所以执行完该语句后，变量 a 的值会变成 20。

4. 注意区分函数的传值引用和传址引用

在函数具有参数的情况下，实参到形参有两种数据传递方式：一种是传值，一种是传址。传值与传址的区别在于如果在函数执行过程中修改了参数的值，是否将修改后的结果值带回到主函数。

例如：

```
#include <stdio.h>
#include <stdlib.h>

void f1(int a)
{
    a=a+20;
}

void f2(int *a)
{
    *a=*a+20;
}

int main()
{
    int m=10;
```

```
        printf("before:%d\n", m);
        f1(m);                                          //调用函数 f1()
        printf("after(f1):%d\n", m);
        f2(&m);                                         //调用函数 f2()
        printf("after(f2):%d\n", m);

        system("pause");
        return 0;
}
```

在上述代码中定义了两个函数 f1( )和 f2( )，其中 f1( )的形参采用传值方式，f2( )的形参采用传址方式。在主函数中用变量 m 作为实参调用函数 f1( )，执行后 m 的值仍为 10。调用函数 f2( )时，传递给形参的是变量 m 的存储地址，那么实参和形参共享存储单元，所以函数 f2( )调用后 m 的值就变为 30 了。

上述程序运行结果如下：

```
before:10
after(f1):10
after(f2):30
```

5．变量的存储类型与作用域

变量的存储类型决定了变量的生存周期和作用域等。在 C 语言中，变量具有 4 种存储类型：自动、外部、静态、寄存器，不同存储类型的变量作用域也不相同，具体如下表所示。

存 储 类 型		关 键 字	生 存 周 期	作 用 域
自动		auto	定义块内（通常是函数）	定义块内（通常是函数）
外部		extern	整个程序执行期	所有文件
静态	静态局部	static	整个程序执行期	定义块内（通常是函数）
	静态全局		整个程序执行期	定义文件内
寄存器		register	定义块内（通常是函数）	定义块内（通常是函数）

6．函数的嵌套调用与递归调用

函数的递归调用是函数嵌套调用的一种，其不是在函数调用中去调用其他函数，而是在函数调用中调用自身。利用递归思想可以把一个复杂的问题简单化，编写出来的程序也通常简洁易懂，但不是所有的问题都可以用递归思想来解决。一般来说，只有要解决的问题能够转化为与原问题解决方法相同的子问题时才可以使用递归求解，并且子问题的解决通常是十分简单的。

调用递归函数将反复调用其自身，每调用一次进入新的一层，为防止递归函数无休止地进行，必须在函数内有终止条件。

7．内部函数和外部函数

在 C 语言中将函数分为内部函数和外部函数，并且定义的函数一般都是外部函数，只有用 static 关键字定义的函数是内部函数。如果在一个文件中定义的某个函数不希望被其他文件中的函数调用，那么可以将其定义为内部函数，这样其就只能在本文件中被调用。

对于外部函数来说，如果要在定义点之前引用，或者在其他文件中引用，一定要用 extern 作外部函数说明。

习　题

一、选择题

1. 以下正确的说法是（　　）。

   A. 用户若需调用标准库函数，调用前必须重新定义

   B. 系统根本不允许用户重新定义标准库函数

   C. 用户可以重新定义标准库函数，若如此，则该函数失去原有含义

   D. 用户若需调用标准库函数，调用前不必使用预编译命令将该函数所在文件包括到用户源文件中，系统自己去调用

2. 以下函数头的正确定义形式是（　　）。

   A. double fun(int x,int y)　　　　　　B. double fun(int x;int y)

   C. double fun(int x,int y);　　　　　　D. double fun(int x,y);

3. 在 C 语言中以下说法正确的是（　　）。

   A. 实参和与其对应的形参各占用独立的存储单元

   B. 实参和与其对应的形参共占用一个存储单元

   C. 只有当实参和与其对应的形参同名时才共占用存储单元

   D. 形参是虚拟的，不占用存储单元

4. 若调用一个函数，且此函数中没有 return 语句，则正确的说法是该函数（　　）。

   A. 没有返回值　　　　　　　　　　　　B. 返回若干系统默认值

   C. 能返回一个用户所希望的函数值　　　D. 返回一个确定的值

5. C 语言规定，简单变量做实参时，它和对应形参之间的数据传递方式是（　　）。

   A. 地址传递

   B. 单向值传递

   C. 由实参传给形参，再由形参传回给实参

   D. 由用户指定传递方式

6. C 语言规定，函数返回值的类型是由（　　）决定的。

   A. return 语句中的表达式类型

   B. 调用该函数时的主调函数类型

   C. 调用该函数时系统临时

   D. 在定义该函数时所指定的函数类型

7. 在 C 语言程序中，以下描述正确的是（　　）。

   A. 函数的定义可以嵌套，但函数的调用不可以嵌套

   B. 函数的定义不可嵌套，但函数的调用可以嵌套

   C. 函数的定义和函数的调用均不可以嵌套

   D. 函数的定义和调用均可以嵌套

8. 以下说法不正确的是（　　）。

   A. 在不同函数中可以使用相同名字的变量

   B. 形式参数是局部变量

C. 在函数内定义的变量只在函数范围内有效

D. 在函数内的复合语句中定义的变量在本函数范围内有效

9. 以下说法不正确的是（　　　）。

A. 函数调用可以出现在一个表达式中

B. 函数调用可以作为一条独立的语句

C. 函数调用可以作为一个函数的实参

D. 函数调用可以作为一个函数的形参

10. 对于静态局部变量和静态全局变量以下不正确的说法是（　　　）。

A. 两者均存储在静态存储区

B. 静态局部变量的作用域是定义其的函数

C. 静态全局变量的作用域是定义其的文件

D. 静态局部变量在函数调用结束后空间就被释放

二、程序设计题

1. 设计一个函数，实现将两个整数交换的功能，在主函数中调用此函数。

2. 设计一个函数，判断一个整数是否为素数，如果为素数，则返回 1，否则返回 0。在主函数中调用此函数找出 500～1200 之间的所有素数。

3. 设计一个函数，求如下级数的和，在主函数中输入 n 的值，并输出结果。

$$S = 1 + \frac{1}{1+2} + \frac{1}{1+2+3} + \cdots + \frac{1}{1+2+\cdots+n}$$

4. 编写函数 fun(n)，n 为一个三位自然数，判断 n 是否为水仙花数，若是返回 1，否则返回 0。在主函数中输入一个三位自然数，调用函数 fun(num)，并输出判断结果。水仙花数是指一个 n 位数（ n≥3 ），它的每个位上的数字的 n 次幂之和等于它本身。（例如，$1^3+5^3+3^3=153$，所以 153 是水仙花数）

5. 闰年是为了弥补因人为历法规定造成的年度天数与地球实际公转周期的时间差而设立的。公历闰年的简单计算方法（符合以下条件之一的年份即为闰年）：

（1）能被 4 整除而不能被 100 整除。

（2）能被 400 整除。

编写函数，计算该日是本年的第几天，在主函数中输入年月日，调用该函数，并输出结果。

6. 设计一个函数，计算数列第 n 项的值。已知这个数列的前三项分别为 0、1、1，以后的各项都是其相邻的前三项之和。在主函数中调用该函数并计算当 n 为 20、60、80 时数列的和。

7. 编写函数实现将三个整数按从大到小的顺序排序。在主函数中通过键盘输入三个整数，调用该函数对这三个数排序，并分别输出排序前后的值。

8. 斐波那契数列以兔子繁殖为例而引入，故又称"兔子数列"。其指的是这样一个数列：1、1、2、3、5、8、13、21、34、……在数学上，斐波纳契数列以如下递推的方法定义：$F(1)=1$，$F(2)=1$，$F(n)=F(n-1)+F(n-2)$（ n≥3 ）。

使用递归函数实现求斐波那契数列第 n 项的值。在主函数中调用该函数并计算该数列前 30 项的和。

第 8 章 数 组

以往章节我们所使用的变量有两个共同特征：一是每个变量每次仅能存储一个事先所定义的数据类型的数值；二是这些变量所存储的值不可以再分解为其他类型。以往所定义的变量类型均是基本数据类型，与基本数据类型相对的是构造数据类型。构造数据类型是根据已定义的一个或多个数据类型用构造的方法来定义的。每个"成员"都是一个基本数据类型或又是一个构造类型。在程序设计中，为了处理上的方便，把具有相同类型的若干变量按一定顺序组织起来，这些按顺序排列的同种数据类型元素的集合称为数组，其中的每一个变量称为数组元素。数组元素用数组名和下标来确定。在 C 语言中，数组属于构造数据类型。一个数组可以分解为多个数组元素，这些数组元素可以是基本数据类型也可以是构造类型。本章将学习数组的相关知识。

本章知识要点：
◎ 一维数组的定义和数组元素的引用。
◎ 一维数组与指针运算。
◎ 二维数组的定义和数组元素的引用。
◎ 二维数组与指针运算。
◎ 动态数组的使用。

8.1　一维数组的定义及使用

8.1.1　一维数组的定义

一维数组是指使用一个列表名存储的一组具有相同数据类型的值的列表。与其他程序设计语言相同，C 语言将这个列表名定义为数组名。图 8-1 所示为一个成绩单列表，将 6 个整型数据作为成绩存放在列表名为 grades 的列表中。对于 grades 列表中的每个元素不用单独定义，可以将这些元素定义为一个单元，使用共同的变量名来存储。

在 C 语言中，一维数组的定义形式为：

`类型说明符　数组名 [常量表达式]；`

其中，类型说明符是任一种基本数据类型或构造数据类型。数组

grades
100
91
86
53
78
65

图 8-1　一个成绩单列表

名是用户定义的标识符，该标识符遵循用户自定义标识符的命名规则。方括号中的常量表达式表示数组元素的个数，也称数组长度。数组的定义与变量的定义一样，都是为所定义的对象分配存储空间。在程序的运行过程中，所定义的对象的存储空间一旦分配就不能更改。

图 8-1 中的数组 grades 可以定义为 int grades[6];。一个好的编程习惯是在定义数组前先定义一个字符常量来表示数组元素的个数。按照这种习惯，数组 grades 可以改写为：

```
#define NUM 6            /*定义一个符号常量用以表示数组元素的个数*/
int grades[NUM];         /*定义一个整型数组，其大小为 NUM*/
```

数组 grades 所具有的 6 个数组元素依次是 grades[0]、grades[1]、grades[2]、grades[3]、grades[4]、grades[5]。

字符型数组和浮点型数组的定义可采用同样的方式。

定义一个具有 5 个字符型数组元素的一维数组 array 可采用如下方式：

```
#define SIZE 5           /*定义一个符号常量用以表示数组元素的个数*/
char array[SIZE];        /*定义一个字符型数组，其大小为 SIZE*/
```

数组 array 所具有的 5 个数组元素依次为 array[0]、array[1]、array[2]、array[3]、array[4]。

定义一个具有 100 个双精度型数组元素的一维数组 weight 可采用如下方式：

```
#define LENGTH 100       /*定义一个符号常量用以表示数组元素的个数*/
double weight[LENGTH];   /*定义一个双精度型数组，其大小为 LENGTH*/
```

数组 weight 所具有的 100 个数组元素依次为 weight[0]、weight[1]、……、weight[99]。

图 8-2 所示为数组 grades 的逻辑存储方式。对于数组 grades 中的每个数组元素按照顺序依次存储，即在 NUM 个存储单元中，第 1 个存储单元存储第 1 个数组元素，第 2 个存储单元存储第 2 个数组元素，依此类推，直至第 NUM 个存储单元存储第 NUM 个数组元素。顺序存储是数组的一个基本特性，这个特性提供了一个简单的存储机制来存储具有线性结构特征的数据。

由于数组中的数组元素是按顺序存储的，因此任意一个数据元素可以根据数组名和该元素在数组中的位置来获得。这个位置称为数组元素的索引值或下标值。对于数组中的第一个数组元素来说，它的索引值是 0，第二个数组元素的索引值是 1，依此类推。在 C 语言中，数组名与所要获得的数组元素在数组中的索引值用方括号相结合所表示的就是所要获取的数组元素。以 grades 为例：grades[0]表示数组 grades 中的第 1 个数组元素，grades[1]表示数组 grades 中的第 2 个数组元素，……，grades[5]表示数组 grades 中的第 6 个数组元素。

图 8-3 指出了数组中的每个数组元素在内存中的存储位置。数组名和下标（索引值）指出了每个数组元素在数组中的位置。虽然编译器为数组中的第一个元素指定的索引值看起来有些奇怪，但是这样做可以增加获取数组元素的速度。从内部机制来说，计算机将索引值作为数组起始位置的偏移量。图 8-4 说明了索引值告诉计算机从数组的起始位置跨越了多少个数组元素到达目标位置。

综上所述，关于数组的定义要注意以下几点：

（1）数组名的命名规则遵循用户自定义标识符的命名规则。

（2）说明数组大小的常量表达式必须为整型，并且只能用方括号括起来。

（3）说明数组大小的常量表达式中可以是符号常量、常量，但不能是变量。如下面的程序在编译过程中会出现未知数组大小的错误。

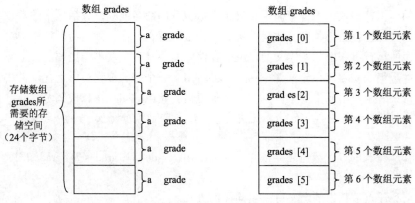

图 8-2　数组 grades 的逻辑存储方式　　图 8-3　数组 grades 的物理存储方式

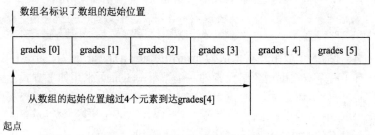

图 8-4　获取 grades[4]示意图

```
#include <stdio.h>
#include <stdlib.h>

int main()
{
    int num=6;
    int array[num];

    system("pause");
    return 0;
}
```

（4）数组名不能与其他变量名相同。如下面的程序在编译时会出现错误。

```
#include <stdio.h>
#include <stdlib.h>
#define NUM 6                  /*定义一个符号常量用以表示数组元素的个数*/

int main()
{
    int sum;
    int sum[NUM];

    system("pause");
    return 0;
}
```

（5）数组元素的下标是从 0 开始的。例如：

```
int array[3];
```

定义了一个长度为 3 的一维整型数组,在这个数组中的 3 个元素分别为 array[0]、array [1]、array [2],

其中并不包含元素 array [3]。

（6）允许在同一个类型定义中定义多个数组和多个变量。如： int a,b,c[10],d[20];。

8.1.2　一维数组的引用

数组必须先定义再引用。在 C 语言中，数组元素只能逐个引用，不能一次引用数组中的全部元素。

数组元素的引用形式为：

数组名[下标]

【例 8-1】定义一个具有 5 个整型元素的数组 array，数组元素的值与其下标相同，并将这些数组元素输出。

源程序如下：

```
#include <stdio.h>
#include <stdlib.h>
#define NUM 5                        /*定义一个符号常量用以表示数组元素的个数*/

int main()
{
    int array[NUM];                  /*定义一个整型数组，其大小为 NUM*/

    for(int i=0;i<NUM;i++)
    {
        array[i]=i;                  /*数组元素的赋值*/
        printf("array[%d]= %d\n",i,array[i]);   /*输出数组元素*/
    }

    system("pause");
    return 0;
}
```

运行结果如图 8-5 所示。

C 语言并不检查数组下标是否越界，这样可以提高程序运行效率，也可以为指针操作带来更多的方便。这为程序员提供了很大的灵活性，更易于写出高效的代码。

如果定义一个数组 a[N]（N 为符号常量），其下标有效范围为 [0,（N-1）]。若要引用下标 N，编译器并不提示错误的，但是这样潜在地隐含着一些隐患。

```
array[0]= 0
array[1]= 1
array[2]= 2
array[3]= 3
array[4]= 4
请按任意键继续. . .
```

图 8-5　例 8-1 运行结果

【例 8-2】根据以下程序分析运行结果。

源程序如下：

```
#include <stdio.h>
#include <stdlib.h>

int main()
{
    int i;
    int a[3]={1, 2, 3};

    for(i=1; i<=3; i++)
    {
```

```
        a[i]=0;
        printf("a[%d] = %d\n",i,a[i]);
    }

    system("pause");
    return 0;
}
```

说明：

假设计算机为变量 i 分配的内存位置为 0x0013ff7c，数组 a 中各元素所分配的内存位置如下：

```
a[0]地址: 0x0013ff70
a[1]地址: 0x0013ff74
a[2]地址: 0x0013ff78
```

当 i = 1 时，a[1]的值为 0；i 自增运算后的值为 2，a[2]的值为 0；i 再次自增运算后的值为 3，此时，程序将找到数组元素 a[3]所在的内存位置（即本例中分配给变量 i 的内存单元 0x0013ff7c），并写入 0，从而导致变量 i 的值为 0。接着到 for 循环中去判断条件 i <= 3，因为 i 的值又被置为 0，i <= 3 成立，导致再次开始执行循环。这样程序将陷入死循环。这就是 C 语言中数组不检查数组下标所造成的隐患。

数组元素的引用方法与同类型的变量使用方法完全相同。在可以使用某种类型变量的地方都可以使用该种类型的数组元素。

数组的定义和数组元素的引用都要用到"数组名[整型表达式]"。定义数组时，方括号中的整型表达式为常量表达式表示数组的长度，这个整型表达式可以是整型常量也可以是符号常量，但是一定不能是变量；这也就是说定义数组时，数组的长度必须明确指定，并且在程序的运行过程中不能更改。而在数组元素引用时，方括号内的整型表达式表示数组的下标，因此可以是变量，下标的有效范围为[0,(数组长度−1)]。

8.1.3　一维数组的初始化

1. 一般初始化操作

正如变量可以在定义时被初始化一样，数组也可以这样做，其区别在于：变量初始化时仅仅需要一个值；而数组初始化需要一系列的值。这一系列的值位于一对花括号内，值与值之间使用逗号分隔开来。如下例所示：

```
int  array[5] = {0,1,2,3,4};
```

初始化列表给出的值依次赋值给数组的各个元素，array[0]被赋值为 0，array[1]被赋值为 1，……，array[4]被赋值为 4。

如果初始值的个数大于数组定义中定义的数组的长度，则为语法错误。如：

```
int  array[5] = {0,1,2,3,4,5 };
```

是不合法的，在编译时会提示"初始值设定项太多"。

对数组元素完成初始化操作后，在程序中还可以用其他方式（如赋值语句等）重新赋值。如：

```
array[0] = 25;
array[3] = sizeof(double);
array[4] = i++;
```

2．不完整的初始化操作

在对数组进行初始化操作时，也可以仅对部分数组元素进行初始化操作。如：

```
int  grades[6] = {98,87,100};
```

该语句相当于仅仅对数组 grades 的前三个数组元素进行赋值操作，即 grades[0]=98，grades[1]=87，grades[2]=100，而 grades[3]、grades[4]、grades[5]将被自动赋值为 0。因为编译器只知道初始值不够，但它无法知道缺少的是哪些值，所以只允许省略最后几个初始值。

若被定义的数组长度与提供初始值的个数不相同时，数组长度不能省略。若打算定义数组长度为 10，但是仅仅提供了 5 个初始值，就不能省略数组长度，而必须写成

```
int  array[10] = {0,1,2,3,4};
```

数组 array 的前 5 个数组元素 array[0]，……，array[4]依次被初始化为 0，……，4，而数组 array 的后 5 个数组元素 array[5]、……、array[9]均被初始化为 0。

3．自动计算数组长度

当对全部数组元素进行初始化操作时，可以不指定数组长度。例如，

```
int  array[5] = {0,1,2,3,4};
```

就可以写成：

```
int  array[ ] = {0,1,2,3,4};
```

这是因为虽然数组的定义中并没有给出数组的长度，但是编译器具有把所容纳的所有初始值的个数设置为数组长度的能力。

省略数组长度只能在有初始化的数组定义中。下面的代码将产生一个编译错误：

```
int a[ ];                      //error: 没有确定数组大小
```

在定义数组时，编译器必须知道数组的大小。

4．静态存储的数组的自动初始化操作

一维静态存储的数组定义形式为：

```
static  类型说明符 数组名 [常量表达式];
```

例如：static int array[5];

一维静态存储的数组只在程序开始执行之前初始化一次。程序并不需要执行指令把这些值放到合适的位置，因为它们一开始就在那里了，这是由链接器完成的。链接器用包含可执行程序的文件中合适的值对数组元素进行初始化。如果数组未被初始化，数组元素的初始值将会自动设置为零。当这个文件载入到内存中准备执行时，初始化后的数组值和程序指令一样也被载入到内存中。因此，当程序执行时，静态数组已经初始化完毕。

但是，对于自动变量而言，在默认情况下是未初始化的。如果自动变量的定义中给出初始值，每次当执行流进入自动变量定义所在的作用域时，变量就被一条隐式的赋值语句初始化。

【例 8-3】定义一个具有 10 个整型数据的一维静态存储的数组，每行输出 5 个数组元素。

分析：本例的两个要点分别是：①一维静态存储数组的定义；②控制每行输出数组元素的个数。

一维静态存储数组与普通一维数组在定义时的区别在于使用关键字 static，也就是说在已定义的一维数组前加上关键字 static 就是一维静态存储数组的定义方式。

在控制数组元素输出时（假设每行输出 m 个数组元素），可以采用两种方式：

第一种方式，定义一个计数变量 cnt，初始值设置为 0。每输出一个数组元素，cnt 的值加 1。而后对 cnt 的值进行判断，如果 cnt 能够被 m 整除，使用语句 printf("\n");输出一个换行符。

第二种方式，使用数组的下标进行判断。在 C 语言中，数组的下标值从 0 开始，通常在使用循环结构解决数组问题时，将循环变量（假设循环变量为 i）设置为 0。如果当前输出数组的下标值为 i，那么数组下标值加 1 就是输出数组元素的个数。判断 i+1 是否能被 m 整除，如果能，使用语句 printf("\n");输出一个换行符。

本题使用第二种方式解决每行输出数组元素的个数这一问题，读者可以使用第一种方式对本题进行改写。

```c
#include <stdio.h>
#include <stdlib.h>
#define N 10

int main()
{
    static int array[N];          /*定义一个具有 N 个数组元素的静态存储数组 array*/

    for(int i=0;i<N;i++)
    {
        printf("%5d",array[i]);   /*输出数组元素*/

        if((i+1)%5==0)            /*每行输出 5 个数组元素*/
            printf("\n");
    }
    printf("\n");

    system("pause");
    return 0;
}
```

运行结果如图 8-6 所示。

5. 利用输入函数逐个输入数组中的各个元素

【例 8-4】使用输入函数 scanf( )为一个具有 5 个数组元素的一维整型数组赋值，并求该数组中所有数组元素的和。

图 8-6   例 8-3 运行结果

分析：首先定义一个具有 5 个数组元素的一维整型数组，然后使用循环结构和输入函数依次为每个数组元素赋值。在求数组中所有元素的和时，需要访问数组中的每个数组元素，因此也要使用循环结构依次来求取所访问到的前 i（$0 \leq i \leq 4$）个数组元素的和。

```c
#include <stdio.h>
#include <stdlib.h>
#define N 5

int main()
{
    int array[N];
    int i;
    for(i=0;i<N;i++)              /*该循环使用输入函数为每个数组元素赋值*/
    {
        printf("Enter array[%d]:\t",i);
```

```
        scanf("%d",&array[i]);        /*&array[i]表示取数组元素 array[i]的地址*/
    }
    int sum=0;                        /*注意初始化*/
    for(i=0;i<N;i++)
        sum+=array[i];
    printf("sum=%d\n",sum);

    system("pause");
    return 0;
}
```

运行结果如图 8-7 所示。

【例 8-5】根据以下程序分析运行结果。

源程序如下：

```
#include <stdio.h>
#include <stdlib.h>
#define N 5

int main()
{
    int array1[N];
    static int array2[N];
    int array3[N] = {1,2,3};

    for(int i=0;i<N;i++)
        printf("%d\t%d\t%d\n",array1[i],array2[i],array3[i]);

    system("pause");
    return 0;
}
```

运行结果如图 8-8 所示。

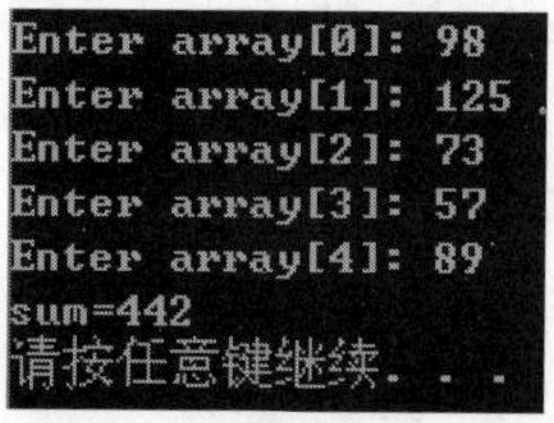

图 8-7　例 8-4 运行结果 　　　　图 8-8　例 8-5 运行结果

　　数组 array1 是一个局部动态存储的数组，从输出结果（输出结果中的第 1 列）来看，由于程序中没有对该数组中的元素赋值，因此其输出值是随机的。进一步还可以发现，在不同的计算机上，或者虽在同一台计算机上但在不同的时间内，运行时输出的结果可能是不同的。

　　数组 array2 是一个用 static 定义的局部静态存储的数组且该数组没有被初始化，但是由于该数组是静态存储的，因此数组元素的初始值将会自动设置为零。且在程序的执行过程中没有改变其值，因此输出结果（输出结果中的第 2 列）均为 0。

　　数组 array3 在定义时虽然没有用 static，但在定义该数组时，为数组中的部分数组元素进行了赋值操作，因此编译系统也认为它是一个局部静态存储数组。定义 array3 时为前 3 个元素赋了初值，即 array3[0]=1，array3[1]=2，array3[2]=3，而 array3[3]和 array3[4]赋了默认初值 0，因此，输出结果（输出结果中的第 3 列）为 1，2，3，0，0。

8.1.4 程序举例

【例 8-6】 编写程序实现求取一个具有 10 个数组元素的一维整型数组 array[10] = {98,124,58,78,90,587,21,0,-65,106}中的最大值以及最大值所在的位置。

分析：要求数组中的最大值，可以使用数组中的某个数组元素值和其他元素相比较得到。使用程序实现就要定义两个变量，一个变量用来存储已比较的数组元素的最大值，另一个变量用来存储最大值所在的位置。为了实现方便且便于理解，通常将存储最大值的变量的初始值设置为数组第一个元素的值，相应地，将存储最大值所在位置的变量的初始值设置为 0。使用循环结构遍历数组中的每个数组元素，使用当前数组元素的值和现有的最大值进行比较。若该数组元素的值比现有的最大值大，则修改最大值，同时更改当前最大值所在的位置；否则进行下一个数组元素的比较。

源程序如下：

```c
#include <stdio.h>
#include <stdlib.h>
#define N 10

int main()
{
    int array[N]={98,124,58,78,90,587,21,0,-65,106};
    int max=array[0];           /*将最大值初始化为数组的第一个元素*/
    int location=0;

    for(int i=0;i<N;i++)
        if(max<array[i])        /*用当前访问到的数组元素和max比较*/
        {                       /*如果当前访问到的数组元素大于max*/
                                /*则修改max和location的值*/
            max=array[i];
            location=i;
        }
    for(i=0;i<N;i++)
        printf("%5d",array[i]);
    printf("\n");
    printf("最大值为:%d,是数组中的第%d个元素。\n",max,location+1);

    system("pause");
    return 0;
}
```

运行结果如图 8-9 所示。

图 8-9　例 8-6 运行结果

【例 8-7】 编程实现使用冒泡排序法对具有 10 个数组元素的一维整型数组 array[10] = {98,124,58,78,90,587,21,0,-65,106}按照由小到大的顺序进行排序，输出排序前后的数组。

分析：冒泡排序法的基本思想如下所示。将相邻两个数组元素进行比较，如果前者大于后者则将两个数组元素交换位置，即数值小的数组元素在前，数值大的数组元素在后。冒泡排序法的第一趟比较交换过程如图 8-10 所示。

98	124	58	78	90	587	21	0	-65	106	原始的 10 个数
98 124 不用交换		58	78	90	587	21	0	-65	106	第一次比较不用交换位置
98	124 58 需要交换		78	90	587	21	0	-65	106	第二次比较需要交换位置
98	58	124 78 需要交换		90	587	21	0	-65	106	第三次比较需要交换位置
98	58	124	78 90 不用交换		587	21	0	-65	106	第四次比较不用交换位置
98	58	124	78	90 587 不用交换		21	0	-65	106	第五次比较不用交换位置
98	58	124	78	90	587 21 需要交换		0	-65	106	第六次比较需要交换位置
98	58	124	78	90	21	587 0 需要交换		-65	106	第七次比较需要交换位置
98	58	124	78	90	21	0	587 -65 需要交换		106	第八次比较需要交换位置
98	58	124	78	90	21	0	-65	587 106 需要交换		第九次比较需要交换位置
98	58	124	78	90	21	0	-65	106	587	第一趟比较交换后的数据

图 8-10　冒泡排序法的第一趟比较交换过程示意图

由图 8-10 可知，通过冒泡排序法的第一趟比较，最大的数 587 "下沉" 到最后。冒泡排序法第一趟比较后的结果是：98，58，124，78，90，21，0，-65，106，587。若要第二大的数 "下沉" 到倒数第二个位置，可以再使用一次冒泡排序法，这称为冒泡排序法的第二趟比较交换，其结果为：58，98，78，90，21，0，-65，106，124。按照这样的方法，对这 10 个数据进行 9 趟比较就可以使该数组按照由小到大的顺序排序，且最小的数-65 "浮" 在第一个位置。

源程序如下：

```c
#include <stdio.h>
#include <stdlib.h>
#define N 10

int main()
{
    int array[N] = {98,124,58,78,90,587,21,0,-65,106};
    int temp;                      /*定义临时存储空间，供交换位置使用*/

    printf("排序前数组元素为:\n");
    for(int i=0;i<N;i++)
        printf("%5d",array[i]);
    for(i=0;i<N-1;i++)             /*比较趟数*/
        for(int j=0;j<N-i-1;j++)   /*每趟比较的次数，注意不要使数组元素越界*/
            if(array[j]>array[j+1])
            {
```

```
                temp=array[j];
                array[j]=array[j+1];
                array[j+1]=temp;
            }
    printf("\n 排序后数组元素为:\n");
    for(i=0;i<N;i++)
        printf("%5d",array[i]);
    printf("\n");

    system("pause");
    return 0;
}
```

运行结果如图 8-11 所示。

```
排序前数组元素为:
    98  124   58    78    90   587    21     0   -65   106
排序后数组元素为:
   -65    0    21    58    78    90    98   106   124   587
请按任意键继续. . .
```

图 8-11　例 8-7 运行结果

【例 8-8】一维整型数组 array 的长度为 10,现前 9 个数据,且按从小到大的顺序排列依次为 -65,0,21,58,78,90,98,106,124,将 88 插入该数组中,使插入后的数据依然按从小到大的顺序排列。

分析:要在有序的数组中插入某一数据使插入后的数组依然有序就要确定插入的位置,插入的位置确定后,将从该位置起的数据依次向后移动,将插入的位置放入该数据即可。注意数组不能越界。

源程序如下:

```
#include  <stdio.h>
#include  <stdlib.h>
#define  N 10

int main()
{
    int x=88;
    int i;
    int location;
    int array[N]={-65,0,21 ,58,78,90,98,106,124};

    printf("插入前: \n");
    for(i=0;i<N-1;i++)
            printf("%5d",array[i]);
    printf("\n");

    if(x<array[0])
    {
        for(i=N-1;i>0;i--)
            array[i]=array[i-1];
        array[0]=x;
    }
    else if(x>array[N-2])
        array[N-1]=x;
        else
        {
```

```
                  for(i=0;i<N-1;i++)
                      if(array[i]<x &&array[i+1]>x)
                          location=i;
                      for(i=N-1;i>location;i--)
                          array[i]=array[i-1];
                          array[location +1] = x;
                  }
        printf("插入后: \n");
        for(i=0;i<N;i++)
            printf("%5d",array[i]);
        printf("\n");

        system("pause");
        return 0;
    }
```

运行结果如图 8-12 所示。

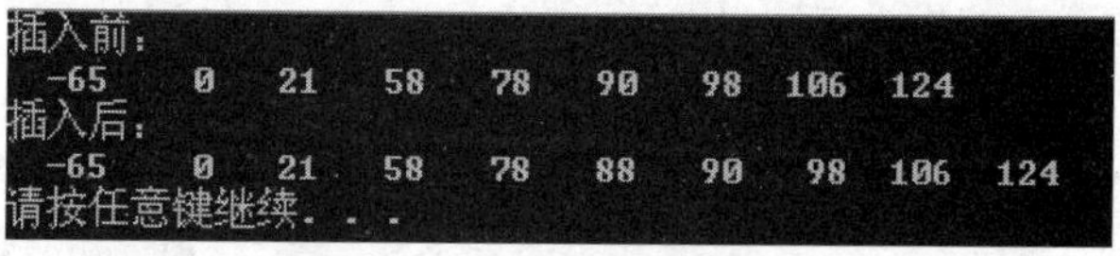

图 8-12　例 8-8 运行结果

【例 8-9】编程实现在一维整型数组 array[10]={-65,0,21,58,78,90,98,106,124,587}中查找是否存在 125，如果有则输出该数在数组中的位置，如果没有则输出"不存在！"。

分析：如果要查找某数值是否存在于数组中，就要将数组中的每个元素与给定值相比较，在程序实现时使用循环结构依次取数组中的元素与给定值进行比较，若存在则终止程序的执行，返回该数值在数组中的位置，如果不存在则进行下一个数组元素的比较。

源程序如下：

```
#include <stdio.h>
#include <stdlib.h>
#define N 10

int main()
{
    int array[N]={-65,0,21,58,78,90,98,106,124,587};
    int location = 0;

    for(int i=0;i<N;i++)
        if(array[i] == 125)
        {
            location = i;
            break;
        }
    if(i==N)                      /*如果没有找到所给定的值，则退出循环，此时 i 的值为 10*/
        printf("不存在! \n");
    else
        printf("125 在数组中的位置是: %d\n",location+1);

    system("pause");
    return 0;
}
```

运行结果如图 8-13 所示。

【例 8-10】如果一维数组是有序的（数组按照由大到小或者由小到大的顺序排列），使用折半查找法（又称二分查找法）可以大大提高数据的查找效率，折半查找法的基本思想是：设 N 个有序数据（从小到大）存放在数组 array[0] ~ array[N-1]中，要查找的数据为 x。用变量 bottom、top 和 mid 分别表示查找数组下界、上界和中间位置，mid=(bottom +top) /2，折半查找的算法如下：

图 8-13　例 8-9 运行结果

（1）x==a[mid]，则已找到退出循环，否则进行下面的判断。

（2）x<a[mid]，x 必定落在 bottom ~ mid-1 的范围之内，修改 top 的值，即 top=mid-1。

（3）x>a[mid]，x 必定落在 mid+1 ~ top 的范围之内，修改 bottom 的值，即 bottom=mid+1。

（4）在确定了新的查找范围后，重复进行以上比较，直到找到或者 bottom>top 为止。

可见折半查找法每进行一次查找，查找范围就缩小一半。使用折半查找法的基本思想，编程实现在一维整型数组 array[10]={-65,0,21,58,78,90,98,106,124,587}中查找是否存在 125，如果存在输出该数在数组中的位置，如果没有输出"不存在!"。

源程序如下：

```c
#include <stdio.h>
#include <stdlib.h>
#define N 10

int main()
{
    int array[N]={-65,0,21 ,58,78,90,98,106,124,587};
    int x=125;                /*待查找的数据*/
    int location;             /*记录待查找数组在数组中的位置*/
    int bottom=0;             /*下界*/
    int top=N-1;              /*上界*/
    int mid;                  /*中间位置*/
    int flag=0;               /*用于标识待查找的数据是否找到，若找到则 flag 置为 1*/

    while(bottom<=top)
    {
        mid=(bottom+top)/2;
        if(array[mid]==x)
        {
            location=mid;
            flag=1;
            break;
        }
        else if(array[mid]>x)
            top=mid-1;
         else
            bottom=mid+1;
    }
    if(flag==0)
        printf("不存在! \n");
    else
        printf("%d 在数组中的位置是: %d\n ",x,location+1);

    system("pause");
    return 0;
}
```

运行结果如图 8-14 所示。

> **注意**：折半查找法的应用条件是一维数组的数据有序排列。

图 8-14　例 8-10 运行结果

8.2　一维数组与指针运算

8.2.1　一维数组的数组名

在讨论一维数组和指针前，就不得不说一维数组的数组名，先看以下两个定义：

```
int  sum;
int  num[5];
```

变量 sum 是一个标量，它是一个单一的值且这个数值是整型的。变量 num 是一个数组，它是一组值的集合。当数组名和下标值一起使用，就可以标识数组中某个特定的值。如 num[2]表示数组 num 中的第三个值。数组 num 中每个特定的值都是一个标量，用于任何可以使用标量的地方。

num[2]的类型是整型数据，那么 num 的类型又是什么呢？它所表示的又是什么呢？在 C 语言中，在几乎所有使用数组名的表达式中，数组名的值是一个指针常量，也就是数组中第一个数组元素的地址。num 的类型取决于数组元素的类型，数组元素的类型是 int 类型，那么 num 的类型就是"指向 int 的常量指针"。因此一维数组的数组名表示的是该数组中第一个数组元素的存储地址，数组名的类型是"指向数组元素存储类型的常量指针"。请不要将数组等同于指针，因为数组具有一些和指针完全不同的特征。例如，数组具有确定数量的数组元素，而指针是一个标量值；数组名是一个指针常量，而不是指针变量，因此数组名的值是不能修改的。这是因为数组名这一指针常量指向内存中数组的起始位置，如果修改这个指针常量，唯一可行的操作就是把整个数组移动到内存的其他位置。但是，在程序完成链接后，内存中数组的位置是固定的，所以当程序运行时再想移动数组已为时晚矣。

我们再看下面这个例子：

```
int num[5];
int grade[5];
int *ptr;
…
ptr = &num[0];
…
ptr=&grade[5];
```

&num[0]是指向数组 num 第一个数组元素的地址，也可是说是指向数组 num 的第一个数组元素的指针。而&num[0]的值正是数组名本身的值，因此和 ptr = &num[0];下面这条语句所执行的任务是一样的：

```
ptr=num;
```

这条赋值语句说明了数组名的真正含义。如果数组名表示整个数组，这条语句就表示将整个数组复制到一个新的数组中。但是实际情况并不是这样的，而是被赋值的是一个指针的副本，ptr 指向数组 num 的第一个数组元素。因此表达式

```
grade=num;
```

是非法的。也就是说不能使用赋值运算符把一个数组中的所有元素复制到另一个数组中，而必须使用循环结构，一次复制一个数组元素来实现。

请看下面这条语句：

```
num=ptr;
```

根据定义可以看出 ptr 是一个指针变量，这条语句看似能完成某种形式上的赋值操作，把 ptr 的值赋给 num，实际上这个赋值是非法的。请务必牢记：数组名是一个指针常量，不能被赋值。

8.2.2　一维数组的下标与指针

如果现有语句 int num[5];，那么*(num+2)表示什么呢？

先分析 num+2 所表示的含义：num 的值是一个指向整型的指针，那么 2 是什么呢？是在 num 的数值上再加上 2 吗？答案是否定的。所加的 2 表示数组 num 第一个元素向后移动 2 个整型长度的运算。换句话说，num+2 表示以数组 num 的第一个元素为基准，向后移动 2 个数组元素的长度后所指向的数组元素的存储地址，也就是说这个 2 可以看作偏移量。

num+2 的含义搞清楚了，再通过间接访问操作访问这个新的存储空间取得其存储的数据。这个过程看上去很熟悉，因为这和前面的数组下标的引用过程完全一样的。因此 num[2]和*(num+2)是等价的。请牢记在 C 语言中下标引用和间接访问表达式是一样。

【例 8-11】编程实现一维数组 array[10] = {98,124,58,78,90,587,21,0,-65,106}的求和，要求使用间接访问表达式表示数组元素。

源程序如下：

```c
#include <stdio.h>
#include <stdlib.h>
#define N 10

int main( )
{
    int array[N] = {98,124,58,78,90,587,21,0,-65,106};
    int sum=0;

    for(int i=0;i<N;i++)
        sum+=*(array+i);
    printf("sum = %5d\n",sum);

    system("pause");
    return 0;
}
```

运行结果如图 8-15 所示。

现有以下程序片断：

```c
#define N 10
…
int array[N];
int *ptr = array+5;
```

那么 array[i]同*(array+i)（0≤i≤N-1）是等价的。在指针进行加法时所加的整数指的都是偏移量。在执行*ptr = array+2 后所得到的结果为 ptr 指向 array[5]。图 8-16 说明了这个执行过程。

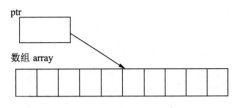

```
sum = 1097
请按任意键继续...
```

图 8-15　例 8-11 运行结果　　　　图 8-16　int *ptr = array+5 执行结果示意图

在下面涉及 ptr 的表达式中，它们的含义是什么呢？

（1）ptr：它在执行后就是 array+5，它的等价表达式是 &array[5]。

（2）* ptr：间接访问它所在存储空间中的数据，也就是 array[5]，它的等价表达式是 *(array+5)。

（3）ptr[0]：也许你会认为 ptr 不是一个数组，这种写法是错误的。但是，你牢记在 C 语言中下标引用和间接访问表达式是一样的。其等价表达式为 *(ptr+0)，去掉加号和 0，也就是* ptr，和上面的* ptr 是一样的结果。

（4）ptr+2：ptr 指向 array[5]，这个加法运算产生的指针指向的元素就是 array[5]后移 2 个数组元素的位置的数组元素，它的等价表达式是 array+7 或者是 &array[7]。

（5）* ptr+2：这个式子中有两个运算符，间接访问运算符*的优先级高于加法（+），所以这个表达式的含义是间接访问的结果再加上 2，它的等价表达式是 array[5]+2。

（6）*(ptr+2)：括号迫使 ptr+2 先执行，它的等价表达式是 array[7]。

（7）ptr[2]：把这个下标表达式转换为以其对应的间接访问表达式形式，它和 *(ptr+2)是一样的，因此它的等价表达式是 array[5]+2。

（8）ptr[-1]：下标是负值。下标引用和间接访问表达式等价，只要把它转换成间接访问表达式，即 ptr[-1]=ptr+(-1)=array+5+(-1)=array+4，因此它的等价表达式是 array+4 或者是 &array[4]。

（9）ptr[5]：这个看似正常的表达式其实存在着严重的问题。它的等价表达式是 array[10]，这已经越界了。

指针表达式和下标表达式可以互换使用，对于大多数人来讲，下标更容易理解，但是可能会影响程序的执行效率。也就是说指针有时会比下标更有效率。

为了说明效率问题，我们研究两个循环，它们执行相同的任务。先使用下标表达式，将数组中的所有元素都赋值为 0。

```
int array[10];
for(int i=0;i<10;i++)
   array[i]=0;
```

为了对下标表达式求值，编译器在程序中插入指令，取得 i 的值，然后把它与整型数据在内存中的存储长度相乘，这个乘法计算要花费一定的时间和存储空间。

使用指针表达式实现上述任务：

```
int array[10];
for(int *ptr=array;ptr<array+10;ptr++)
   *ptr=0;
```

尽管这里不存在下标，但还是存在乘法运算，这个乘法运算出现在 for 语句的调整部分，1 这个值必须与整型数据在内存中的存储长度相乘，然后再与指针相加。但与下标有重大的区别：循环每次执行时，执行乘法的都是两个相同的数字（1 和整型数据在内存中的存储长度）。这个乘法只在编译时执行一次，程序在运行时并不执行乘法，因此使用指针在绝大多数情况下，程序将会更快一些。

指针和数组并不是相等的。例如：

```
int array[10];
int *ptr;
```

array 和 ptr 都具有指针值，它们都可以进行间接访问和下标引用操作。但是它们还是有很大区别的。定义一个数组时，编译器根据定义所指定的元素数量为数组保留内存空间，然后创建数组名，它的值是一个常量，指向这段空间的起始位置。定义一个指针变量，编译器只为指针本身保留内存空间，它并不为任何整型值分配内存空间。而且指针变量并未被初始化，未指向任何现有的内存空间，如果它是一个自动变量，它甚至根本不被初始化。图 8-17 说明了它们之间的区别。

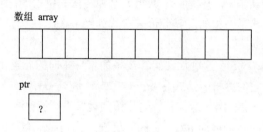

图 8-17　定义数组与定义指针变量的区别

程序执行完上述语句后，表达式*array 是完全合法的；表达式*ptr 却是非法的，*ptr 将访问内存中某个不确定的位置，或者导致程序终止。表达式 ptr++可以通过编译；array++却不能通过编译，因为 array 是一个常量。

【例 8-12】使用指针实现冒泡排序法，将具有 10 个数组元素的一维整型数组 array[10] = {98,124,58,78,90,587,21,0,-65,106}按照由大到小的排序进行排序，输出排序前后的数组。

分析：通常在使用指针来实现一维数组某些操作的程序中，需要定义一个数组元素类型的指针变量，初始化是使该指针变量指向数组的第一个元素。通过指针变量的改变来访问所指向的存储空间中的数据，而后进行某些操作以满足要求。注意：使用指针操作时也要注意不要使访问的地址越界。

源程序如下：

```
#include <stdio.h>
#include <stdlib.h>
#define N 10

int main()
{
    int array[N]={98,124,58,78,90,587,21,0,-65,106};
    int *ptr,i;

    printf("排序前的数组为: \n");
    for(ptr=array;ptr<array+N;ptr++)
        printf("%5d",*ptr);

    int temp;
    for(i=0;i<N-1;i++)
        for(ptr=array;ptr<array+N-i-1;ptr++)
```

```
            if(*ptr<*(ptr+1))
            {
                temp=*ptr;
                *ptr=*(ptr+1);
                *(ptr+1)=temp;
            }
    printf("\n 排序后的数组为: \n");
    for(ptr=array;ptr<array+N;ptr++)
        printf("%5d",*ptr);
    printf("\n");

    system("pause");
    return 0;
}
```

运行结果如图 8-18 所示。

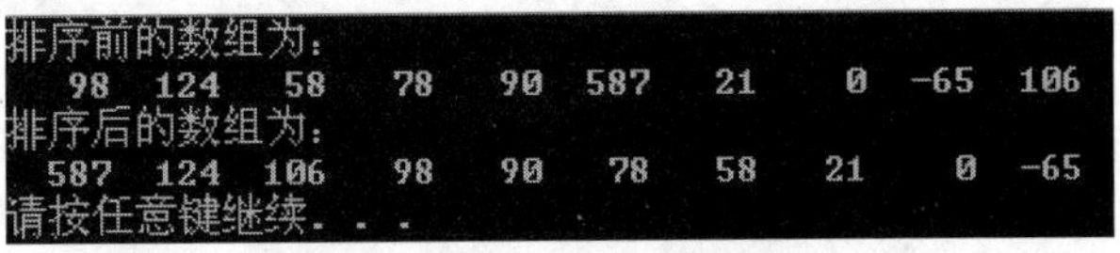

```
排序前的数组为:
    98  124   58    78    90   587    21     0   -65   106
排序后的数组为:
   587  124  106    98    90    78    58    21     0   -65
请按任意键继续. . .
```

图 8-18　例 8-12 运行结果

【例 8-13】编写程序，实现一维数组 A[10]元素值循环左移 3 位（要求用指针实现）。

数组的原值：1 2 3 4 5 6 7 8 9 10

结果为：8 9 10 1 2 3 4 5 6 7

源程序如下：

```
#include <stdio.h>
#include <stdlib.h>
#define N 10
#define LM  3

int main()
{
    int a[N],i;

    printf("移动前: \n");
    for(i=0;i<N;i++)
    {
        a[i]=i+1;
        printf("%5d",a[i]);
    }
    printf("\n");

    int temp,*p;
    for(i=0;i<LM;i++)
    {
        temp=*(a+N-1);
        for(p=a+N-1;p>a;p--)
            *p=*(p-1);
        *p=temp;

    }
    printf("移动后: \n");
    for(i=0;i<N;i++)
```

```
        printf("%5d",a[i]);

    printf("\n");

    system("pause");
    return 0;
}
```

运行结果如图 8-19 所示。

图 8-19　例 8-13 运行结果

8.2.3　作为函数参数的一维数组的数组名

一维数组的数组名的值是一个指向该数组第一个元素的指针，当一个一维数组的数组名作为函数参数传递给另外一个函数时，实质上传递的是一份该指针的副本。函数通过这个指针副本所执行的间接访问操作，就可以修改和调用程序中的数组元素。

【例 8-14】分析下面程序的执行过程。

源程序如下：

```
#include <stdio.h>
#include <stdlib.h>
#define N 5

void Output(int *p,int n);

int main()
{
    int array[N]={12,0,3,45,98};

    Output(array,N);

    system("pause");
    return  0;
}

void Output(int *p,int n)
{
    for(int *ptr=p;ptr<p+n;ptr++)
        printf("%5d",*ptr);
    printf("\n");
}
```

主函数中定义了一个具有 5 个整型数组元素的一维数组 array，这 5 个数组元素分别被赋值为12、0、3、45 和 98，而函数 Output( )实现的是数据的输出。函数 Output( )有两个参数：第一个参数是一个整型指针变量 p，用来接收数组的首地址；第二个参数是一个整型变量 n，用来接收数组的大小。在程序的执行过程中，主函数调用 Output( )，将 array 作为实参传递给形参 p，即 p=array，将 N 作为实参传递给形参 n，即 n=N；函数 Output( )在执行的过程中，从数组的第一个元素开始，依次输出每个元素。

运行结果如图 8-20 所示。

一般来说，数组名作函数参数时，有以下 4 种情况：

（1）实参与形参都用数组名。例如：

图 8-20　例 8-14 运行结果

```
int main()                       定义Output()函数：
{
    int array[10];               void Output(int p[ ],int n)
    ...                          {
    Output(array,10);                ...
    ...                          }
    return 0;
}
```

形参 int p[ ]表示 p 所指向对象的指针变量，int p[ ]等价于 int *p。

由于形参数组名接收了实参数组的首地址，因此可以理解在函数调用期间，形参数组与实参数组共用一段内存空间。

（2）实参用数组名，形参用指针变量。例如：

```
int  main()                      定义Output()函数：
{   int array[10];               void Output(int *p,int n)
    ...                          {
    Output(array,10);                ...
    ...                          }
    return 0;
}
```

函数开始执行时，p 指向 array[0]，即 p=&array[0]。通过 p 值的改变，可以指向数组 array 中的任一元素。

（3）实参与形参都用指针变量。例如：

```
int  main()                      定义Output()函数：
{
    int array[10],*ptr=array;    void Output(int *p,int n)
      ...                        {
     Output (ptr,10);            ...
        ...                      }
    return 0;
}
```

如果实参用指针变量，则这个指针变量必须有一个确定的值。先使实参指针变量 ptr 指向数组 array，ptr 的值是&array[0]，然后将 ptr 的值传给形参指针变量 p，p 的初始值也是&array[0]。通过 p 值的改变可以使 p 指向数组 array 的任一元素。

（4）实参用指针变量，形参用数组名。例如：

```
int main()                       定义Output()函数：
{
    int array[10],*ptr=array;    void Output(int p[],int n)
        ...                      {
    Output (ptr,10);             ...
        ...                      }
    return 0;
}
```

实参 ptr 为指针变量，它使指针变量 ptr 指向数组 array。形参为数组名 p，实际上将 p 作为指针变量处理，可以理解为形参数组 p 和 array 数组共用同一段内存单元。在函数执行过程中可以使 p[i]的值变化，而它也就是 array[i]。

实参数组名代表一个固定的地址，或者说是指针型常量，而形参数组并不是一个固定的值。作为指针变量，在函数调用时，它的值等与实参数组首地址，但在函数执行期间，它可以再被赋值。

【例 8-15】编程实现在一维数组 array[8] = { 168,158,64,109,172,122,152,191}中删除 152，要求使用函数实现该功能，并输出删除前后的数组。

分析：要在数组中删除某个元素，就是使用其后存储空间中的数据将该存储位置上的数据覆盖掉，然后依次使用后一数据将前一数据覆盖掉，直至到数组的最后一个数据。而后将数组的长度减 1。

源程序如下：

```c
#include <stdio.h>
#include <stdlib.h>
#define N 8

void Output(int *p,int n);
void delArray(int *p,int n,int x);

int main()
{
    int array[N]={ 168,158,64,109,172,122,152,191};

    printf("删除前: \n");
    Output(array,N);
    delArray(array,N,152);
    printf("删除后: \n");
    Output(array,N-1);

    system("pause");
    return 0;
}

void Output(int *p,int n)
{
    int *ptr ,i;

    for(ptr = p,i=0;ptr<p+n &&i<n;ptr++,i++)
    {
        printf("%5d",*ptr);
        if((i+1)%8==0)
            printf("\n");
    }
    printf("\n");
}

void delArray(int *p,int n,int x)
{
    int location=0;
    int *ptr ,i;
    for(ptr=p,i=0;ptr<p+n && i<n;ptr++,i++)
        if(*ptr==x)
            location=i;
```

```
    for(i=location;i<n-1;i++)
        *(p+i)=*(p+i+1);
}
```

运行结果如图 8-21 所示。

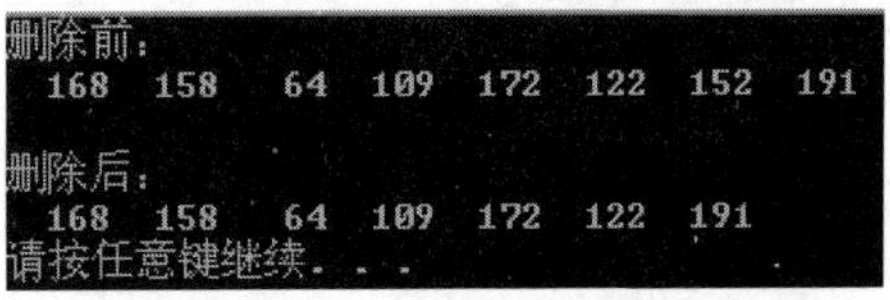

【**例 8-16**】设有一个具有 40 个整型数据的一维
数组 array，使用函数完成以下功能（每个功能要求使
用一个函数）：

（1）使用随机函数初始化该一维数组，要求数据
在[50,200]内。

图 8-21　例 8-15 运行结果

（2）每行输出 8 个数据。

（3）使用冒泡排序法对该数组进行排序，要求从大到小排序。并使用（2）进行输出。

（4）使用折半查找法查找该数组中是否存在 129，若存在 129 则在主函数中输出"存在要查
找的数据"，否则输出"不存在要查找的数据"。

源程序如下：

```
#include <stdio.h>
#include <stdlib.h>
#include <time.h>
#define N 40

void iniArray(int *p,int n);
void Output(int *p,int n);
void sortArray(int *p,int n);
int  binarySearch(int *p,int n,int x);

int main()
{
    int array[N];                      /*数组定义*/

    iniArray(array,N);                 /*数组初始化*/
    printf("\n 排序前的数组为:\n");
    Output(array,N);
    sortArray(array,N);                /*数组排序*/
    printf("\n 排序后的数组为:\n");
    Output(array,N);
    if(binarySearch(array,N,129))      /*使用折半查找法查找数组中是否存在某一给定数据 */
        printf("存在要查找的数据\n");
    else
        printf("不存在要查找的数据\n");
    printf("\n");

    system("pause");
    return 0;
}

void iniArray(int *p,int n)
{
    srand(time(NULL));
    int *ptr;
    for(ptr=p;ptr<p+n;ptr++)
        *ptr = rand()%(200-50+1)+50;
```

```
    }
void Output(int *p,int n)
{
    int *ptr ,i;

    for(int *ptr = p,i=0;ptr<p+n &&i<n;ptr++,i++)
    {
        printf("%5d",*ptr);
        if((i+1)%8==0)
            printf("\n");
    }
    printf("\n");
}

void sortArray(int *p,int n)
{
    int  i,*ptr,temp;

    for(i=0;i<N-1;i++)
        for(ptr=p;ptr<p+N-i-1;ptr++)
            if(*ptr>*(ptr+1))
            {
                temp=*ptr;
                *ptr=*(ptr+1);
                *(ptr+1)=temp;
            }

}
int  binarySearch(int *p,int n,int x)
{
    int bottom=0;              /*下界*/
    int top=n-1;               /*上界*/
    int mid;                   /*中间位置*/
    int flag=0;                /*用于标识待查找的数据是否找到，若找到则 flag 置为 1*/

    while(bottom<=top)
    {
        mid=(bottom+top)/2;
        if(*(p+mid)==x)
        {
            flag=1;
            break;
        }
        else if(*(p+mid)>x)
            top=mid-1;
             else
            bottom=mid+1;
    }

    return flag;
}
```

运行结果如图 8-22 所示。

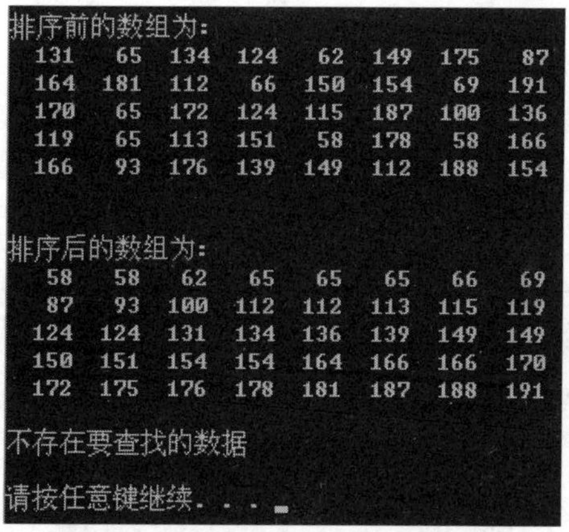

图 8-22　例 8-16 运行结果

8.3　二维数组的定义及使用

如果某个数组的维数不止一个，这个数组就称为多维数组。在多维数组中，二维数组是最常用的。本节将介绍二维数组的定义和使用方法。

8.3.1　二维数组的定义

二维数组的定义形式如下：

`类型说明符 数组名[常量表达式1][常量表达式2];`

同一维数组的定义方法一样，类型说明符是任一种基本数据类型或构造数据类型。数组名是用户定义的标识符，该标识符遵循用户自定义标识符的命名规则。方括号中的常量表达式为整型常量或者计算的结果为整型数值的表达式。常量表达式 1 设置二维数组的行数，常量表达式 2 设置二维数组的列数。

定义一个 2 行 3 列的整型数组 array，其定义如下：

```
#define R  2
#define C  3
int array[R][C];
```

数组 array 所具有的数据元素为：array[0][0]，array[0][1]，array[0][2]，array[1][0]，array[1][1]，array[1][2]。

由此可见，与一维数组一样，二维数组元素中的各维下标也都是从 0 开始的。

二维数组在内存中的存储形式有两种：以行序为主序和以列序为主序。以行序为主序的存储方式是按行存储，即按照第一行、第二行、……、第(R-1)行的顺序依次存储，以数组 array 为例，就是先存储第一行的 3 个元素 array[0][0]、array[0][1]、array[0][2]，然后再存储第二行的 3 个元素 array[1][0]、array[1][1]、array[1][2]，如图 8-23 所示。以列序为主序的存储方式是按列存储，即按照第一列、第二列、……、第(C-1)列的顺序依次存储，以数组 array 为例，就是先存储第一列的 2 个数组元素 array[0][0]、array[1][0]，第二列的 2 个数组元素 array[0][1]、array[1][1]，最后存储第三列的 2 个数组元素 array[0][2]、array[1][2]，如图 8-24 所示。在 C 语言中，二维数组在内存中的存储方式是以行序为主序的。

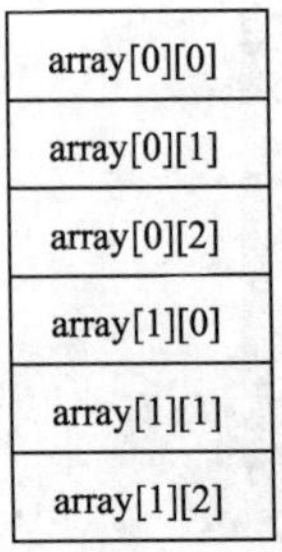

| array[0][0] |
| array[0][1] |
| array[0][2] |
| array[1][0] |
| array[1][1] |
| array[1][2] |

| array[0][0] |
| array[1][0] |
| array[0][1] |
| array[1][1] |
| array[0][2] |
| array[1][2] |

图 8-23　array 以行序为主序的存储方式 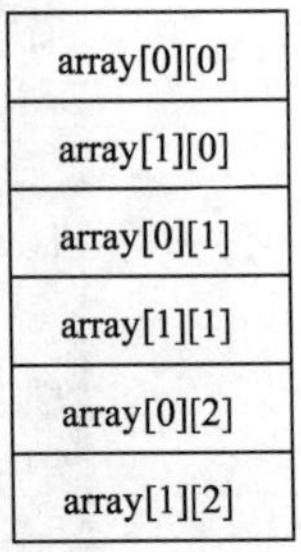　　图 8-24　array 以列序为主序的存储方式

8.3.2　二维数组元素的引用

同一维数组一样，二维数组也必须先定义再引用。只能逐个引用二维数组中的元素；不能一次引用二维数组中的全部元素。二维数组元素的引用形式为：

数组名[行下标][列下标]

说明：

（1）下标可以是整型常量或者是表达式。例如：

```
array[1][2],array[2-1][1*1]
```

（2）数组元素可以出现在表达式中，也可以被赋值。例如：

```
array[1][1]=100
array[1][2]==array[0][0]/4;
```

（3）在引用数组元素时，注意下标值必须在定义的数组大小范围内。例如：

```
int matrix[4][5];
```

在引用时，若使用了 matrix[4][5] = 88;则该引用超越了数组的定义范围，即出现了越界访问。这是因为无论是行下标还是列下标都是从 0 开始的，所以行下标的取值为 0、1、2、3，而列下标的取值为 0、1、2、3、4。因此在 matrix[4][5] = 88;中无论是行下标还是列下标都超出了合理的取值范围，即出现了越界。

> 注意：区分定义数组时用的 int matrix[4][5];和引用数组元素时用的 matrix[4][5]，定义数组 matrix[4][5]时用的 4 和 5 是来定义数组的行的大小和列的大小；而引用数组元素 matrix[4][5] 时的 4 和 5 指的是该数组元素所在的数组中的行和列的值。

8.3.3　二维数组的初始化

二维数组在定义时可以在类型说明符前面使用关键字 static 修饰，使该数组成为静态存储的数组，此时数组中的每个元素的初始值均为 0。如果在定义二维数组时没有全部初始化数组中的元素，则没有被初始化的数组元素被赋值为 0。在二维数组初始化时通常使用以下两种方法。

1. 使用初始化列表

编写初始化列表有两种形式。第一种是给出一个长长的初始值列表，例如：

```
int matrix[2][3] ={1,2,3,4,5,6};
```

二维数组的存储顺序是根据最右侧的下标率先变化的原则确定的，所以这条初始化语句等价于下列赋值语句：

```
matrix[0][0] = 1;  matrix[0][1] = 2;  matrix[0][2] = 3;
matrix[1][0] = 4;  matrix[1][1] = 5;  matrix[1][2] = 6;
```

第二种方法是基于二维数组实际上是复杂元素的一维数组这个概念。例如：

```
int two_dim[4][3];
```

可以把 two_dim 看作包含 4 个元素的一维数组。为了初始化这个包含 4 个元素的一维数组，使用一个包含 4 个初始值的初始化列表：

```
int two_dim[4][3]={■,■,■,■};
```

但是，该数组的每个元素实际上都是包含 3 个元素的整型数组，所以每个■的初始化列表都应该是一个由一对花括号包围的 3 个整型值，将■使用这类列表替换，产生如下代码：

```
int two_dim[4][3]={  {0,1,2},
                     {3,4,5},
                     {6,7,8},
                     {9,10,11}  };
```

如果没有花括号，只能在初始化列表中省略最后几个初始值。使用这种方法可以为二维数组中的部分数组元素赋值，每个子初始列表都可以省略尾部的几个初始值，同时每一维初始列表各自都是一个初始化列表。例如：

```
int two_dim[4][3]={  {0,1},
                     {3},
                     {},
                     {9,10,11}  };
```

等价于下列赋值语句：

```
two_dim[0][0] = 0;  two_dim[0][1] = 1;  two_dim[0][2] = 0;
two_dim[1][0] = 3;  two_dim[1][1] = 0;  two_dim[1][2] = 0;
two_dim[2][0] = 0;  two_dim[2][1] = 0;  two_dim[2][2] = 0;
two_dim[3][0] = 9;  two_dim[3][1] = 10; two_dim[3][2] = 11;
```

2. 自动计算数组长度

在二维数组中，只有第一维能根据初始化列表省略，第二维必须显式地写出，这样编译器就能推断出第一维的长度。例如：

```
int two_dim[][3]={  {0,1},
                    {3},
                    {},
                    {9,10,11}  };
```

编译器只要统计初始化列表中所包含的初始值的个数，就能推断出第一维的长度。

因此在初始化二维数组时，当为全部数组元素赋初值时，说明语句中可以省略第一维的长度说明（但方括号不能省略）。例如，下列两个语句是等价的：

```
int array[2][3]={1,2,3,4,5,6};
int array[ ][3]={1,2,3,4,5,6};
```

在分行赋初值时也可以省略第一维的长度说明。例如，下列两个语句是等价的：

```
int array[3][3]={{1,2},{},{7}};
int array[ ][3]={{1,2},{},{7}};
```

除了使用上述两种方法，还可以使用输入函数 scanf( )为每个数组元素赋值。

【例 8-17】现有 3 行 5 列的二维整型数组 matrix，每个数组元素是其行坐标与列坐标的平方和，编程将该二维数组输出，要求输出的也是 3 行 5 列。

分析：由于该题目的每个数组元素有一定的规律，因此可以使用循环结构实现，输出时要在每行输出结束的时候换行。

源程序如下：

```
#include <stdio.h>
#include <stdlib.h>
#define R 3
#define C 5

int main()
{
    int matrix[R][C];                /*定义一个二维数组*/
    int i,j;

    for(i=0;i<R;i++)                 /*控制行*/
        for(j=0;j<C;j++)             /*控制列*/
            matrix[i][j] = i*i+j*j;

    /* 以下双重循环用于输出该二维数组 */
    for(i=0;i<R;i++)
    {
        for(j=0;j<C;j++)
            printf("%5d",matrix[i][j]);
        printf("\n");
    }
    printf("\n");

    system("pause");
    return 0;
}
```

运行结果如图 8-25 所示。

8.3.4　二维数组应用举例

【例 8-18】已知一个二维整型数 matrix[3][4]={21,32,43,56,12,89,76,70,234,30,54,88}，求该二维数组中的最大值以及最大值所在的行号和列号。

图 8-25　例 8-17 运行结果

分析：对于求二维数组的最大值问题，一般的解决方案是以该数组的第一个数组元素为最大值变量的初始值，然后依次与每个数组元素进行比较，如果比最大值变量大，则更改最大值变量，并记录下所在的行号和列号，直至比较完所有的数组元素。该方法也适用于求二维数组的最小值问题。

源程序如下：

```
#include <stdio.h>
#include <stdlib.h>
#define R 3
```

```
#define C 4

int main()
{
    int i,j,row=0,colum=0,max;
    int matrix[R][C]={21,32,43,56,12,89,76,70,234,30,54,88};

    max=matrix[0][0];                      /*把第一个元素的值给 max*/
    for(i=0;i<R;i++)                       /*for 循环次数控制行*/
        for(j=0;j<C;j++)                   /*for 循环次数控制列*/
            if(matrix[i][j]>max)           /*循环一次，数组元素的值与 max 比较*/
            {
                max=matrix[i][j];          /*比较后的大数给 max */
                row=i;                     /*把当时比较后大的元素的行给 row*/
                colum=j;                   /*把当时比较后大的元素列给 colum*/
            }
    printf("max=%d\nrow=%d\ncolum=%d\n",max,row,colum);

    system("pause");
    return 0;
}
```

运行结果如图 8-26 所示。

【例 8-19】编程实现求两个矩阵的乘积矩阵 $C=A \times B$，已

知：$A=\begin{Bmatrix} 2\ 4\ 6\ 8 \\ 1\ 3\ 6\ 5 \end{Bmatrix}$，$B=\begin{Bmatrix} 1 & 2 & 3 \\ 4 & 5 & 6 \\ 7 & 8 & 9 \\ 10 & 11 & 12 \end{Bmatrix}$，求矩阵 C。

图 8-26 例 8-18 运行结果

分析：线性代数中的矩阵就是 C 语言中的二维数组，因此要想实现两个矩阵的乘积就必须满足第一个矩阵的列数与第二个矩阵的行数相等，然后使用线性代数中的矩阵乘法法则进行编程实现。

源程序如下：

```
#include <stdio.h>
#include <stdlib.h>

#define L 2
#define M 4
#define N 3

int  main()
{
    int i,j,k,C[2][3];
    int A[L][M]={2,4,6,8,1,3,6,5};
    int B[M][N]={1,2,3,4,5,6,7,8,9,10,11,12};
    for(i=0;i<L;i++)                       /*矩阵相乘，外 for 循环 2 次表示行*/
        for(j=0;j<N;j++)                   /*内循环 3 次表示每行几列*/
        {
            C[i][j]=0;
            for(k=0;k<M;k=k+1)
                C[i][j]=C[i][j]+A[i][k]*B[k][j];   /*求某一项的值*/
```

```
            }
        for(i=0;i<L;i=i+1)                          /*输出每个新的数组元素*/
        {
            for(j=0;j<N;j=j+1)
                printf("%6d",C[i][j]);
            printf("\n");
        }

        system("pause");
        return 0;
}
```

运行结果如图 8-27 所示。

【例 8-20】将一个二维数组行和列元素互换，存到另一个二维数组中。

分析：对于二维数组行列互换的问题，实际上是再次定义一个二维数组，新二维数组的行数是原数组的列数，新二维数组的列数是原二维数组的行数，然后再使用循环结构根据新、老数组的关系进行处理。

```
140    160    180
105    120    135
请按任意键继续. . .
```

图 8-27　例 8-19 运行结果

源程序如下：

```
#include <stdio.h>
#include <stdlib.h>
#define R 2
#define C 3

int main()
{
    int array[R][C]={{1,2,3},{4,5,6}};
    int matrix[C][R],i,j;

    printf("array:\n");
    for(i=0;i<R;i++)
    {
        for(j=0;j<C;j++)
        {
            printf("%5d",array[i][j]);
            matrix[j][i]=array[i][j];
        }
        printf("\n");
    }
    printf("matrix:\n");
    for(i=0;i<C;i++)
    {
        for(j=0;j<R;j++)
            printf("%5d",matrix[i][j]);
        printf("\n");
    }

    system("pause");
    return 0;
}
```

```
array:
    1    2    3
    4    5    6
matrix:
    1    4
    2    5
    3    6
请按任意键继续. . .
```

图 8-28　例 8-20 运行结果

运行结果如图 8-28 所示。

8.4　二维数组与指针运算

8.4.1　二维数组的数组名

一维数组的数组名是一个指针常量，它的类型是"指向元素类型的指针"，它指向数组的第一个元素。二维数组的数组名与此类似，只是二维数组的第一维的元素实际上是另一个数组。例如：

```
int matrix[3][4];
```

该语句创建了 matrix，matrix 可以看作一个一维数组，包含了 3 个元素，每个元素恰好是包含 4 个整型元素的数组。matrix 这个名字的值是一个指向它的第一个元素的指针，因此 matrix 是一个指向包含 4 个整型元素的数组的指针。

8.4.2　二维数组的下标与指针

如果要标识一个二维数组中的某个数组元素，必须按照与数组声明时相同的顺序为每一维提供一个下标，而且每一个下标都必须位于一对方括号内，在下面的定义中；

```
int matrix[3][4];
```

表达式 matrix[1][2]访问图 8-29 所示的加粗矩形所代表的数组元素。但是，下标引用实际上只是间接访问表达式的一种伪装形式，即使在二维数组中也是如此。matrix 的类型实际上是"指向包含 4 个整型元素的数组的指针"，它的值是指向包含 4 个整型元素的第一个子数组，如图 8-30 所示。

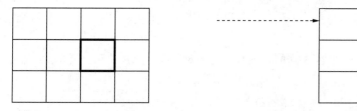

图 8-29　matrix 示意图　　　　　图 8-30　matrix 值的示意图

matrix+1 也是一个"指向包含 4 个整型元素的数组的指针"，但是它指向 matrix 的另一行，如图 8-31 所示。这是因为 1 这个值根据包含 4 个整型元素的数组的长度进行调整，所以它指向 matrix 的下一行。如果对其执行间接访问操作，就是图 8-32 中随箭头选择的这个子数组。

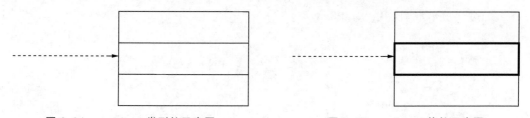

图 8-31　matrix+1 类型的示意图　　　　　图 8-32　matrix+1 值的示意图

表达式*(matrix+1)实际上标识了一个包含 4 个整型元素的子数组。数组名的值是一个常量指针，它指向数组的第一个元素，在这个表达式中也是如此。它的类型是"指向整型的指针"，现在可以在下一维的上下文环境中显示它的值，如图 8-33 所示.

表达式*(matrix+1)+2 的前一部分是一个指向整型值的指针，因此 2 这个值是根据整型的长度进行调整。表达式的结果是一个指针，它指向的位置比*(matrix+1)所指向的位置向后移动了 2 个整型元素，如图 8-34 所示。

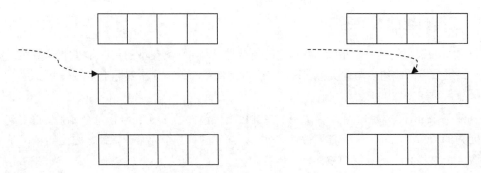

图 8-33 matrix+1 类型在上下文环境中的示意图   图 8-34 *(matrix+1)+2 指向的示意图

对其执行间接访问操作：*(*(matrix+1)+2)，它所访问的正是图 8-34 中箭头所指的元素。将*(matrix+1)改写为 matrix[1]，将这个下标表达式代入原先的式子，得到*(matrix[1]+2)，这个表达式是完全合法的，matrix[1]是一个子数组，它的类型是一个指向整型的指针，对这个指针再加上 2，然后执行间接访问操作。当再次使用下标代替间接访问，这个表达式就写成了 matrix[1][2]。

上述过程说明了二维数组中下标引用是如何工作的，以及它们是如何依赖于指向数组的指针的。下标是从左到右进行计算的。数组名是一个指向第一维第一个元素的指针，所以第一个下标值根据该元素的长度进行调整。它的结果是一个指向所需元素的指针。间接访问操作随后选择那个特定的元素。由于该元素本身是一个数组，所以这个表达式的类型是一个指向下一维第一个元素的指针。

【例 8-21】编程实现求 3 行 3 列的二维数组的主对角线上元素的和，要求对二维数组的数组元素使用间接访问操作。

源程序如下：

```c
#include <stdio.h>
#include <stdlib.h>
#define N 3

int main()
{
    int matrix[N][N] = {1,2,4,8,16,32,64,128,256};
    int i,j;
    int sum=0;
    for(i=0;i<N;i++)
        for(j=0;j<N;j++)
            if(i==j)
                sum+=*(*(matrix+i)+j);
    printf("sum = %d\n",sum);

    system("pause");
    return 0;
}
```

运行结果如图 8-35 所示。

```
sum = 273
请按任意键继续. . .
```

图 8-35 例 8-21 运行结果

8.4.3 作为函数参数的二维数组的数组名

作为函数参数的二维数组名的传递方式和一维数组名相同，实际传递的是指向数组第一个元素的指针。两者的区别在于：二维数组的每个元素本身是另一个数组，编译器需要知道它的维数，一般为函数形参的下标表达式进行求值。下面的例子说明了它们之间的区别：

```
int array[10];
…
function1(array);
```

参数 array 的类型是指向整型的指针，所以 function1( )的原型可以是下面两种中的任何一种：

```
void function1(int p[ ]);
void function1(int *p);
```

作用于 p 上面的指针运算把整型的长度作为它的调整因子。

现在来看二维数组：

```
int matrix[3][4];
…
function2(matrix);
```

参数 matrix 的类型是指向包含 4 个整型元素的数组的指针，那么 function2( )的原型应该是怎么的呢？我们可以使用下面两种形式中的任何一种：

```
void function2(int (*mat)[4]);
void function2(int mat[][4]);
```

在这个函数中，mat 的第一个下标根据包含 4 个元素的整型数组的长度进行调整，接着第二个下标根据整型的长度进行调整，这和原先的 matrix 数组一样。

这里的关键在于编译器必须知道第二维的长度才能对各下标进行求值，因此在原型中必须声明第二维的长度。

在编写一维数组形参函数原型时，既可以把它写成数组的形式，也可以把它写成指针的形式。但是对于二维数组，只有第一维可以如此选择。把 function2( )写成下面这样是不正确的：

```
void function2(int **mat);
```

这是因为这个声明把 mat 声明为一个指向整型指针的指针，它和指向整型数组的指针不是一回事。

（1）用二维数组的数组名作为函数的形参或者实参进行数组元素的地址传递。

【例 8-22】编写一个通用函数，求 N 行 N 列的二维数组中所有元素的平均值，主函数中使用 matrix[4][4]={12,20,32,42,54,78,89,69,20,5,6,8,10,48,72,66}进行调用。

源程序如下：

```
#include <stdio.h>
#include <stdlib.h>
#define N 4

double avg2D(int mat[][N]);

int main()
{
    int matrix[N][N]={12,20,32,42,54,78,89,69,20,5,6,8,10,48,72,66};
    int i,j;
    for(i=0;i<N;i++)
    {
```

```
            for(j=0;j<N;j++)
                printf("%4d",*(*(matrix+i)+j));
            printf("\n");
        }
        printf("\n该二维数组的平均值是:%.2f\n",avg2D(matrix));

        system("pause");
        return 0;
    }

    double avg2D(int mat[][N])
    {
        double sum = 0;
        int i,j;
        for(i=0;i<N;i++)
            for(j=0;j<N;j++)
                sum+=mat[i][j];
        double avg = sum/(N*N);

        return avg;
    }
```

运行结果如图 8-36 所示。

（2）用行指针变量作为函数的参数。

二维数组可以看成由多个一维数组构成的，即每行是一个一维数组，行指针就是指向一行数组元素的起始地址。例如：

```
int array[4][4],(*p)[4];
p=a;
```

图 8-36　例 8-22 运行结果

p 表示一个指向一维数组的行指针变量，p++表示指向下一行的起始地址，即指针变量 p 的增值为行元素的长度。

【例 8-23】编写一个通用函数，求 N 行 N 列的二维数组中所有元素的最小值，主函数中使用 matrix[4][4]={12,20,32,42,54,78,89,69,20,5,6,8,10,48,72,66}进行调用。

```
#include <stdio.h>
#include <stdlib.h>
#define N 4

int max2D(int (*p)[N]);

int main()
{
    int matrix[N][N]={12,20,32,42,54,78,89,69,20,5,6,8,10,48,72,66};
    int i,j;
    for(i=0;i<N;i++)
    {
        for(j=0;j<N;j++)
            printf("%4d",*(*(matrix+i)+j));
        printf("\n");
    }
    printf("\n该二维数组的最大值是:%d\n",max2D(matrix));

    system("pause");
```

```
    return 0;
}

int max2D(int (*p)[N])
{
    int max=**p;
    int i,j;
    for(i=0;i<N;i++)
        for(j=0;j<N;j++)
            if(*(*(p+i)+j)>max)
                max = *(*(p+i)+j);

    return max;
}
```

运行结果如图 8-37 所示。

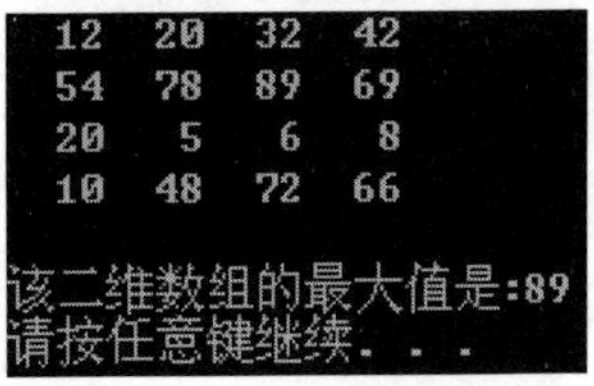

（3）以二维数组的第一个元素的地址为实参，形参使用指针形式。在语言 C 中，可以以二维数组的第一个元素的地址为基准，依次确定每个数组元素的存储位置。假设 R 行 C 列的二维数组 array，则数组元素 array[i][j]（0≤i≤R-1,0≤j≤C-1），以该数组第一个元素的地址为基准，其存储地址为 array[0]+C*i+j，通过间接访问操作，array[i][j] 可以表示为*(array[0]+C*i+j)。

图 8-37　例 8-23 运行结果

【例 8-24】编写一个通用函数，该函数可以实现求数值型二维数组的上三角各元素的平方根的和（即先对上三角各元素求平方根，然后再对平方根求和）。编写主程序调用该函数，计算数组 A 的上三角元素的平方根的和（结果保留 2 位小数）。

上三角是指二维数组中的左上部分（包含对角线元素），如以下二维数组中的 0 元素区域。

```
0   0   0   0   0
0   0   0   0   7
0   0   0   3   8
0   0   5   9   3
0   2   4   6   7
```

数组 A 的数据如下：

```
32  45  56  77  30
34  74  85  54  87
56  15  36  89  67
10  54  83  12  59
98  87  74  48  62
```

源程序如下：

```
#include <stdio.h>
#include <stdlib.h>
#include <math.h>

#define R 5
#define C 5

double calculation(double *p,int r,int c);
int main()
{
    double a[5][5]={32, 45, 56, 77 , 30,
                    34, 74 , 85 , 54 , 87,
```

```
                            56,  15 ,  36 ,  89 ,  67,
                            10 ,  54 ,  83 ,  12,  59,
                            98 ,  87 ,  74 ,  48,  62};
    printf("%.2f\n",calculation(a[0],R,C));

    system("pause");
    return 0;
}

double calculation(double *p,int r,int c)
{
    double sum = 0;
    for(int i=0;i<r;i++)
        for(int j=0;j<r-i;j++)
            sum+=sqrt(*(p+c*i+j));

    return sum;
}
```

运行结果如图 8-38 所示。

【例 8-25】编写一个函数，求任意二维数组中最大和最小两个元素的平方根之和。通过调用该函数计算并输出 PA-PB 的值（保留 2 位小数）；其中 PA 为数组 A 中最大和最小两个元素的平方根的和，PB 为数组 B 中最大和最小两个元素的平方根的和。两个数组的数据分别如下：

```
102.87
请按任意键继续. . .
```

图 8-38　例 8-24 运行结果

数组 A：

```
11,33,56,67,25,45
45,43,54,69,89,66
96,73,68,79,86,91
```

数组 B：

```
23,45,56
34,74,85
56,98,56
98,54,83
33,87,74
```

源程序如下：

```
#include <stdio.h>
#include <stdlib.h>
#include <math.h>

double conditionSum(int *p,int r,int c);

int main()
{
    int arrayA[3][6]={11,33,56,67,25,45,
                      45,43,54,69,89,66,
                      96,73,68,79,86,91,
                      };
    int arrayB[5][3]={23,45,56,
                      34,74,85,
                      56,98,56,
                      98,54,83,
                      33,87,74};
```

```
    double PA = conditionSum(arrayA[0],3,6);
    double PB = conditionSum(arrayB[0],5,3);
    printf("%.2f\n",PA-PB);

    system("pause");
    return 0;
}

double conditionSum(int *p,int r,int c)
{
    int min=*p,max=*p;
    double sum=0;
    for(int i=0;i<r;i++)
        for(int j=0;j<c;j++)
        {
            if(min>*(p+c*i+j))
                min = *(p+c*i+j);
            if(max<*(p+c*i+j))
                max = *(p+c*i+j);
        }
    sum = pow(min,1.0/2)+pow(max,1.0/2);

    return sum;
}
```

运行结果如图 8-39 所示。

```
-1.58
请按任意键继续...
```

图 8-39　例 8-25 运行结果

8.5　使用内存动态分配实现动态数组

　　程序中需要使用各种变量来保存被处理的数据和各种状态信息，变量在使用前必须先被定义且分配存储空间（包括内存地址、起始地址和存储单元大小）。C 语言里的全局变量、静态局部变量的存储是在编译时确定的，其存储空间的实际分配在程序开始执行前就完成了。对于局部自动变量，在执行进入变量定义所在的函数或者符合语句时为它们分配存储单元，这种变量的大小也是静态确定的。

　　以静态方式安排存储的好处主要是实现比较方便，效率高，程序执行过程中需要做的事情比较简单。但这种做法也有局限性：某些问题不好解决。比如输入一些数据求其平均值，每次输入的数据个数可能都不一样，可能的办法是先定义一个很大的数组，以确保输入的数据个数不超过数组所能容纳的范围。但也有可能超出这个很大的数组范围，或者使用过少造成存储空间的浪费和降低程序执行效率。

　　通常情况下，运行中的很多存储要求在编写程序时无法确定，因此需要一种机制，可以根据运行时的实际存储需要分配适当的存储空间，用于存放那些在程序运行中才能确定存储大小的数据。C 语言提供了动态存储管理机制，允许程序动态申请和释放存储空间。

　　在 C 语言中有两种方法使用内存：一种是由编译系统分配的内存区；另一种是用内存动态分配方式，留给程序动态分配的存储空间。动态分配的存储空间在用户的程序之外，即不是由编译系统分配的，而是由用户在程序中通过动态分配获取的。使用动态内存分配能有效地使用内存，而且同一段内存可以有不同的用途，使用时申请，使用完释放。

8.5.1　动态内存分配的步骤

（1）了解需要多少内存空间。
（2）利用 C 语言提供的动态分配函数来分配所需要的内存空间。
（3）使指针指向获得的存储空间，以便用指针在该空间内实施运算或操作。
（4）使用完毕所分配的内存空间后，释放这一空间。

8.5.2　动态内存分配函数

在进行动态存储空间分配的操作中，C 语言提供了一组标准函数，定义在 stdlib.h 中。
（1）动态存储分配函数 malloc( )
函数原型：

```
void *malloc(unsigned size)
```

功能：在内存的动态存储区中分配一个连续空间，其长度为 size。如果申请成功，则返回一个指向所分配内存空间的起始地址的指针，否则返回 NULL（值为 0）。函数 malloc( )的返回值为(void *)类型（这是通用指针的一个重要用途）。在具体的使用中，将函数 malloc( )的返回值转换到特定指针类型，赋值给一个指针。

调用形式：(类型说明符*) malloc (size);

"类型说明符"表示把该区域用于何种数据类型；(类型说明符*)表示把返回值强制转换为该类型指针；"size"是一个无符号数。例如，pc=(char *) malloc (100); 表示分配 100 个字节的内存空间，并强制转换为字符数组类型，函数的返回值为指向该字符数组的指针，把该指针赋予指针变量 pc。通常采用以下方式调用该函数：

```
int size=50;
int *p=(int *)malloc(size*sizeof(int));
if(p==NULL)
{
    printf("Not enough space to allocate!\n");
    exit(1);
}
```

在调用函数 malloc( )时，最好利用运算符 sizeof( )来计算存储块的大小，而不要直接写整数，因为不同运行环境的数据类型所占存储空间大小可能不相同。每次动态分配都必须检查是否成功，并考虑意外情况的处理。此外，虽然这里存储空间是动态分配的，但它的大小在分配后也是确定的，请注意不要越界使用。

函数 exit( )包含于头文件 stdlib.h 中，其功能是关闭所有文件，终止正在执行的进程。exit(0)表示正常退出，exit(x)（x 不为 0）都表示异常退出，这个 x 是返回给操作系统的，以供其他程序使用。在上述程序段中，因没有足够的分配空间导致程序无法正常执行，属于异常，因此使用 exit(1)。

【例 8-26】从键盘输入 n 个整数，求这 n 个数中大于平均值的个数。

分析：从键盘输入整数的个数不确定，因此不能使用一维数组求解此类问题。此时可以使用动态分配的方式，先为要输入的这 n 个整数分配足够的存储空间，然后再按照一维数组的方式求解大于平均值的个数。

源程序如下：

```c
#include <stdio.h>
#include <stdlib.h>

int main()
{
    int n;
    printf("请输入所要输入整数的个数: \n");
    scanf("%d",&n);
    int *p=(int *)malloc(n*sizeof(int));
    if(p==NULL)
    {
        printf("Not enough space to allocate!\n");
        exit(1);
    }
    int i,sum=0;
    for(i=0;i<n;i++)
    {
        printf("请输入第%d个整数:\t",i+1);
        scanf("%d",p+i);
        sum+=*(p+i);
    }
    printf("\n");

    int cnt=0;
    double avg=(double)sum/n;
    for(i=0;i<n;i++)
    {
        printf("%d\t",*(p+i));
        if(*(p+i)>avg)
            cnt++;
    }
    printf("\n");
    printf("这%d个数的平均值是: %.2f\n",n,avg);
    printf("大于平均值整数的个数是: %d\n",cnt);
    free(p);

    system("pause");
    return 0;
}
```

运行结果如图 8-40 所示。

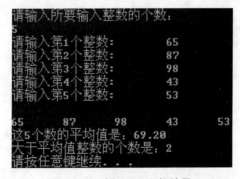

图 8-40　例 8-26 运行结果

（2）分配调整函数 realloc( )

函数原型：

```
void *realloc(void *ptr,unsigned size)
```

功能：更改以前的存储分配空间。ptr 必须是以前通过动态存储分配得到的指针，参数 size 为现在需要的存储空间的大小。如果调整失败，则返回 NULL，同时原来 ptr 指向存储空间的内容不变。如果调整成功，则返回一片能存储大小为 size 的存储空间，并保证该空间的内容与原存储空间一致。如果 size 小于原存储空间的大小，则内容为原存储空间前 size 范围内的数据；如果新存储空间更大，将原有数据从头到尾复制到新分配的内存区域，而后释放原来 ptr 所指内存区域（原来指针是自动释放，不需要使用 free( )），同时返回新分配的内存区域的首地址，即重新分配存储器块的地址。如果分配成功，原存储空间的内容就可能改变，因此不允许再通过 ptr 使用它。

（3）动态存储释放函数 free( )

函数原型：

```
void free(void *ptr)
```

功能：释放 ptr 所指向的一块内存空间，ptr 是一个任意类型的指针变量，它指向被释放区域的首地址。被释放区应是由 malloc( )函数所分配的区域。调用形式为：free(ptr);

（4）计数动态存储分配函数 calloc( )

函数原型：

```
void *calloc(unsigned n,unsigned size)
```

功能：在内存的动态存储空间中分配 n 个连续空间，每个存储空间的长度为 size，并且在分配后把存储空间全部初始化为 0 值。如果申请成功，则返回一个指向被分配存储空间的起始地址的指针，否则返回 NULL（值为 0）。

【例 8-27】有集合 array1={12,45,69,7,10}，现要将数据 100 追加到该集合中，编程实现该过程。输出追加前后集合中的数据。

分析：在为 array1 分配空间的时候可以使用 malloc( )进行分配，以便为其使用 realloc( )进行扩充。

源程序如下：

```
#include <stdio.h>
#include <stdlib.h>
#define N 5

int main()
{
    int *array1=(int *)malloc(N*sizeof(int));
    if(array1==NULL)
    {
        printf("Not enough space to allocate!\n");
        exit(1);
    }
    int i;
    *(array1)=12;
    *(array1+1)=45;
    *(array1+2)=69;
    *(array1+3)=7;
    *(array1+4)=10;
```

```
    printf("追加前的集合 array1: \n");
    for(i=0;i<N;i++)
        printf("%5d",*(array1+i));
    printf("\n");
    int *p=(int *)realloc(array1,(N+1)*sizeof(int));
    if(p==NULL)
    {
        printf("Not enough space to allocate!\n");
        exit(1);
    }
    *(p+N)=100;

    printf("追加后的集合 array1: \n");
    for(i=0;i<=N;i++)
        printf("%5d",*(p+i));
    printf("\n");
    free(p);

    system("pause");
    return 0;
}
```

运行结果如图 8-41 所示。

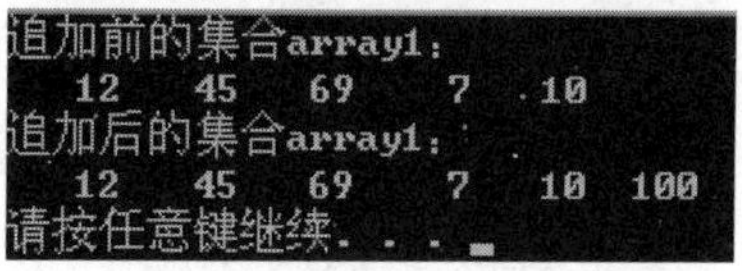

图 8-41 例 8-27 运行结果

8.6 本章常见错误及解决方法

（1）没有理解数组元素的下标是从 0 开始的，造成数组元素使用的错误。例如：

```
int array[5];
for(int i=1;i<=5;i++)
    array[i]=i*i;
```

解决方法：牢记在 C 语言中，数组的下标是从 0 开始，并准确理解下标的含义是以数组的第一个元素为基准偏移了多少个数组元素达到所要使用的数组元素。

（2）在定义数组是没有整体初始化，而在定义之后初始化。例如：

```
int array[5];
array[5]={1,2,3,4,5};
```

这种错误产生的原因在于定义时数组名后方括号中的数据表示数组的大小，而在其他地方数组名后方括号中的数据仅为数组的下标。解决方法：牢记数组在定义时可以整体初始化，除此之外只能逐一赋值。

（3）越界使用数组元素。例如：

```
int array[5];
for(int i=0;i<=5;i++)
    array[i]=i*i;
```

虽然这在编译过程中并不出现任何错误信息或者警告信息，但是数组元素的下标是从 0 开始的，数组元素下标的最大值是 4。解决方法：这种错误是最不容易发现的，因此在编写程序时就要养成时刻关注数组下标的习惯，并牢记数组下标的最大值是数组长度减去 1。

（4）数组元素没有初始化就使用其值。例如：

```
int array[5];
for(int i=0;i<5;i++)
    printf("%5d",array[i]);
```

数组元素在本质上也是变量，因此在使用前也要注意是否有值。解决方法：在数组元素输出异常时，先考虑是否对数组元素进行了赋值操作。

（5）对一维数组的数组名进行赋值操作。例如：

```
int array[3]={1,2,3};
int *p=array;
…
array=p;
```

错误的原因在于没有搞清楚一维数组的数组名的含义。解决方法：对于数组名只能作为常量使用，不能对其进行赋值操作。

（6）函数参数类型不匹配。例如：

```
int main()
{
    int matrix[2][2]={1,2,3,4};
    …
    func(matrix);
    …
}
void func(int ** mat)
{ …}
```

错误的原因在于没有理解二维数组的数组名的含义。func( )函数实现部分把 mat 说明为一个执行整型指针的指针，它和指向整型数组的指针不是一回事。解决方法：准确理解二维数组的数组名的含义。

（7）使用数组名作为 realloc( )的参数。例如：

```
int array[3]={1,2,3};
…
int *p=(int *)realloc(array,(3+10)*sizeof(int));
```

错误的原因在于没有理解 realloc( )函数的参数要求。解决方法：realloc( )的第一个参数只能使用指向由函数 malloc( )所动态分配的存储空间的指针。

8.7 本 章 小 结

本章主要介绍了一维数组和二维数组的定义、数组元素的初始化和赋值、数组元素的引用、数组名作为函数参数的使用方法和使用内存动态分配实现动态数组。

一维数组的定义为：

```
类型说明符 数组名 [常量表达式];
```

一维数组元素的引用为：

```
数组名[下标];
```

一维数组的初始化方法主要有以下 5 种：一般初始化操作；不完整的初始化操作；自动计算数组长度；静态存储的数组的自动初始化操作；利用输入函数逐个输入数组中的各个元素。

一维数组的数组名的值是一个指针常量，也就是数组中第一个数组元素的地址。

作为函数参数的一维数组的数组名使用方法有以下 4 种：实参与形参都用数组名；实参用数组名，形参用指针变量；实参与形参都用指针变量；实参用指针变量，形参用数组名。

二维数组的定义形式如下：

类型说明符 数组名[常量表达式1][常量表达式2]；

二维数组元素的引用形式如下：

数组名[行下标][列下标]

二维数组的初始化主要有以下两种：使用初始化列表；自动计算数组长度。

二维数组的数组名是一个指向数组的指针。

作为函数参数的二维数组的数组名主要有以下三种方法：用二维数组的数组名作为函数的形参或者实参进行数组元素的地址传递；用行指针变量作为函数的参数；以二维数组的第一个元素的地址为实参，形参使用指针形式。

在进行动态存储空间分配的操作中，C 语言提供了一组标准函数，定义在 stdlib.h 中。主要有以下 4 个：动态存储分配函数 malloc( )；分配调整函数 realloc( )；动态存储释放函数 free( )；计数动态存储分配函数 calloc( )。

习　　题

一、选择题

1. 在 C 语言中,引用数组元素时,其数组下标的数据类型允许的是 (　　　)。

  A. 整型常量   B. 整型表达式

  C. 整型常量或整型表达式   D. 任何类型的表达式

2. 以下对一维整型数组 a 的说法正确的是 (　　　)。

  A. int a(10);   B. int n=10,a[n];

  C. int n;scanf("%d",&n);int a[n];   D. #define SIZE 10

                    int a[SIZE];

3. 若有说明: int a[10];，则对 a 数组元素的正确引用是 (　　　)。

  A. a[10]   B. a[3.5]   C. a(5)   D. a[10-10]

4. 以下能对二维数组 a 正确初始化的语句是 (　　　)。

  A. int a[2][ ]={{1,0,1},{5,2,3}};   B. int a[ ][3]={{1,2,3},{4,5,6}};

  C. int a[2][4]={{1,2,3},{4,5},{6}};   D. int a[ ][3]={{1,0,1},{ },{1,1}};

5. 若二维数组 a 有 m 列，则计算任意元素 a[i][j]在数组中位置的分式为 (　　　)。

  A. i*m+j   B. j*m+i   C. i*m+j-1   D. i*m+j+1

6. 下面程序有错误的行是 (　　　)。

```
#include <stdio.h>
#include <stdlib.h>
1 int main( )
2 {
3    int a[3]={1};
4    int I;
```

```
5      scanf("%d",&a);
6      for(I=1;I<3;I++) a[0]=a[0]+a[1];
7      printf("a[0]=%d\n",a[0]);
8      system("pause");
9      return 0;
10 }
```

　　A. 3　　　　　　　　B. 6　　　　　　　　C. 7　　　　　　　　D. 5

7. 已有以下数组定义和 f( )函数调用的语句，则在 f( )函数的说明中，对形参数组 array 的错误定义方式为 (　　　)。

```
int a[3][4]; f(a);
```

　　A. f(int array[][6])　　　　　　　　　　B. f(int array[3][])

　　C. f(int array[][4])　　　　　　　　　　D. f(int array[2][5])

8. 若使用一维数组名作函数实参，则以下说法正确的是 (　　　)。

　　A. 必须在主调函数中说明此数组的大小

　　B. 实参数组类型与形参数组类型可以不匹配

　　C. 在被调函数中不需要考虑形参数组的大小

　　D. 实参数组名与形参数组名必须一致

二、程序设计题

1. 从键盘输入 10 名学生计算机程序设计的考试成绩，显示其中的最低分，最高分及平均成绩，要求使用指针实现。

2. 编程实现使用冒泡排序法对具有 12 个数组元素的一维整型数组 array[12] = {96,35,12,58,78,90,587,21,0,-65,106,52}由大到小排序，输出排序前后的数组，并查找 90 是否在该数组中。若在该数组中，输出 90 在该数组中的位置；否则输出"90 不在数组 array 中"。要求：使用指针在函数中实现排序和查找的功能，在主函数中调用这两个函数。

3. 读入 m×n（可认为 10×10）个实数放到 m 行 n 列的二维数组中，求该二维数组各行平均值，分别放到一个一维数组中，并打印一维数组。

4. 编程从键盘输入一个 5 行 5 列的二维数组数据，并找出数组中的最大值及其所在的行下标和列下标，以及最小值及其所在的行下标和列下标。输出格式为：最大值形式：Max=最大值,row=行标,col=列。要求使用指针实现查找最大值和最小值的功能，在主函数中调用这两个函数。

5. 设有集合 array={12,45,69,7,10,89,70,24}，现将数据 100 追加到该集合中。请使用动态分配函数编程实现该过程。输出追加前后集合中的数据。

第 9 章　字符数组与字符串

在各种编程语言中，字符串都占据着十分重要的地位，如"hello everyone"、"123"等都是字符串。C语言中并没有提供字符串数据类型，而是以字符数组的形式来存储和处理字符串。对于存储在字符数组中的字符串，可以以数组元素形式来逐个处理每个字符，也可以利用字符串库函数来处理字符串。

本章知识要点：

◎ 字符数组的初始化与赋值。

◎ 字符串。

◎ 字符数组与字符串的输入输出。

◎ 字符串处理函数。

◎ 字符指针。

9.1　字　符　数　组

用于存放字符型数据的数组称为字符数组。在 C 语言中，字符数组中的一个元素只能存放一个字符。字符数组也有一维、二维、多维之分，可以使用前面章节介绍的数组定义的方法定义和使用字符数组。字符数组通常用于存放字符串，与一般数组相比有其特殊性。

9.1.1　字符数组的定义

字符数组的定义与一般数组相同。字符数组的定义格式如下：

```
char   数组名[常量表达式];                  /*一维字符数组*/
char   数组名[常量表达式1][常量表达式2];      /*二维字符数组*/
```

例如：

```
char  str1[30];
```

定义了一个一维字符数组 str1，共有 30 个字符数据类型的元素，占用 30 个字节的内存。

```
char str2[5][10];
```

定义了一个二维字符数组 str2，共有 50 个字符元素，占用 50 个字节的内存。

9.1.2　字符数组的初始化

可以利用字符对字符数组初始化，在花括号中依次列出各个字符，字符要用单引号括起来，字符之间用逗号隔开。例如：

```
char c[9]={'G', 'o', 'o'; 'd', ' ', 'b', 'y','e', '!'};
```

则 c[0]='G'，c[1]='o'，c[2]='o'，c[3]='d'，c[4]=' '，c[5]='b'，c[6]='y'，c[7]='e'，c[8]='!'。如果花括号中提供的初值个数（即字符个数）大于数组长度，则语法错误。

在定义一维数组时，若列出了所有数组元素的初值，也可以不指定数组的大小。

例如：

```
char c[ ]={'G', 'o', 'o'; 'd', ' ', 'b', 'y','e', '!'};
```

字符数组 c 的大小由编译系统在编译时根据初值个数来确定，此处数组 c 的元素个数为 9。

初始化时也可以仅列出数组的前一部分元素的初始值，则其余元素的初值由系统自动置 0。

例如：char c[14]={'G', 'o', 'o'; 'd', ' ', 'b', 'y','e', '!'};

字符数组 c 的存储结构如图 9-1 所示。

| G | o | o | d | 空格 | b | y | e | ! | \0 | \0 | \0 | \0 | \0 |

图 9-1　字符数组 c 的存储结构

二维数组也可以如下初始化：

```
char diamond[][5]={{' ',' ','*',' ',' '},{' ','*','*','*',' '},{'*','*','*','*','*'}};
```

9.1.3　字符数组的赋值

在数组定义后对数组赋值，只能通过对其中的每个元素逐个赋值的方式进行。

例如一维数组的赋值：

```
char c[9];
c[0]='G';c[1]='o';c[2]='o';c[3]='d';c[4]= ' ';c[5]= 'b';c[6]='y';c[7]='e';
c[8]='!';
```

二维数组的赋值：

```
char s[2][3];
s[0][0]='h'; s[0][1]='e'; s[0][2]='l'; s[1][0]='l'; s[1][1]='o'; s[1][2]='!';
```

上述用多条赋值语句依次给一维数组、二维数组各元素赋值。一维字符数组 c 和二维字符数组 s 的存储结构如图 9-2 所示。

c[0]	c[1]	c[2]	c[3]	c[4]	c[5]	c[6]	c[7]	c[8]
G	o	o	d	空格	b	y	e	!

s[0][0]	s[0][1]	s[0][2]	s[1][0]	s[1][1]	s[1][2]
h	e	l	l	o	!

图 9-2　一维字符数组 c 和二维字符数组 s 的存储结构

若定义之后在赋值语句中只给部分元素赋值，则剩余没有赋值的数组元素为随机字符。例如：

```
char c[14];
c[0]='G';c[1]='o';c[2]='o';c[3]='d';c[4]= ' ';c[5]= 'b';c[6]='y';c[7]='e';
c[8]='!';
```

则 c[9] ~ c[13]的值为随机字符。

注意： 赋值时的字符个数应小于或等于字符数组的大小，否则编译时将出现语法错误。

如果数组内的元素具有某种规律性，还可以使用循环语句来为字符数组赋值。这种赋值方式比较简洁。

例如：把一个数组赋值为'a'到'z'的程序段。

```
int i;
char str[N];
for(i=0;i<26;i++)
{
  str[i]='a'+i;
}
```

由于字符型和整型通用，因此也可使用整型数组来存储字符。但由于 int 型数据类型占用 4 个字节的存储空间，而 char 型占用 1 个字节存储空间，因此使用 int 型数组会浪费空间。

例如：

```
int s[10];
s[0]= 'c';                              /*合法，但浪费存储空间*/
```

9.2 字 符 串

9.2.1 字符串常量

字符串常量是由一对双引号括起来的字符序列，如"john"、"I am happy"、"-12 34"。

需要注意的是：C 语言中并没有提供"字符串"数据类型，而是以字符数组的形式来存储和处理字符串。系统对字符串常量自动加一个'\0'作为结束符。例如"C Program"共有 9 个字符，但在内存中占 10 个字节，最后一个字节'\0'是系统自动加上的。

有了结束标志'\0'后，在程序中往往依靠检测'\0'的位置来判定字符串是否结束，而不是根据数组的长度来决定字符串长度。在实际应用中，人们关心的是有效字符串的长度而不是字符数组的长度。当然，在定义字符数组时应估计实际字符串长度，保证数组长度始终大于字符串实际长度。

9.2.2 利用字符串对字符数组初始化

了解 C 语言处理字符串的方法后，字符数组初始化的方法又多了一种，即用字符串常量来初始化字符数组。

用字符串给字符数组初始化是最常用的方法。与用字符初始化的方法相比，它的表达简洁，可读性强，尤其便于后续数据处理，因为系统在字符串常量后自动增加一个字符串结束符'\0'，为其后对这些字符串数据的处理，设置了明确的数据处理边界。

例如：char s[12]={ "Good bye!"};

也可省略花括号直接写成 char s[12]="Good bye!";

需要注意：用字符串对字符数组初始化与用字符对数组初始化不同，系统会在字符串常量后自动添加一个字符串结束标记'\0',初始化后数组的状态如图 9-3 所示。数组的前 9 个字符为'G', 'o', 'o'; 'd', ' ', 'b','y','e', '!', 第 10 个字符为'\0', 后 2 个元素也设定为 0。

G	o	o	d	空格	B	y	e	!	\0	\0	\0

图 9-3　字符数组 s 的存储结构

当用字符串给字符数组初始化时，可以不指定字符数组的大小。例如：

```
char s[ ]= "Good bye! ";
```

此时数组 s 的元素个数为 10，比实际字符串中的字符个数大 1，因为字符串后自动增加了一个结束符（'\0'）。

通常将一个字符串存放在一维字符数组中，将多个字符串可以放在二维字符数组中。此时，数组第一维的长度代表存储的字符串的个数，可以省略，但第二维的长度不能省略。

例如：

```
char t[] [9]={ "China", "American", "Japan", "Russia"};
```

所定义的二维字符数组有 4 行，其存储结构如图 9-4 所示。

C	h	i	n	a	\0	\0	\0	\0
A	m	e	r	i	c	a	n	\0
J	a	p	a	n	\0	\0	\0	\0
R	u	s	s	i	a	\0	\0	\0

图 9-4　二维字符数组 t 的初始化

注意上述这种字符数组的整体赋值，只能在字符数组初始化时使用，不能用于字符数组的赋值，字符数组的赋值只能对其元素一一赋值。

用以下方法对字符数组赋值是错误的：

```
char str[14];
str="I love China";
```

9.2.3　字符数组与字符串的输入/输出

对于一般数组元素的引用，只能逐个引用数组元素而不能一次引用整个数组；而对于字符数组，可以逐个字符引用，也可以将整个字符数组一次输入和输出。

1. 用格式符"%c"逐个输入和输出一个字符

形式如下：

```
数组名 [下标]
```

例如：c[2]='a'+2;　c[0]=c[2]+3;

【例 9-1】按数组元素输入与输出字符。

源程序如下：

```
#include <stdio.h>
#include <stdlib.h>

int main()
{
    char c[20];
    int i;

    for(i=0;i<20;i++)
```

```
        scanf("%c",&c[i]);                          /*从键盘输入每个数组元素*/
    for(i=0;i<20;i++)
        printf("%c",(c[i]));

    system("pause");
    return 0;

}
```

运行结果如图 9-5 所示。

这道例题运用 for 循环结合格式符%c 进行数组元素的输入/输出，与一般数据类型数组的输入/输出方式没什么区别。

```
Hello Everyone!gogo!
Hello Everyone!gogo!请按任意键继续. . .
```

图 9-5　用数组元素输入与输出字符

2. 将整个字符串一次输入和输出

由于 C 语言中以字符数组的形式来存储和处理字符串。所以处理字符数组输入/输出的方法又多了一种，即将整个字符串一次输入和输出。

字符串输入与输出库函数共有 4 个，如表 9-1 所示。

表 9-1　标准字符串及字符输入与输出库函数

Input	Output
gets( )	puts( )
scanf( )	printf( )

在表 9-1 列出的函数中，gets( )和 puts( )用于字符串整体的输入与输出。scanf( )和 printf( )通常情况下可以代替 gets( )和 puts( )，用于字符串整体的输入与输出。在程序中调用这些函数时需包含头文件 stdio.h。

下面详细介绍这 4 个函数：

（1）gets( )函数。调用格式：

```
gets(字符数组名);
```

功能：接收键盘的输入，将输入的字符串包含空格字符存放在字符数组中，直到遇到回车符时返回。

> **注意**：回车符'\n'不会作为有效字符存储到字符数组中，而是转换为字符串结束标志'\0'来存储。

【例 9-2】使用 gets( )函数输入一个字符串后，再将其输出到屏幕上。

源程序如下：

```
#include <stdio.h>
#include <stdlib.h>

int main()
{
    char line[81];

    printf( "Input a string: " );
    gets( line );
    printf("The line entered was: %s\n",line );
```

```
        system("pause");
        return 0;

    }
```

运行结果如图 9-6 所示。

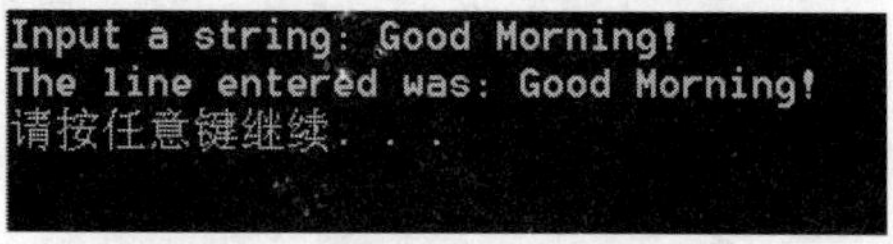

> **注意**：用于接收字符串的字符数组定义时的长度应足够长，以便保存整个字符串和字符串结束标志。否则，函数将把超过字符数组定义的长度之外的字符顺序保存在数组范围之外内存单元中，从而可能覆盖其他内存变量的内容，造成程序出错。

```
Input a string: Good Morning!
The line entered was: Good Morning!
请按任意键继续. . .
```

图 9-6　用函数 I/O 一个字符串

例如：

```
char c[20];
gets(c);
```

运行程序时，只能输入不超过 19 个字符。

用 gets( )函数来接收字符串时，是无法限制输入字符串的长度的，只能根据需要定义个足够大的字符数组。

（2）scanf( )函数。

scanf( )函数将输入的字符保存到字符数组中，遇到空格符或回车符终止输入操作。

在输入字符串时使用%s 格式控制符，并且与%s 对应的地址参数应该是一个字符数组名，任何时候都会忽略前导空格，scanf( )函数会自动在字符串后面加'\0'。例如：

```
char str[15];
scanf("%s",str);            //不要写成&str，因为数组名 str 是地址
```

当输入：□ Good□evening!✓（□表示空格）时，str 中的字符串将是："Good"。

与 gets( )函数不同，系统把空格符作为 scanf( )函数输入的字符串之间的分隔符，因此只将空格前的字符"Good"送到 str 中。由于把"Good"作为一个字符串处理，故在其后加'\0'。数组 str 的存储结构如图 9-7 所示。

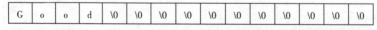

G	o	o	d	\0	\0	\0	\0	\0	\0	\0	\0	\0	\0	\0

图 9-7　数组 str 的存储结构

利用 scanf( )函数可以连续输入多个字符串，输入时，字符串间用空格分隔。例如：

```
char  str1[20],str2[20];
scanf("%s%s",str1,str2);
```

当输入：Good□night!✓时，str1 中的字符串是"Good"，str2 中的字符串是"night!"。输入后str1、str2 的存储结构如图 9-8 所示。数组中未被赋值的元素的值自动置为'\0'。

G	o	o	d	\0	\0	\0	\0	\0	\0
n	i	g	h	t	!	\0	\0	\0	\0

图 9-8　数组 str1 与数组 str2 的存储结构

为了避免输入的字符串长度超过数组的大小，可以在调用 scanf( )函数时使用%ns 格式控制符，整数 n 表示域宽限制，如果没有遇到空格字符，那么读入操作将在读入 n 个输入字符之后停止。

例如：

```
char  str1[10];
scanf("%9s",str);
```

将会读入字符串到字符数组 str 中，最多可读入 9 个非空格字符到 str 中，str 中的最后一个数据单元用于存放字符串结束标志'\0'。

表 9-2 给出了 gets( )函数和 scanf( )函数输入字符串的区别。

表 9-2　使用 gets( )函数和 scanf( )函数输入字符串的区别

gets( )函数	scanf( )函数
输入的字符串中可包含空格字符	输入的字符串中不可包含空格字符
只能输入一个字符串	可连续输入多个字符串（使用%s%s…）
不可限定字符串的长度	可限定字符串的长度（使用%ns）
遇到回车符结束	遇到空格符或回车符结束

（3）puts( )函数。调用格式：

```
puts(字符数组名);
```

功能：将字符串中的所有字符输出到终端上，输出时将字符串结束标志'\0'转换成换行符'\n'。使用 puts( )函数输出字符串时无法进行格式控制。

【例 9-3】将 gets( )函数读到的字符串改用 puts( )函数输出。

源程序如下：

```
#include <stdio.h>
#include <stdlib.h>

int main()
{
    char line[81];
    printf( "Input a string: " );
    gets(line );
    puts(line );

    system("pause");
    return 0;
}
```

运行结果如图 9-9 所示。从运行结果可以看到字符串输出后自动进行了换行。

（4）printf( )函数。

printf( )函数在输出字符串时使用%s 格式控制符，并且与%s 对应的地址参数必须是字符串第一个字符的地址，printf( )函数将依次输出字符串中的每个字符直到遇到字符'\0'，'\0'不会被输出。

【例 9-4】printf( )函数输出字符串。

源程序如下：

```
char s[ ]="I love China!";
printf("the string is:%s\n",s);     /*等价于 printf( "the string is:%s\n" ,&s[0]); */
printf("the second word is:%s\n",&s[2]);
printf("the last word is:%s\n","China");
```

运行结果如图 9-10 所示。

图 9-9   用 puts( )函数输出

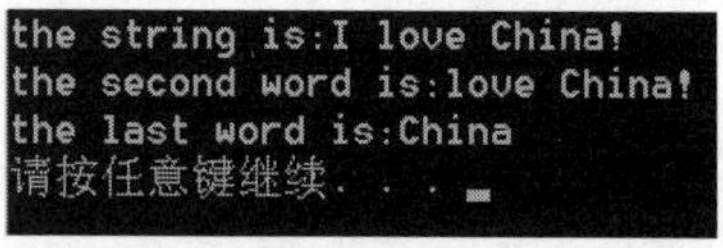

图 9-10   用 printf( )函数输出字符串

printf( )输出字符串时还可以定义更多的格式。%ns 可以同时指定字符串显示的宽度。如果字符串的实际长度小于 n 个字符，不足部分填充空格。n 为正数，则在左端补空格，及字符串右对齐。n 为负数，则字符串左对齐。如果字符串的实际长度大于 n 个字符，则显示整个字符串。例如：

```
char s[ ]="I love China!";
printf(">>%10s<<\n", " China!");
printf(">>%-10s<<\n", " China!");
printf(">>%13s<<\n", "I love China!");
```

运行结果如图 9-11 所示。

图 9-11   输出字符串的格式变化

9.2.4 字符串处理函数

C 语言函数中提供了相当多的字符串处理函数，熟练掌握这些函数的使用可便于编程。计算机所处理的信息中有相当一部分是非数值型的数据。比如，对学生信息的处理中，学生的姓名、性别、联系电话、爱好、家庭住址等都用字符型或字符串数据来表示，对这些非数值型数据的处理必定要用到字符串的一些操作。

在使用字符串处理函数时，应包含头文件"string.h"。

1. 求字符串长度函数

调用格式：

```
strlen(字符串的地址);
```

功能：返回字符串中包含的字符个数（不包含'\0'），即字符串的长度。

字符串的长度是指从给定的字符串的起始地址开始到第一个'\0'为止。例如：

```
char str[ ]= " I love china! ";
printf("%d",strlen(str));           /*输出结果为13*/
printf("%d",strlen(&str[7]));       /*输出结果为6*/
```

又如：

```
char str[ ]= " I love\0china! ";
printf("%d",strlen(str));           /*输出结果为6*/
printf("%d",strlen(&str[7]));       /*输出结果为6*/
```

运算符 sizeof 也可以计算字符串长度，但它包括该字符数组中的所有'\0'字符。

2. 字符串连接函数

调用格式：

```
strcat(字符数组1,字符串2);
```

功能：连接两个字符数组中的字符串，把字符串 2 接到字符串 1 的后面，连接的结果放在字符数组 1 中，函数调用后的返回值为字符数组 1 的地址。其中字符串 2 可以是字符数组名，也可以是字符串常量。

【例 9-5】连接两个字符串。

源程序如下：

```
#include <stdio.h>
#include <stdlib.h>
#include<string.h>

int main()
{
    char c1[ ]="I am";    /*先尝试一次，如果输出有问题，可以改为 char c1[12]="I am";*/
    char c2[ ]=" a boy";
    printf("%s",strcat(c1,c2));

    system("pause");
    return 0;
}
```

运行结果如图 9-12 所示。

这里要注意：在定义字符数组 c1 时，长度要足够大，要能容纳连接后的新字符串。连接之前，两个字符串的后面都有一个'\0'，连接时字符串 1 后面的'\0'被字符串 2 的第一个字符取代，只在新串最后保留一个'\0'。

`I am a boy请按任意键继续...`

图 9-12　连接字符串运行结果

3. 字符串复制函数

调用格式：

`strcpy(字符数组 1, 字符串 2);`

功能：将字符串 2 复制到字符数组 1 中去（包括字符串 2 结束标志'\0'）。字符数组 1 必须是一个字符数组变量，且其长度足够大，以便能容纳字符串 2；字符串 2 可以是字符数组名，也可以是字符串常量。例如：

```
char s1[7]= "bright",s2[10]= "red\0 car", s3[10];
printf("%s\n",strcpy(s1,s2));          /*输出结果: red*/
strcpy(s3, "car");                     /*把"car"复制到 s3 中*/
printf("%s\n",s3);                     /*输出结果: car*/
```

说明：

复制时，字符数组 2 最后的串结束标志符'\0'被一起复制到字符数组 1 中。不能用赋值语句将一个字符串常量或字符数组直接赋给一个字符数组。例如：

`str1={"good"};  str2=str1;`

这两条语句都是不合法的。

4. 字符串比较函数

调用格式：

`strcmp(字符串 1, 字符串 2);`

功能：比较字符串 1 和字符串 2。

字符串的比较规则是：对两个字符串自左向右逐个字符按照 ASCII 码大小进行比较，直到出现不同的字符或遇到'\0'为止。如果全部字符均相同，则认为两个字符串相等；若出现不同的字符，则以第一个不相同的字符的比较结果作为两个字符串的比较结果，并由函数值返回。

若字符串 1 = 字符串 2，函数值为 0；若字符串 1 > 字符串 2，函数值为一个正整数；若字符串 1 < 字符串 2，函数值为一个负整数。

例如：

```
char s1[]="abcde",s2[10]="abcde";
if(strcmp(s1,s2)==0)                /*比较字符串 s1、s2 结果是否等于 0*/
printf("yes");                      /*输出结果为：yes*/
```

5. 其他常用的字符串处理函数

其他常用字符串处理库函数如表 9-3 所示。

表 9-3　其他常用字符串处理函数

函数的用法	函数的功能	应包含的头文件
strchr(字符串,字符)	在字符串中查找第一次出现指定字符的位置	string.h
strstr(字符串 1,字符串 2)	查找字符串 2 在字符串 1 中第一次出现的位置	string.h
strlwr(字符串)	将字符串中的所有字符转换成小写字符	string.h
strupr(字符串)	将字符串中的所有字符转换成大写字符	string.h
atoi(字符串)	将字符串转换成整型	stdlib.h
atol(字符串)	将字符串转换成长整型	stdlib.h
atof(字符串)	将字符串转换成浮点数	stdlib.h

> **注意**：库函数并非 C 语言本身的组成部分，而是人们为了使用方便而编写的公用函数，每个系统提供的函数数量和函数名、函数功能、参数等都可能有所不同，使用时应查阅 C 编译系统提供的库函数手册。

9.2.5　字符指针

字符串本质上是以'\0'结尾的字符数组。字符串在内存中的起始地址（即第一个字符的地址）通常称为字符串的指针，可以定义一个字符指针变量指向一个字符串。

1. 字符指针表示字符串

用字符指针变量 p 来表示字符串通常有两种形式：

```
char *p="Good morning!";           /*边定义边赋值*/
```

或

```
char *p;
p="Good morning!";                 /*先定义后赋值*/
```

用字符指针变量表示字符串，其结果是将字符串的首地址给了字符指针变量，如图 9-13 所示。

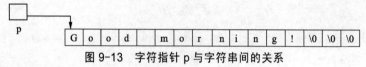

图 9-13　字符指针 p 与字符串间的关系

2. 字符串的引用

当利用字符指针变量表示字符串时，可逐个引用字符串中的字符，也可整体引用字符串。

【例 9-6】使用字符指针变量逐个引用字符串中的字符。

源程序如下：

```
#include <stdio.h>
#include <stdlib.h>

int main()
{
    char  *p="I love China!";      /*初始化字符指针变量p，将字符串的首地址赋给p*/
    for(; *p!='\0';p++)            /*字符串结束标志'\0'作为循环结束的条件*/
    printf("%c",*p);

    system("pause");
    return 0;
}
```

运行结果如图 9-14 所示。

【例 9-7】使用字符指针变量整体引用字符串。

源程序如下：

```
#include <stdio.h>
#include <stdlib.h>

int main()
{
    char  *p="I love China! ";
    printf("%s",p);              /*p先指向字符串的第一个字符，然后p自动加1，指向下一个字符，
                                 重复这一过程，直到遇到字符串结束标记'\0''*/

    system("pause");
    return 0;
}
```

运行结果如图 9-15 所示。

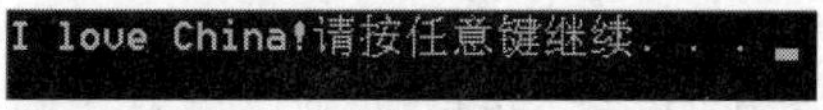

I love China!请按任意键继续. . . _　　　　　　　I love China! 请按任意键继续. . . _

图 9-14　使用字符指针变量逐个引用字符串中的字符 　　图 9-15　使用字符指针变量整体引用字符串

> 注意：通过字符数组名或字符指针变量可以输出一个字符串，而对一个数值型数组，是不能企图用数组名输出它的全部元素的。例如：
> ```
> int arr[10];
> ...
> printf("%d\n",arr);
> ```
> 是非法的，只能逐个引用数组元素输出。

3. 字符指针变量与字符数组的比较

虽然字符指针变量和字符数组都能实现字符串的存储和处理，但二者是有区别的。例如：

```
char s1[]="I am a boy";
char *s2="I am a girl";
```

从存储方面来说，字符数组由若干元素组成，每个元素放一个字符；而字符指针变量中存放的是地址（字符串/字符数组的首地址），绝不是将字符串放到字符指针变量中（是字符串首地址），

其存储情况如图 9-16 所示。

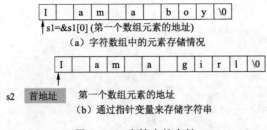

（a）字符数组中的元素存储情况

（b）通过指针变量来存储字符串

图 9-16　字符串的存储

基于以上内容可看出字符指针变量和字符数组的几个不同点：

（1）存储内容不同。字符指针变量中存储的是字符串的首地址，而字符数组中存储的是字符串本身（数组的每个元素为一个字符）。

（2）赋值方式不同。对于字符指针变量，可采用下面的赋值语句：

```
char *p;
p="I am a boy";
```

而字符数组虽在定义时可初始化，但不能使用赋值语句整体赋值。例如：

```
char array[20];
array="I am a boy";
```

是不行的。因为 array 是地址常量，不可赋值。而且"I am a boy"的值是该字符串常量在内存中的地址，本身并不是字符序列。指针变量 p 则可以存放字符串的首地址。

（3）地址常量与地址变量的不同。如果定义了一个字符数组，那么它有确定的内存地址；数组名则代表了数组的起始地址，是一个地址常量，而常量是不能改变的。定义一个字符指针变量时，指针变量的值可以改变，它并未指向某个确定的字符数据，并且可以多次赋值。

4. 字符指针作函数参数

将一个字符串从一个函数传递给另一个函数，可用地址传递的方法，即用字符数组名作为参数，也可用指向字符的指针变量做参数。在被调用的函数中可以改变字符串的内容，在主调函数中可以得到改变了的字符串。

【例 9-8】编写函数，实现从一个字符串中寻找某一个字符第一次出现的位置。

源程序如下：

```
#include <stdio.h>
#include <stdlib.h>

int main()
{
    int index(char*s,char ch);
    int place;
    char c,str[20]="this is a program";
    printf("\nInput the character that you want to find:");
    scanf("%c",&c);              /*输入要找的字符*/
    printf("\n");
    place=index(str,c);          /*数组名 str 作为实参，传递的是地址，字符变量 c 作实
                                   参，传递的是值*/
    printf("the character location is:%d\n",place);
```

```
        system("pause");
        return 0;
}

int index(char *s,char ch)        /*形参 s 接收的是地址，形参 ch 接收的是值*/
{
        int i=1;
        while(*s!='\0')                   /*查找字符，只要不到串尾，就执行循环*/
        {
                if(*s==ch)    return i;    /*指针 s 所指向的字符为要寻找的字符，返回其位置*/
                else
                {
                        i++; s++; /*指针 s 所指的字符不是要找的字符，指针后移，代表位置的变量增 1*/
                }
        }
        return 0;                         /*没有找到该字符，返回 0*/
}
```

运行结果如图 9-17 所示。

【**例 9-9**】实参用字符指针变量，形参用字符数组，实现从一个字符串中寻找某一个字符第一次出现的位置。

分析：例 9-8 中实参是字符数组名，形参为字符指针变量。实际上实参也可用字符指针变量，

```
Input the character that you want to find:a
the character location  is:9
请按任意键继续. . .
```

图 9-17　字符查询运行结果

形参也可用字符数组。若实参用字符指针变量，则可先定义一个指针变量，使其指向字符串，然后指针变量作为实参进行地址的传递。

程序修改如下：

```
#include <stdio.h>
#include <stdlib.h>

int main()
{
        int index(char s[],char ch);
        int place;
        char c, *str="this is a program";

        printf("\nInput the character that you want to find:");
        scanf("%c",&c);
        printf("\n");
        place=index(str,c);            /*字符指针变量 str 和字符变量 c 作实参*/
        printf(" the character location is:%d\n",place);

        system("pause");
        return 0;
}

int index(char s[],char ch) /*形参 s 接收的是地址，形参 ch 接收的是值*/
{
        int j=0,i=1;
        while(s[j]!='\0')
        {
                if(s[j]==ch)    return i;
```

```
        else
        {
            j++; i++;            /*s[j]里的字符不是要找的字符，代表位置的变量 i 增 1*/
        }
    }

    return 0;                    /*没有找到该字符，返回 0*/
}
```

运行结果如图 9-18 所示。

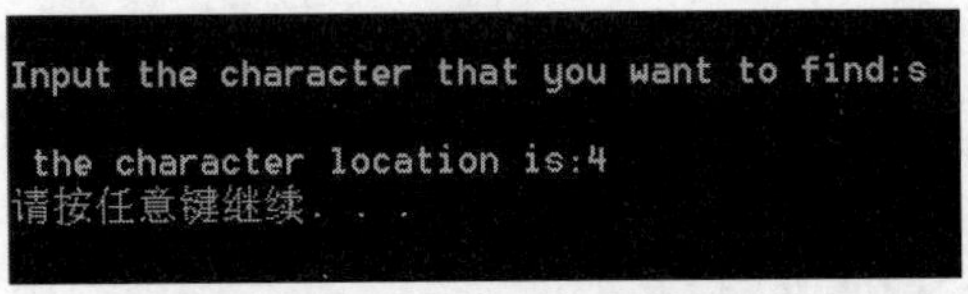

```
Input the character that you want to find:s

   the character location is:4
请按任意键继续. . .
```

图 9-18　实参与形参查询字符

9.3　字符数组与字符串应用举例

【例 9-10】输入三个字符串，将其按照从小到大的顺序输出。

分析：题目中输入的三个字符串，可能会含有空格，为了避免出错，最好使用 gets 函数接收字符串，排序时用到的字符串的比较和赋值则可以用到字符串函数 strcmp( )和 strcpy( )。

源程序如下：

```
#include <stdio.h>
#include <stdlib.h>
#include <string.h>

int main()
{
    char s [50],s1[50],s2[50],s3[50];

    printf("Input the string:\n");
    gets(s1);                    /*输入字符串*/
    gets(s2);                    /*输入字符串*/
    gets(s3);                    /*输入字符串*/
    if(strcmp(s1,s2)>0)
    {
        strcpy(s,s1);            /*复制字符串*/
        strcpy(s1,s2);           /*复制字符串*/
        strcpy(s2,s);            /*复制字符串*/
    }
    if(strcmp(s1,s3)>0)
    {
        strcpy(s,s1);
        strcpy(s1,s3);
        strcpy(s3,s);
    }
    if(strcmp(s2,s3)>0)
    {
        strcpy(s,s2);
        strcpy(s2,s3);
```

```
    strcpy(st3,s);
    }
    printf("\nIndex order:\n%s\n%s\n%s\n",s1,s2,s3);

    system("pause");
    return 0;

}
```

程序运行结果如图 9-19 所示。

当然，本例也可采用二维字符数组来处理。

【例 9-11】输入三个字符串，输出最大串。

分析：运用二维字符数组来处理多个字符串，定义一个二维字符数组 c[3][20]，则 c[0]是第一个串在内存存放的首地址，c[1]是第二个串在内存存放的首地址，c[2]是第三个串在内存存放的首地址。str 是字符串在内存存放的首地址。

利用字符串函数，先求出两个串中的大串，并把这个大串赋给串 str，串 str 再和第三个串比较，大串再赋给串 str，最后输出串 str 即可。

源程序如下：

```
Input the string:
Hello
Goodbye
Good Morning

Index order:
Good Morning
Goodbye
Hello
请按任意键继续...
```

图 9-19　字符串按照顺序输出

```
#include <stdio.h>
#include <stdlib.h>
#include <string.h>

int main()
{
  char str[20], c[3][20];
  int i;

  for (i=0; i<3; i++)
  gets(c[i]);
  if(strcmp (c[0], c[1]) > 0)      /*比较前两个串中的大小，把大串赋给串 str*/
    strcpy(str, c[0]);
  else
    strcpy(str, c[1]);
  if(strcmp (c[2], str) > 0)
    strcpy(str, c[2]);
  printf ("max=%s \n", str);

    system("pause");
    return 0;
}
```

程序运行结果如图 9-20 所示。

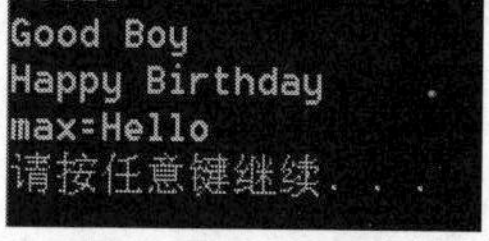

【例 9-12】输入一个数字串，将其转为相应的整数输出。

例如："-1234"转为-1234；"1234"转为 1234。

分析：符号位"+"或"-"不能参运算，把它们转换为 1 或-1，乘以运算结果即可。

源程序如下：

```
Hello
Good Boy
Happy Birthday
max=Hello
请按任意键继续...
```

图 9-20　输出最大字符串

```
#include <stdio.h>
```

```
#include <stdlib.h>
#include <string.h>

int main()
{
    char s[20];
    int i, n, sign;

    i=0;
    scanf ("%s", s);
    sign = (s[i]=='-') ? -1: 1;          /*先把正负符号变为 1 或-1*/
    if(s[i]=='+' || s[i]=='-') i++;      /*把符号位排除到计算之外*/
    for(n=0; s[i] >='0' && s[i] <='9'; i++)
        n =10*n + s[i]-'0';
    printf("Result is %d \n", n*sign);

    system("pause");
    return 0;
}
```

程序运行结果如图 9-21 所示。

【例 9-13】输入一行由字母和空格组成的字符串，统计该串中单词的个数。（假设单词之间用一个或多个空格分隔，但第一个单词之前和最后一个单词之后可能没有空格）

```
-4567
Result is -4567
请按任意键继续...
```

图 9-21　数字串转为相应数值输出

分析：按照题意，连续的一段不含空格的字符串就是单词。将一个或连续的若干空格都作为一个空格，那么单词的个数可以由空格出现的次数来决定。如果当前字符是非空格字符，而它的前一个字符是空格，则单词数量加 1；如果当前字符是非空格字符，而前一个字符也是非空格字符，则单词数量不变。

源程序如下：

```
#include <stdio.h>
#include <stdlib.h>
#define N 81

int main()
{
    char str[N];                          /*在 DOS 模式下一行最多 80 个字符*/
    char ch;
    int i,num=0,word=0;                   /*word 作为一个标志位，num 统计单词的个数 */

    printf("Input the string:");
    gets(str);                            /*输入字符串*/
    for(i=0;(ch=str[i])!='\0';i++)        /*先将 str[i]的值赋予变量 ch，再判断 ch 的
                                            值是否为'\0'*/
    {
        if(ch==' ')
            word=0;                       /*当前字符为空格时，置 word=0*/
        else if(word==0)
        {
            word=1;                       /*新单词开始*/
            num++;
        }
    }
```

```
    printf("There are %d words in the line.\n",num);

    system("pause");
    return 0;
}
```

程序运行结果如图 9-22 所示。

```
Input the string:Hello my name is Zhangdawei i am a boy i am fourteen i very lik
e swimming.
There are 16 words in the line.
请按任意键继续. . .
```

图 9-22　统计字符串中单词的个数

说明：程序中变量 word 作为一个标志位，当遇到一个或多个空格，word=0；当遇到第一个非空格，若原 word 是 0，表示新词开始，num 增 1，同时 word=1；这样循环往复，一直到完成计数。

【例 9-14】从字符串 str 中的指定位置 position 处删除一个字符。删除字符功能通过调用自定义函数 del( )实现。

分析：可利用指针指向字符串，通过指针的移动定位到指定位置来删除一个字符。

源程序如下：

```
#include <stdio.h>
#include <stdlib.h>
#include <string.h>

#define N 81
int main()
{
    void del(char *p,int position);
    char str[N],*ptr=str;
    int position;
    printf("\nInput the first string:");
    gets(ptr);                      /*输入字符串*/
    printf("\nInput the position");
    scanf("%d",&position);          /*输入要删除字符的位置*/
    del(ptr,position);   /*数组名 str 作为实参传递地址，变量 position 作实参传递值*/
    puts(str);

    system("pause");
    return 0;
}
void del(char *p, int position) /*形参 p 接收的是地址，形参 position 接收的是值*/
{
    p=p+position-1;                 /*p 指向要删除的字符*/
    while(*p!='\0')                 /*移动字符，只要不到串尾，就执行循环*/
    {
        *p=*(p+1);                  /*将指针 p 当前所指向的单元值等于其后一个单元的值*/
        p++;                        /*指针 p 增 1*/
    }
}
```

```
Input the first string:Hello boys and girls

Input the position5
Hell boys and girls
请按任意键继续. . .
```

图 9-23　删除字符

程序运行结果如图 9-23 所示。

说明：在主函数中定义字符数组 str 并使指针 ptr 指向 str；在键盘输入要删除字符的位置，然后调用 del( )函数。形参指针变量 p 和被删除字符的位置 position 由主函数中实参 ptr 和 position 传递给 del( )函数，在 del( )中实现删除字符功能。

9.4　本章常见错误及解决方法

（1）字符数组的初始化方式之一是逐个字符赋给数组中各元素。如果花括号中提供的字符个数大于数组长度，则出错。

（2）字符数组的初始化如：char str[ ]={"I am happy"}; 或 char str[ ]="I am happy"; 都可以，这种整体赋值只能在字符数组初始化时使用，下面的赋值方法是错误的。

```
char str[ ];
str="I am happy";
```

（3）字符串的两端是用双引号""，有时误写成单引号。

（4）使用系统提供的字符串处理库函数时没有包括相应的头文件。在 C 语言中若使用系统提供的字符串库函数需使用预处理命令包含其头文件，例如：

```
#include<string.h>
```

或

```
#include"string.h"
```

（5）利用= =比较字符串是否相等。字符串之间的大小不能用= =，一般用 strcmp( )函数。例如：

```
char str[50];
gets(str);
if(str= ="this is a string") //错误,应改为: if(strcmp(str, "this is a string")==0)
```

（6）利用=复制字符串。字符串的复制需要使用 strcpy( )或 strncpy( )函数，不能直接用赋值运算符=。例如：

```
char str[2];
str="china";                 //错误,应改为: strcpy(str, "china");
```

（7）显示一个没有以'\0'结尾的字符串。

C 语言规定，字符串必须以'\0'结尾，但在编程的过程中往往会疏忽这一点，结果导致在显示字符串时出现了一些其他的字符。例如：

```
char str[5]={'c', 'h', 'i', 'n', 'a'};
printf("%s",str);
```

字符数组 str 没有元素为'\0'的单元，printf 函数将从'c'开始显示字符，直到遇到'\0'为止。因而，在显示完字符'a'后，并没有结束操作，将继续显示'a'后面的字符（已不属于 str 中的元素），这些字符是随机的，一直到遇到'\0'为止。故所显示的字符除了 china 外，还可能有其他的一些字符。为避免出现上述情况，通常可以如下来定义字符数组：

```
char str[6]={'c', 'h', 'i', 'n', 'a', '\0'};
```

或

```
char str[ ]= "china";
```

（8）接收字符串时使用了取地址运算符&。例如：

```
char str[20];
```

```
scanf("%s",&str);                           //错误
```

数组名是一个地址常量，本身代表了数组的首地址，因此在 str 前加&是不对的。正确的写法是：

```
char str[20];
scanf("%s",str);
```

（9）输入字符时，没有加取地址运算符&。例如：

```
char str[10];  int i;
for(i=0;i<10;i++)
scanf("%c", str[i]);                        //错误
```

给一个数值元素赋值，数组元素相当于普通变量，所有 str[i]前面应加上取地址符&。

正确的写法是：

```
char str[10];  int i;
for(i=0;i<10;i++)
scanf("%c", &str[i]);
```

（10）输入字符串的长度超过了字符数组的长度（数组越界）。定义的字符数组容纳不下实际的字符串，例如：

```
char str[6]= "abcdefg";                     //错误
```

当利用 scanf( )或 gets( )函数来接收字符串输入时，定义字符数组长度太小而造成越界。

例如，下面程序中，当用户输入 abcdefgh 时，出现了越界操作：

```
char str[6];
gets(str);
```

当利用 strcpy( )或 strncpy( )来进行字符串复制时，字符数组长度定义的太小而容纳不下复制的字符串造成数组越界。例如：

```
char str[6];
strcpy(str, "abcdefgh");
```

（11）用%s 输入带空格的字符串。使用%s 格式控制符进行输入操作时，它是以空格符或回车符作为结束输入的标志。从第一个有效字符起，向对应的字符数组中依次输入字符，直到遇到空格符或回车符（空格符或回车符后面的字符将不会送到字符数组中去），在字符串末尾添加空字符，即完成了一个字符串的输入。例如：

```
char str[ 20];
scanf("%s",str);
printf("%s\n",str);
```

运行时输入：`Hello World✓`　（键盘输入）

输出显示为：Hello，而不是字符串"Hello World"。这是由于"Hello World"中"Hello"后面是空格，所以只存储了"Hello"到字符数组 str 中。

（12）不能正确区分下列两种初始化语句：

```
char str[]={'c', 'h', 'i', 'n', 'a', '\0'};     //正确
char *ptr={'c', 'h', 'i', 'n', 'a', '\0'};      //错误
```

定义字符数组后，系统就在内存中开辟相应的存储空间用来存储初始化字符，数组名代表这个存储空间的首地址。定义指针变量后，系统只开辟存放一个字符地址的存储空间，这个地址空间不可能存放初始化的字符，因此，第一条语句是正确的，第二条语句是错误的。如果用字符串

常量初始化上述两条语句，则它们是正确的。

```
char str[ ]= "china";                    //正确
char *ptr="china";                       //正确
```

（13）直接给字符指针输入字符串。

```
char str[81];
scanf("%s",str)                          //正确
char *ptr;
scanf("%s",ptr);                         //错误
```

利用数组名和%s 格式符可以直接给字符数组输入字符串，因为定义数组时系统就开辟了相应的存储空间，它可以从以数组名表示的首地址开始依次存放输入的字符。而直接用字符指针变量和%s 格式符就不能完成输入操作，这是因为，字符指针变量只有首地址，而没有存储空间，因此不可能存储输入的字符。修改的办法就是使字符指针变量指向一个连续的存储空间。

```
char str[81];                            //定义一个连续的存储空间
char *ptr;
ptr=str;                                 //是指针变量指向这个连续的存储空间
scanf("%s",ptr);
```

（14）修改字符数组名的值。字符数组名是常量指针，不能改变，而字符指针变量的值可以改变。例如：

```
char s1[10]= "12345678",*p;
p=s1+2;                                  //正确
p=p+3;                                   //正确
s1=s1+2;                                 //错误
```

9.5　本 章 小 结

（1）字符数组也是一种常规数组，其定义形式与一般数组相同。但由于字符数组可以用来存放字符串，因此，字符数组不仅可以用单个字符初值列表来给其赋值，还可以利用字符串常量为字符数组赋初值，这是其他类型数组所不具备的。

（2）由于字符数组处理的是字符串，故引用字符数组元素有两种方式：用%c 格式符逐个引用字符数组中的单个字符；用%s 格式符整体引用字符数组。

（3）字符串是一种以'\0'结尾的字符序列，因此用来存放字符串的字符数组的长度要比字符串实际长度大 1。

（4）字符数组与字符指针变量虽都能实现字符串的存储和处理，但二者有诸多区别，需多加注意。

（5）C 语言提供了许多有关字符串处理的函数，这些函数在 C 语言编程中经常会用的，需熟练掌握

习　　题

一、选择题

1. 以下能正确定义一维数组的选项是（　　　　）。

  A.　int　a[5]={0,1,2,3,4,5};　　　　　　　B.　char　a[]={0,1,2,3,4,5};

  C.　char　a={'A','B','C'};　　　　　　　　D.　int　a[5]="0123";

2.　已有定义：char a[]="xyz",b[]={'x','y','z'};，则以下叙述中正确的是（　　　　）。

  A.　数组 a 和 b 的长度相同　　　　　　　　B.　a 数组长度小于 b 数组长度

  C.　a 数组长度大于 b 数组长度　　　　　　　D.　上述说法都不对

3.　以下定义语句中错误的是（　　　　）。

  A.　int a[]={1,2};　　　　　　　　　　　　B.　char a[]={"test"};

  C.　char s[10]={"test"};　　　　　　　　　D.　int n=5,a[n];

4.　以下给字符数组 str 定义和赋值正确的是（　　　　）。

  A.　char　str[10];　str={"China!"};

  B.　char str[ ]={"China!"};

  C.　char　str[10]; strcpy(str,"abcdefghijkl");

  D.　char　str[10]={"abcdefghijkl"};

5.　设有数组定义:char　array[]="China";，则 strlen(array) 的值为（　　　　）。

  A.　4　　　　　　　　B.　5　　　　　　　　C.　6　　　　　　　　D.　7

6.　设有以下程序，则程序运行后的输出结果是（　　　　）。

```
#include <stdio.h>
#include <stdlib.h>

int main()
{
    char a[7]="a0\0a0\0";int i,j;
    i=sizeof(a);
    j=strlen(a);
    printf("%d  %d\n",i,j);
}
```

  A. 2　2　　　　　　B. 7　6　　　　　　C. 7　2　　　　　　D. 6　2

7.　下面程序中有错误的是（　　　　）。

```
#include <stdio.h>
#include <stdlib.h>

int main()
{
    float array[5]={0.0};              //第 A 行
    int i;
    for(i=0;i<5;i++)
    scanf("%f",&array[i]);
    for(i=1;i<5;i++)
    array[0]=array[0]+array[i];        //第 B 行
    printf("%f\n",array[0]);           //第 C 行
}
```

  A.　第 A 行　　　　　B.　第 B 行　　　　　C.　第 C 行　　　　　D.　没有

8.　下面不正确的字符串赋值或赋初值的方式是（　　　　）。

  A.　har *str; str="string";

  B.　char str[7]={'s','t','r','i','n','g'};

C．char str1[10];str1="string";

D．char str1[]="string",str2[]="12345678";

9．以下语句的输出结果是（　　　）。

```
char s[12]="a book!";
printf("%d",strlen(s));
```

　　A．12　　　　　　　　B．8　　　　　　　　　C．7　　　　　　　　D．11

10．以下语句的输出结果是（　　　）。

```
char str[]="\"c:\\abc.dat\"";
printf("%s",str);
```

　　A．字符串中有非法字符　　　　　　　　B．\"c:\\abc.dat\"

　　C．"c:\abc.dat"　　　　　　　　　　　　D．"c:\\abc.dat"

二、填空题

1．字符数组，即 char 型数组，是用以存放_____的数组容器。

2．字符串常量是指用以表示_____的常量，是包含在_____符号里的字符的集合。

3．判断字符变量 ch 的值是否为小写字母的表达式是_____。

4．设有数组定义:char array[]="China";，则数组 array 所占的存储空间为_____B。

5．当接收输入的含有空格的字符串时，应使用_____函数。

6．可以实现字符串复制功能的函数有_____函数和_____函数。

7．若有定义: char a[]="2009\01\09ABC\0DEF"，则 sizeof(a)=_____，strlen(a)=_____。

8．若已有定义: char s[20];，则通过 scanf( )函数为 s 赋值的完整语句是: _____。

9．下面程序的输出结果是_____。

```
#include <stdio.h>
#include <stdlib.h>

int main()
{
  char s[ ]= "abcdef";
  s[3]= '\0';
  printf("%s\n",s);

  system("pause");
  return 0;

}
```

10．下面程序的运行结果是_____。

```
#include <stdio.h>
#include <stdlib.h>

int main()
{
  char a[]="clanguage",t;
  int i,j,k;
  k=strlen(a);
  for(i=0;i<=k-1;j+=1)
  for(j=i+1;j<k;i+=1)
    if(a[i]>a[j])
```

```
        {
        t=a[i];
        a[i]=a[j];
        a[j]=t;
        }
    puts(a);
    printf("\n");

    system("pause");
    return 0;

}
```

三、程序设计题

1. 输出一串字符，将其中的英文字母加密解密，非英文字母原样输出。

2. 有 N 个英文单词，将其按字母顺序排列输出。

3. 编写程序实现将用户输入的字符串以反向形式输出。比如，输入的字符串是：abcdefg，输出为：gfedcba。

4. 从键盘读入一个字符串（该串在输入时以回车符结束，且均为小写字母），输出每个字母出现的次数。

5. 从键盘输入一个字符串，要求在输入的字符串中每两个字符之间插入一个空格，如：原串 aabbcc，要求输出的新串为 a a b b c c。要求用函数调用实现，且要求用指针变量作形参。

6. 编程判断输入的一串字符是否为"回文"。所谓"回文"是指顺序读和逆序读都一样的字符串。如："12321"和"abcdcba"都是回文。

7. 不用 strcat( )函数，编程实现字符串连接函数 strcat( )的功能，将字符串 t 连接到字符串 s 的尾部。

8. 编程实现字符串循环右移 4 位。

9. 将字符串中的大写字母变成对应的小写字母，同时将其中的小写字母变成对应的大写字母，其他字符不变。字符串由键盘读入。

10. 有一个字符串包含 n 个字符。编写一个函数将此字符串中从第 m 个字符开始的全部字符复制成为另一个字符串。

第⑩章　结构和联合

到目前为止，已经介绍了 C 语言中的基本数据类型（如整型、实型、字符型等），也介绍了两种派生类型——数组和指针。这些类型在使用时有其局限性，如：基本类型只能表示某一个单一值的对象，而数组只能表示具有相同数据类型的值，如表示 30 个学生的数学成绩。上述类型很不方便表示某些复杂的对象，如：一个学生的信息（包括姓名、性别、年龄、出生日期、入学成绩、手机号、籍贯等），由于这些信息的数据类型不一样，所以为了方便处理这些数据，C 语言定义了结构类型和联合类型以处理这些由不同类型组成的一个数据整体。本章将主要介绍 C 语言中的构造数据类型：结构、联合以及用户自定义类型等。

本章知识要点：
- ◎ 结构的定义、变量的说明和引用。
- ◎ 联合的定义、变量的说明和引用。
- ◎ 用户自定义类型。

10.1　结构的声明与引用

在实际问题中，一组数据往往具有不同的数据类型。例如，在学生登记表中，姓名应为字符串型；学号可为整型或字符串型；年龄应为整型；性别应为字符型；成绩可为整型或实型。显然不能用一个数组来存放这一组数据，因为一个数组中各元素的类型和长度都必须一致，以便于编译系统处理。为了解决这个问题，C 语言给出了另一种构造数据类型——"结构（structure）"或叫"结构体"，它相当于其他高级语言中的记录。

10.1.1　结构的声明

"结构"是一种构造类型，它是由若干"成员"组成的，每一个成员可以是一个基本数据类型或者又是一个构造类型。结构既然是一种"构造"而成的数据类型，那么在说明和使用之前必须先定义它，也就是构造它。

定义一个结构的一般形式为：

```
struct 结构名
{
    成员表列
```

```
};
```

成员表列由若干成员组成，每个成员都是该结构的一个组成部分。对每个成员也必须作类型说明，其形式为：

```
类型说明符 成员名;
```

成员名的命名应符合标识符的书写规定。例如：

```
struct stu
{
    int num;
    char name[20];
    char sex;
    float score;
};
```

在这个结构定义中，结构名为 stu，该结构由 4 个成员组成。第一个成员为 num，整型变量；第二个成员为 name，字符数组；第三个成员为 sex，字符变量；第四个成员为 score，实型变量。应注意在括号后的分号是不可少的。结构定义之后，即可进行变量说明。凡说明为结构 stu 的变量都由上述 4 个成员组成。由此可见，结构是一种复杂的数据类型，是数目固定、类型可以不同的若干有序成员的集合。

说明结构变量有以下三种方法。以上面定义的 stu 为例来加以说明。

1. 先定义结构类型，再说明结构变量

例如：

```
struct stu
{
    int num;
    char name[20];
    char sex;
    float score;
};
struct stu student1, student2;
```

说明了两个变量 student1 和 student2 为 stu 结构类型。也可以用宏定义让一个符号常量表示一个结构类型。

例如：

```
#define STU struct stu
STU
{
    int num;
    char name[20];
    char sex;
    float score;
};
STU student1, student2;
```

2. 在定义结构类型的同时说明结构变量

例如：

```
struct stu
{
```

```
    int num;
    char name[20];
    char sex;
    float score;
} student1, student2;
```

这种形式的说明的一般形式为：

```
struct 结构名
{
    成员表列
}变量名表列;
```

3. 直接说明结构变量（即没有结构类型名，如：stu）

例如：

```
struct
{
    int num;
    char name[20];
    char sex;
    float score;
} student1, student2;
```

这种形式的说明的一般形式为：

```
struct
{
    成员表列
}变量名表列;
```

第三种方法与第二种方法的区别在于第三种方法省去了结构名，而直接给出结构变量。三种方法说明的 student1、student2 变量都具有如图 10-1 所示的结构。

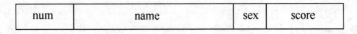

图 10-1　结构变量成员示意图

说明了 student1、student2 变量为 stu 类型后，即可向这两个变量中的各个成员赋值。

在上述 stu 结构定义中，所有的成员都是基本数据类型或数组类型。结构的成员也可以是一个结构，即构成了嵌套的结构。例如，图 10-2 给出了一个嵌套的结构类型。

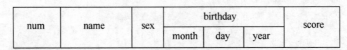

图 10-2　嵌套的结构变量成员示意图

按图 10-2 可给出以下结构定义：

```
struct date
{
    int month;
    int day;
    int year;
```

```
    };
    struct
    {
        int num;
        char name[20];
        char sex;
        struct date birthday;
        float score;
    } student1, student2;
```

首先定义一个结构 date，由 month（月）、day（日）、year（年）三个成员组成。在定义并说明变量 student1 和 student2 时，其中的成员 birthday 被说明为 data 结构类型。成员名可与程序中其他变量同名，互不干扰。

10.1.2　结构的引用

定义了结构体变量以后，便可以引用这个变量。

引用时应遵循以下规则：

（1）不能将一个结构体变量作为一个整体进行输入和输出。只能对结构体变量中的各个成员（简单变量）分别进行输入和输出。

例如，已定义 student1 和 student2 为结构体变量并且它们已有值。不能这样引用：

```
printf("%ld,%s,%c,%d,%f",student1);
```

也不能用以下语句整体读入结构体变量，如：

```
scanf("%ld,%s,%c,%d,%d",&student1);
```

但可以通过赋值语句，把一个结构体变量的值赋给同类型的结构体变量。例如：

```
student2=student1;
```

则 student2 和 student1 具有相同的内容。

引用结构体变量中成员的方式为：

```
结构体变量名.成员名
```

例如：

```
student1.num          //即第一个人的学号
student2.sex          //即第二个人的性别
```

如果成员本身又是一个结构，则必须逐级找到最低级的成员才能使用。只能对最低级的成员进行赋值、存取以及运算。例如：

```
student1.birthday.month
```

可以对变量的成员赋值，例如：

```
student1.num=200201001
```

（2）对结构体变量的成员可以像普通变量一样进行各种运算。例如：

```
student2.score=student1.score;
sum=student1.score+student2.score;
student1.num++;
```

由于"."运算符的优先级最高，因此 student1.num++是对 student1.num 进行自加运算，而不是先对 num 进行自加运算。

（3）可以引用结构体变量成员的地址，也可以引用结构体变量的地址。如：

```
scanf("%d",&sl.num);            //输入 student1.num 的值
printf("%o",&student1);         //输出 student1 的首地址
```

结构体变量的地址主要用于作为函数参数、传递结构体的地址。

（4）结构体变量的初始化和其他类型变量一样，对结构体变量可以在定义时指定初始值。例如：

```
struct stu
{
    int num;
    char name[15];
    char sex;
    int age;
    int score;
}student1={200201001,"zhangsan",'M',18,86};
```

经过初始化后：

```
student1.num=200201001
student1.name="zhangsan"
student1.sex='M'
student1.age=18
student1.socore=86
```

【例 10-1】用输入语句或赋值语句来完成给结构变量赋值并输出其值。

源程序如下：

```
#include <stdio.h>
#include <stdlib.h>

int main()
{
    struct stu
    {
        int num;
        char *name;
        char sex;
        float score;
    } student1, student2;
    student1.num=102;
    student1.name="Zhang ping";
    printf("input sex and score\n");
    scanf("%c %f",&student1.sex,&student1.score);
    student2=student1;
    printf("Number=%d\nName=%s\n",student2.num,student2.name);
    printf("Sex=%c\nScore=%f\n",student2.sex,student2.score);

    system("pause");
    return 0;
}
```

运行结果如图 10-3 所示。

本程序中用赋值语句给 num 和 name 两个成员赋值，name 是一个字符串指针变量。用 scanf( )函数动态地输入 sex 和 score 成员值，然后把 student1 的所有成员的值整体赋予 student2。最后分别输出

图 10-3　例 10-1 运行结果

student2 的各个成员值。本例讲解了结构变量的赋值、输入和输出的方法，请读者认真体会。

10.1.3　结构与指针

指向结构的指针（或称结构指针）可以用来引用结构的成员，也可以作为参数传给函数，还可以作为函数的返回值。

设有以下的结构体定义：

```
struct stu
{
    int num;
    char name[6];
    int  age;
    char sex;
}stua;
```

1. 结构指针的说明

结构体变量在内存中存放与简单变量一样，也是需要占用空间的，以变量 stua 为例来说明结构体变量占用内容空间的情况。此处假设 int 型占用 4 个字节，则 stua 的存储示意图如图 10-4 所示。整个结构体变量 stua 的（起始）存储地址为 10000，每个成员的（起始）存储地址分别为：num 是 10000，name 是 10004，age 是 10010，sex 是 10014。

大家会发现：结构体变量 stua 的存储地址和其成员 num 的存储地址是相同的，都是 10000，但含义不一样，stua 的 10000 表示是整个结构体变量的存储地址，其范围是 10000～10014，共 15 个字节，只不过 10000 是这 15 个字节的起始地址。同样，num 的地址是 10000，其范围是 10000～10003，共 4 个字节，10000 是这个范围的起始地址。若把结构体与指针结合，一定要区分这两者的区别。

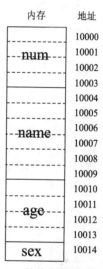

图 10-4　结构变量存储示意图

例如：

```
struct stu *pstu;
struct stu stua;
int *pint;
pstu=&stua;        //表示把 stua 变量的起始存储地址 10000 赋值给结构体指针变量 pstu
pint=&stua.num     //表示把成员 num 的起始存储地址 10000 赋值给整型指针变量 pint
```

虽然 pstu 和 pint 的（地址）值都是 10000，但两者之间不能互相赋值，因为它们所指示的对象含义不一样，pstu 表示指向整个结构体变量，而 pint 只是指向了结构体变量的 num 成员。通过这两个指针访问结构成员的方式也不一样。

2. 用指向结构的指针引用结构成员

利用指针 pstu 可以访问结构体 stua，可以通过成员运算符 "." 访问其成员。例如：
*pstu 表示整个结构体变量。

```
(*pstu).num=5410001;
(*pstu).age=21;
(*pstu).sex='F';
```

> **注意**：成员引用表达式中的( )不能省略，如(*pstu).num 不能写成*pstu.num，因为"."运算符的优先级高于*，所以*pstu.num 等同于*(pstu.num)，在该例中为非法操作。

用指向结构的指针引用结构成员的一般形式为：

```
(*指向结构变量的指针).成员名
```

由于pint是指向一个整型对象的指针，其初值已经指向了 stua.num，所以*pint就表示了 stua.num。例如：*pint=999999; 表示把 stua 的 num 成员赋值为 999999。

3. "->"运算符

结构的指针在程序中使用很频繁，为了简化引用形式，C 提供了另一种结构成员运算符"->"，利用它可简化用指针引用结构成员的形式。

```
指向结构变量的指针 -> 成员名
```

pstu->num 等价于(*pstu).num，也等价于 stua.num。

pstu->num=888888; 等价于(*pstu).num=888888;，也等价于 stua.num=888888;。

结构成员运算符"->"和"."的优先级相同，它们与( )、[ ]属于同一优先级，按从左到右结合。下面的式子可进一步说明->的优先级。

```
struct
{
    int len;
    char *str;
}a[10], *p;
p=a;
```

请读者分析下面的表达方式。

++p->len	len 自增后，访问 len，不是 p 自增；
p->len++	访问 len 后，len 自增；
(++p)->len	访问 len 之前，p 自增；
(p++)->len	访问 len 之后，p 自增；
p->str	访问 str 所指对象，同*(p->str)；
*p->str++	访问 str 所指对象后，str 自增；
(*p->str)++	访问 str 所指对象后，str 所指对象自增；
*p++->str	访问 str 所指对象后，p 自增；
*++p->str	str 自增后访问 str 所指对象；
*(++p)->str	p 自增后，访问 str 所指对象。

10.2　结构数组的声明、引用和初始化

数组的元素也可以是结构类型的，因此可以构成结构数组。结构数组的每一个元素都是具有相同结构类型的下标结构变量。在实际应用中，经常用结构数组来表示具有相同数据结构的一个群体。如一个班的学生档案、一个车间职工的工资表等。

10.2.1　结构数组的声明与引用

结构数组定义的方法和结构变量相似，只需定义它为数组类型即可。

例如：

```
struct stu
{
    int num;
    char name[20];
    char sex;
    float score;
}student[5];
```

定义了一个结构数组 student，共有 5 个元素：student[0] ~ student[4]。每个数组元素都具有 struct stu 的结构形式，student[i]表示第 i 个学生的信息。引用第 i 个学生的某个成员的方法是：student [i]. 成员名，如引用第 2 个学生学号的方法是：student [1].num。

10.2.2　结构数组的初始化

对结构数组可以作初始化赋值，方法是在定义数组的同时给出每个元素的每个成员的值。

例如：

```
struct stu
{
    int num;
    char name[20];
    char sex;
    float score;
}student[5]={
            {101,"Li miao",'M',45},
            {102,"Zhang ping",'M',62.5},
            {103,"He fang",'F',92.5},
            {104,"Cheng ling",'F',87},
            {105,"Wang ming",'M',58}
            };
```

当对数组全部元素初始化赋值时，可以不给出数组长度。

【例 10-2】计算学生的平均成绩和不及格的人数。

源程序如下：

```
#include <stdlib.h>
#include <stdio.h>

struct stu
{
    int num;
    char name[20];
    char sex;
    float score;
}student[5]={ {101,"Li miao",'M',45},
        {102,"Zhang ping",'M',62.5},
        {103,"He fang",'F',92.5},
        {104,"Cheng ling",'F',87},
        {105,"Wang ming",'M',58}
        };

int main()
{
    int i,c=0;
```

```
    float ave,s=0;

    for(i=0;i<5;i++)
    {
        s+=student[i].score;
        if(student[i].score<60)
            c+=1;
    }
    printf("s=%.2f\n",s);
    ave=s/5;
    printf("average=%.2f\ncount=%d\n",ave,c);

    system("pause");
    return 0;
}
```

运行结果如图 10-5 所示。

本例程序中定义了一个外部结构数组 student，共 5 个元素，并作了初始化赋值。在 main( )函数中用 for 语句逐个累加各元素的 score 成员值存于 s 之中，如 score 的值小于 60（不及格）计数器 c 就加 1，循环完毕后计算平均成绩，并输出全班总分、平均分及不及格人数。

```
s=345.00
average=69.00
count=2
请按任意键继续. . . ▌
```

图 10-5 例 10-2 运行结果

【例 10-3】建立同学通讯录。

源程序如下：

```
#include <stdlib.h>
#include <stdio.h>

#define NUM 3
struct AddressBook
{
    char name[20];
    char phone[10];
};

int main()
{
    struct AddressBook ClassMate[NUM];
    int i;

    for(i=0;i<NUM;i++)
    {
        printf("input name:\n");
        gets(ClassMate[i].name);
        printf("input phone:\n");
        gets(ClassMate[i].phone);
    }
    printf(" name\t\t\tphone\n\n");
    for(i=0;i<NUM;i++)
        printf("%s\t\t\t%s\n", ClassMate [i].name,
ClassMate [i].phone);

    system("pause");
    return 0;
}
```

```
input name:
zhangyi
input phone:
111111
input name:
lisi
input phone:
222222
input name:
wangwu
input phone:
333333
 name            phone

zhangyi              111111
lisi                 222222
wangwu               333333
请按任意键继续. . . ▌
```

图 10-6 例 10-3 运行结果

运行结果如图 10-6 所示。

本程序中定义了一个结构 AddressBook，它有两个成员 name 和 phone 用来表示姓名和电话号码。在主函数中定义 ClassMate 为具有 AddressBook 类型的结构数组。在 for 语句中，用 gets( ) 函数分别输入各个元素中两个成员的值，然后又在 for 语句中用 printf 语句输出各元素中两个成员值。

10.3　结构和函数

结构或结构的指针可以作为函数的参数，也可作为函数返回值。有时候需要把一个结构变量的值传给另一个函数，但一个结构中通常有较多的数据，传递是很费时的，所以最好用指向结构的指针作为参数间接地传递结构变量的值。

1. 结构作函数的参数

结构作函数的参数有三种方法。

（1）传一个一个结构成员（用结构成员作实参）。

（2）传整个结构（用结构变量名作实参）。

（3）传结构的指针（用结构的地址或指向结构的指针作实参）。

推荐使用第三种方法。

前两种方法是将结构复制到形参（即传值，传递结构的副本），第三种方法传递的仅仅是结构的指针（传地址）。

函数的返回值可以是结构变量或指向结构变量的指针。

2. 程序举例

下面几个例子说明结构和结构指针作函数参数或函数返回值的应用，以及这些函数定义和调用方法。为了方便，程序处理的结构为同一结构类型 complex，并假定该结构已定义在头文件 comp.h 中。

头文件 comp.h 的内容如下：

```
struct complex
{
    float re;          /*实部*/
    float im;          /*虚部*/
};
```

【例 10-4】写一个函数 makecomp( ) 来生成一个复数。

源程序如下：

```
#include "comp.h"
#include <stdio.h>
#include <stdlib.h>

struct complex makecomp(float x, float y)
{
    struct complex z;
    z.re=x;
    z.im=y;
    return (z);
}

int main()
{
```

```
    struct complex comp1,comp2;
    printf("input a complex re & im:\n");
    scanf("%f%f",&comp1.re,&comp1.im);
    comp2=makecomp(comp1.re, comp1.im);
    printf("%.2f%c%.2fi\n",comp2.re, (comp2.im>=0)?'+' : ' ' ,comp2.im);

    system("pause");
    return 0;
}
```

运行结果：

```
输入: 12  34
输出: 12.00+34.00i
```

makecomp( )函数的参数是结构类型 complex 的成员，函数的返回值是生成的 complex 类型的结构。

【例 10-5】写一个函数 addcomp( )，计算两个复数的和。

源程序如下：

```
#include "comp.h"
struct complex *addcomp(struct complex c1, struct complex c2)
{
    static struct complex temp;             //此处使用的是静态变量
    temp.re=c1.re+c2.re;
    temp.im=c1.im+c2.im;
    return(&temp);
}
```

该函数的参数是两个要相加的复数结构，返回值是指向结果结构的指针。addcomp( )的调用形式为：

```
struct complex comp1, comp2,*p;
p=addcomp(comp1,comp2);
```

【例 10-6】写一个函数 compcomp( )比较两个复数的模。

源程序如下：

```
#include "comp.h"
#include "math.h"
int compcomp(struct complex *p1, struct complex *p2)
{
    float m1,m2;
    m1=sqrt(p1->re*p1->re+p1->im*p1->im);
    m2=sqrt(p2->re*p2->re+p2->im*p2->im);
    return (m1>m2)?1:(m1==m2)?0:-1;
}
```

函数的参数是指向结构的指针，返回值是表示比较结果的一个整数。compcomp 的调用形式为：

```
struct complex comp1,comp2;
int retcode;
retcode=compcomp(&comp1,&comp2);
```

10.4　结构数组作为函数的参数

例如，为了描述 30 个学生的情况登记表，可说明如下的结构数组：

```
struct stud
{
    int num;
    char name[10];
    char sex;
    int age;
    struct date birthday;
    float score;
} students[30]={
                {212211,"zhang san",'m',18,{8,1,1985},0.0},
                {212212,"li si",'f',19,{5,8,1986},0.0},…
             };
```

students 是由 30 个 struct stud 类型的结构变量组成的数组，每个元素描述一个学生的情况，30 个元素可以描述 30 个学生情况，每个结构中还嵌套了一个表示出生日期的结构变量，并赋有初值，其存储示意结构如表 10-1 所示。

表 10-1　学生情况登记表

num	name	sex	age	birthday			score
				month	day	year	
212211	zhang san	m	18	8	1	1985	0.0
212212	li si	f	19	5	8	1986	0.0
…	…	…	…	…	…	…	…

【例 10-7】设 students 是一个 struct stud 类型的结构数组，其元素的个数和初值如上述所示，并把其说明和初始化的代码存放在 "stud.h" 头文件中。写一个程序，输入学生的成绩，然后将每个学生按成绩高低排队（成绩高的排在前面），最后输出按成绩排队的学生登记表。

源程序如下：

```
#include <stdlib.h>
#include <stdio.h>
#include "stud.h"

#define nstudents  (sizeof(students)/sizeof(struct stud))
void readscore(struct stud stab[],int number)
{
    int i;
    float temp;
    for(i=0;i<number;i++)
    {
        scanf("%f",&temp);
        stab[i].score=temp;
    }
}

void sortbyscore(struct stud stab[],int numbers)
{
    int i,j;
    struct stud temp;
    for(i=0;i<numbers-1;i++)
        for(j=i+1;j<numbers;j++)
            if(stab[i].score<stab[j].score)
```

```
                {
                    temp=stab[i];
                    stab[i]=stab[j];
                    stab[j]=temp;
                }
        }

    void displayscore(struct stud stab[],int numbers)
    {
        int i;
        for(i=0;i<numbers;i++)
        printf("%ld %12s %4c  %3d  %4d-%-2d-%4d%10.2f\n", stab[i].num, stab[i].
name,stab[i].sex, stab[i].age,stab[i].birthday.month, stab[i].birthday.day, stab[i].
birthday.year, stab[i].score);
    }

    int main()
    {
        printf("input %d score:\n",nstudents);
        readscore(students, nstudents);
        sortbyscore(students, nstudents);
        printf(" num       name       sex age  month-day-year  score\n");
        displayscore(students, nstudents);

        system("pause");
        return 0;
    }
```

10.5 联　合

"联合"与"结构"有一些相似之处，但两者有本质上的不同。在结构中各成员有各自的内存空间，一个结构变量的总长度是各成员长度之和。而在"联合"中，各成员共享一段内存空间，一个联合变量的长度等于各成员中最长的长度。

应该说明的是，这里所谓的共享不是指把多个成员同时装入一个联合变量内，而是指该联合变量可被赋予任一成员值，但每次只能赋一个值，赋入新值则冲去旧值。

一个联合类型必须经过定义之后，才能把变量说明为该联合类型。当一个联合被说明时，编译程序自动地产生一个变量，其长度为联合中最大的成员变量长度。

联合访问其成员的方法与结构相同。同样联合变量也可以定义成数组或指针，定义为指针时，也可用"->"符号，此时联合访问成员可表示成：联合名->成员名。

10.5.1 联合的定义

联合也是一种新的数据类型，其定义与结构类型十分相似。形式为：

```
union 联合名
{
    成员表列
};
```

成员表列中含有若干成员，成员的一般形式为

```
类型说明符 成员名;
```

成员名的命名应符合标识符的规定。

例如：定义一个联合变量"data"。

```
union data
{
    char a;
    int b;
    float c;
};
```

该共用体的名称为 data，该共用体中有三个成员，分别为 a、b、c。它们占用同一个起始地址的存储空间，内存长度等于最长成员的长度。

需要注意的是：联合定义之后，即可进行联合变量说明，被说明为 data 类型的变量，可以存放字符型量 a 或整型量 b 或存放浮点型量 c。要么赋予字符型量，要么赋予整型量，要么赋予浮点型量，不能把三者同时赋予它，在某一时刻只能存放某一个成员的值。

另外，联合可以出现在结构类型内，它的成员也可以是结构类型。例如：

```
struct
{
    int age;
    char *addr;
    union{
        int i;
        char *ch;
    }x;
}y[10];
```

若要访问结构变量 y[1]中联合 x 的成员 i，可以写成：

```
y[1].x.i;
```

若要访问结构变量 y[2]中联合 x 的字符串指针 ch 的第一个字符可写成：

```
*y[2].x.ch;
```

写成"y[2].x.*ch;"是错误的。

10.5.2　联合变量的说明

联合变量的说明和结构变量的说明方式相同，也有三种形式。即先定义、再说明，定义同时说明和直接说明。

以联合变量 department 为例，说明如下：

```
union department
{
    int grade;
    char office[20];
};
union department a,b;    /*说明 a,b 为 department 类型*/
```

或者

```
union department
{
    int grade;
    char office[20];
}a,b;                    /*同时说明 a,b 为 department 类型*/
```

或者

```
union
{
    int grade;
    char office[20];
}a,b;                        /*直接说明 a,b 为 department 类型*/
```

经说明后的 a、b 变量均为 department 类型。a、b 变量的长度应等于 department 的成员中最长的长度，即等于 office 数组的长度，共 20 个字节。a、b 变量如赋予整型值时，只使用了 4 个字节，而赋予字符数组时，使用了 20 个字节。

10.5.3　联合变量的赋值和使用

对联合变量的赋值、使用都只能是对变量的成员进行。

联合变量的成员表示为：

联合变量名.成员名

例如，a 被说明为 department 类型的变量之后可使用 a. grade 或 a.office。不允许只用联合变量名作赋值或其他操作，也不允许对联合变量作初始化赋值，赋值只能在程序中对一个联合变量进行，每次只能赋予一个成员值。一个联合变量的值就是联合变量的某一个成员值。

【例 10-8】设有一个教师与学生通用的表格，教师数据有姓名、年龄、身份、教研室 4 项，学生数据有姓名、年龄、身份、班级 4 项。编程输入人员数据，再以表格输出。

源程序如下：

```
#include <stdio.h>
#include <stdlib.h>

#define N 3
int main()
{
    struct
    {
        char name[15];
        int age;
        char status;
        union
        {
            int grade;
            char office[20];
        } depa;
    }body[3];
    int i;

    for(i=0;i<N;i++)
    {
        printf("input name:\n");        /*提示语*/
        gets(body[i].name);             /*gets()函数接收带空格的姓名*/
        printf("input age:\n");
        scanf("%d",&body[i].age);
        getchar();                      /*吸收上一句输入的回车符*/
        printf("input status(s or t) :\n");
        body[i]. status=getchar();
```

```
        if( body[i]. status=='s')
        {   getchar();                    /*吸收上一句输入的回车符*/
            printf("input grade:\n");
            scanf("%d",&body[i].depa.grade);
            getchar();                    /*吸收上一句输入的回车符*/
        }
        else
        {   getchar();                    /*吸收上一句输入的回车符*/
            printf("input office:\n");
            gets(body[i].depa.office);
        }
    }
    printf("   name\t\tage status grade/office\n");
    for(i=0;i<N;i++)
    {
        if(body[i].status=='s')
            printf("%-15s\t%3d %3c%13d\n",
                body[i].name,body[i].age,body[i].status,body[i].depa.grade);
                                    /*对齐输出数据*/
        else
            printf("%-15s\t%3d %3c%13d\n",
                body[i].name,body[i].age,body[i].status,body[i].depa.office);
                                    /*对齐输出数据*/
    }

    system("pause");
    return 0;
}
```

运行结果如图 10-7 所示。

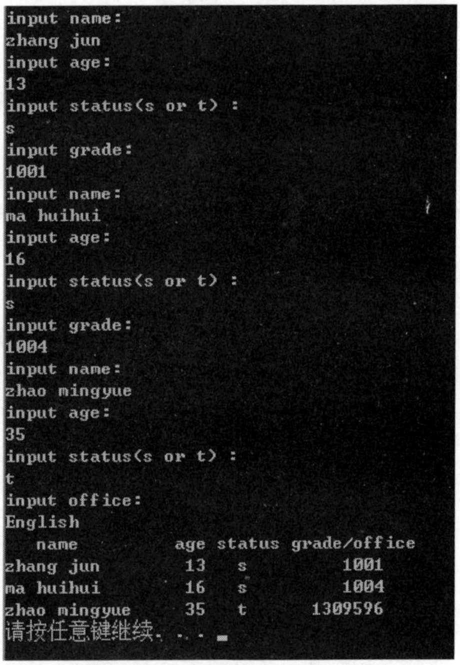

本例程序用一个结构数组 body 来存放人员数据，该结构共有 4 个成员。其中成员项 depa 是一个联合类型，这个联合又由两个成员组成，一个为整型量 grade，一个为字符数组 office。在程序的第一个 for 语句中，输入人员的各项数据，先输入结构的前三个成员 name、age 和 status，然后判别 status 成员项，如为 "s" 则对联合 depa.grade 输入（对学生赋班级编号），否则对 depa.office 输入（对教师赋教研组名）。程序中的第二个 for 语句用于输出各成员项的值。

说明：在处理结构体问题时经常涉及字符或字符串的输入，这时要注意：

（1）scanf( )函数用%s 输入字符串遇空格即结束，因此输入带空格的字符串要改用 gets( )函数。

（2）在输入字符类型数据时往往得到的是空白符（空格符、回车符等），甚至运行终止，因此常作相应处理，即在适当的地方增加 "getchar( );" 空输入语句，以消除缓冲区中的空白符。

图 10-7 例 10-8 运行结果

C 语言不仅提供了丰富的数据类型，而且允许由用户自己定义类型说明符，也就是说允许由

用户为数据类型取"别名"。类型定义符 typedef 即可用来完成此功能。例如,有整型量 a、b,其说明如下:

```
int a,b;
```

其中 int 是整型变量的类型说明符。int 的完整写法为 integer,为了增加程序的可读性,可把整型说明符用 typedef 定义为

```
typedef int INTEGER
```

这以后就可用 INTEGER 来代替 int 作整型变量的类型说明了。例如:

```
INTEGER a,b;
```

它等效于

```
int a,b;
```

用 typedef 定义数组、指针、结构等类型将带来很大的方便,不仅使程序书写简单,而且使意义更为明确,因而增强了可读性。例如:

```
typedef char NAME[20];
```

表示 NAME 是字符数组类型,数组长度为 20。然后可用 NAME 说明变量,如:

```
NAME a1,a2,s1,s2;
```

完全等效于

```
char a1[20],a2[20],s1[20],s2[20];
```

又如:

```
typedef struct stu
{
    char name[20];
    int age;
    char sex;
} STU;
```

定义 STU 表示 stu 的结构类型,然后可用 STU 来说明结构变量:

```
STU body1,body2;
```

typedef 定义的一般形式为:

```
typedef 原类型名   新类型名
```

其中原类型名中含有定义部分,新类型名一般用大写表示,以便于区别。

有时也可用宏定义来代替 typedef 的功能,但是宏定义是由预处理完成的,而 typedef 则是在编译时完成的,后者更为灵活方便。

10.6   应用程序举例

【例 10-9】一个公司有 10 名员工,每个员工的数据包括职工号、姓名、出生日期和工资。请使用结构体表示员工的信息,并用结构体数组来存所有员工的数据。要求输入 10 名员工的信息,计算平均工资,并输出工资最高的员工的数据。然后对上述的员工数据数组按工资从高到低排序,并输出排序后各员工的信息。

源程序如下:

```
#include <stdio.h>
#include <stdlib.h>
#define N 3                    /*员工个数 N 在下列各个函数内的数值都是 10，是不变的*/

float avesalary;
struct st
{
    int num;
    char name[20];
    char birth[20];
    float salary;
};
void input(struct st a[])    /*输入所有员工信息*/
{
    int i;
    for(i=0;i<N;i++)
    {
        printf("请输入: \n 职工号 姓名   出生日期 工资（数据之间以空格隔开）: \n");
        scanf("%d%s%s%f",&a[i].num,a[i].name,a[i].birth,&a[i].salary);
    }
}
void aves(struct st b[])      /*求出所有员工的平均工资*/
{
        int i;
        float total=0;
        for(i=0;i<N;i++)
        total=total +b[i].salary;
        avesalary=total/N;
}
void sort(struct st c[])            /*按员工工资从高到低进行排序*/
{
        int i,j;
        struct st t;
        for(i=0;i<N-1;i++)
        for(j=0;j<N-1-i;j++)
            if(c[j].salary<c[j+1].salary)
            {
                t=c[j];
                c[j]=c[j+1];
                c[j+1]=t;
            }
}
void outputmax(struct st d[])    /*输出最高工资的员工信息*/
{
    printf("最高工资的员工信息:职工号%d,姓名%s,生日%s,工资%.2f\n", d[0].num,d[0].
name,d[0].birth,d[0].salary);
}
void outputall(struct st e[])    /*输出所有员工信息*/
{
```

```
    int i;
  printf("职工号 姓名      生日    工资 \n");
    for(i=0;i<N;i++)
  printf("%5d %6s %10s %7.2f\n",e[i].num,e[i].name,e[i].birth,e[i].salary);
}

int main()
{
    struct st s[N];

    input(s);
    printf("\n");
    aves(s);
    sort(s);
    printf("平均工资为:%.2f\n",avesalary);
    outputmax(s);
    printf("\n");
    printf("按工资排序后各员工信息:\n");
    outputall(s);

    system("pause");
    return 0;
}
```

运行结果如图 10-8 所示。

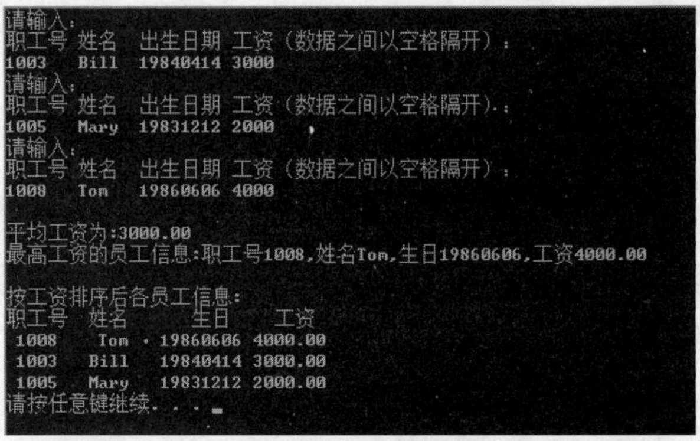

图 10-8　例 10-9 运行结果

10.7　本章常见错误及解决方法

结构体成员连续为字符串时，常常会出现一些问题，如下例。

【例 10-10】串长度超过存储空间的错误举例。

源程序如下：

```
#include <stdio.h>
#include <stdlib.h>

struct student
{
```

```
    char num[6];
    char name[10];
};

int main()
{
    student stu1;

    scanf("%s%s",stu1.num,stu1.name);
    printf("%s\n%s\n",stu1.num,stu1.name);

    system("pause");
    return 0;
}
```

运行结果如图 10-9 所示。

说明：char num[6]最多只能接收 6 个字符，而且必须包含字符串结束标志，这样字符串长度才满足要求，如果输入"100123回车"，字符串中就没有结束标志了，所以后面的字符也跟着输出了。

解决方法：最长输入 5 个字符或改变字符数组长度。

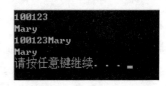

图 10-9　例 10-10 运行结果

10.8　本 章 小 结

本章学习了 C 语言的用户自定义类型，包括结构体、联合体（共用体），还学习了用户定义类型名的方法。本章学习的重点是结构体类型，在学习了结构体类型后，知道了联合类型与之相似和区别之处，掌握联合类型也就比较容易了。

（1）结构和联合有很多的相似之处，它们都由成员组成，成员可以具有不同的数据类型。成员的表示方法相同，都可用三种方式作变量说明。

（2）在结构中，各成员都占有自己的内存空间，它们是同时存在的。一个结构变量的总长度等于所有成员长度之和。在联合中，所有成员不能同时占用它的内存空间，它们不能同时存在。联合变量的长度等于最长的成员的长度。

（3）结构定义允许嵌套，结构中也可用联合作为成员，形成结构和联合的嵌套。

（4）联合类型。从它与结构体的相似和区别着手，掌握类型的定义、变量的说明和引用，以及共用体的主要用途等。

习　　题

一、选择题

1. 设有以下定义和语句，则输出的结果应为（　　　）。

```
struct data
{
    char name[10];
    int age;
    long int score;
} t;
```

```
printf("%d",sizeof(t));
```

    A. 16   B. 17   C. 15   D. 10

2. 下列程序的输出结果是（　　　）。

```
#include <stdlib.h>
#include <stdio.h>

struct abc
{
    int a;
    int b;
    int c;
};

int main()
{
    struct abc s[2]={{1,2,3},{4,5,6}};
    int t;

    t=s[0].a+s[1].b;
    printf("%d\n",t);

    system("pause");
    return 0;
}
```

    A. 5   B. 6   C. 7   D. 8

3. 以下程序的输出结果是（　　　）。

```
#include <stdlib.h>
#include <stdio.h>

union myun
{
    struct
    {
        int x;
        int y;
        int z;
    }u;
    int k;
}a;

int main()
{
    a.u.x=4;
    a.u.y=5;
    a.u.z=6;
    a.k=0;
    printf("%d\n",a.u.x);

    system("pause");
    return 0;
}
```

    A. 5   B. 6   C. 4   D. 0

二、编程题

1. 定义一个结构体变量（包括年、月、日）。在主函数中计算该日在本年中是第几天。

2. 写一个函数 days( )实现上面的计算。由主函数将年、月、日传递给 days( )函数，计算后将日子数传回主函数输出。

3. 编写一个函数 print( )，输出 5 个学生的数据记录，每个记录包括 num、name、score[3]，用主函数输入这些记录，用 print( )函数输出这些记录。

4. 在上题的基础上，编写一个函数 input( )，用来输入 5 个学生的数据记录。

5. 有 10 个学生，每个学生的数据包括学号、姓名、3 门课的成绩，从键盘输入 10 个学生的数据，要求打印出 3 门课的平均成绩，以及平均成绩最高的学生的数据（包括学号、姓名、3 门课成绩、平均分数）。

6. 13 个人围成一圈，从第一个人开始顺序报号 1、2、3。凡报到 3 者退出圈子。找出最后一个留在圈子中的人的最初序号。

第⑪章 文 件

文件是程序设计中的一个重要概念。本章学习 C 程序中文件的使用，并介绍文件读/写函数的功能及各个参数的含义。通过本章学习，可以清楚地认识 C 程序数据处理的方式，程序处理的数据从何而来，得到的结果送到哪里去，以及如何利用读写函数解决这方面的问题。

本章知识要点：

◎ 文件的概念。

◎ 文件的打开与关闭函数。

◎ 文件读写函数的应用。

11.1 文 件 概 述

文件是指有组织的存储在外部介质（内存以外的存储介质）上数据的集合。每一个文件必须有一个文件名，一个文件名由文件路径、文件名主干和扩展名三部分组成。计算机系统都包括文件系统，按文件名对文件进行组织和存取管理。

任何应用软件的设计及应用，都离不开对数据的存储与调用，在 C 语言应用设计初期阶段，对数据管理的操作正处于文件管理阶段，因此 C 语言提供了强大的文件管理功能。在外部介质上写（存储）数据，首先必须建立一个文件，然后向它写入数据。要想获取保存在外部介质上的数据，首先必须找到指定的文件，然后再读取该文件中数据。

在 C 语言程序中对文件名的应用中，要注意以下两个方面。

（1）用两个反斜杠（\\）作为目录、子目录、文件之间的分隔。因为单个反斜杠（\）是转义字符的起始符，因此使用两个反斜杠（\\）作为目录、子目录和文件之间的分隔符。如在 d 盘的 exam 文件夹中存储文件 test.txt，在 C 语言程序使用中要写成：d:\\exam\\test.txt。

（2）文件名的命名，必须符合操作系统的命名规则。

规则 1：文件名最长可以使用 255 个字符。

规则 2：文件名由两部分组成：主文件名和扩展名，扩展名用来表示文件类型，也可以使用多间隔符的扩展名。如 win.ini.txt 是一个合法的文件名，但其文件类型由最后一个扩展名决定。

规则 3：文件名中允许使用空格，但不允许使用下列字符（英文输入法状态）：< 、>、 /、 \、 | 、:、 "、 * 、?。

规则 4：Windows 系统对文件名中字母的大小写在显示时有不同，但在使用时不区分大小写。

文件按照内容划分，有数据文件、源程序文件、可执行程序文件等，本章主要讨论数据文件，根据文件中数据的组织形式，可分为 ASCII 文件（也称字符文件）和二进制文件。ASCII 文件又称文本（text）文件，它将每一个字节转换成其对应的一个 ASCII 代码，然后进行存放，代表一个字符。二进制文件是把内存中的数据按其在内存中的存储形式原样输出到磁盘上存放。如表示整数 322，ASCII 文件表示如图 11-1 所示，二进制文件表示如图 11-2 所示。

00110011	00110010	00110010
3	2	2

图 11-1　ASCII 文件形式

00000001	01000010

图 11-2　二进制文件形式

从图 11-1 可以看出，表示整数 322，用 ASCII 文件形式占用 3 个字节，一个字节表示一个 ASCII 文件字符，输出时对每一个字符逐个进行处理，也便于输出字符，但花费将二进制转换为 ASCII 码的时间，而且占存储空间较多。从图 11-2 可以看出，表示整数 322，用二进制文件形式占用 2 个字节，节省存储空间，同时无须进行转换，节省转换时间，但一个字节不对应一个字符，不能按字符形式直接输出。

C 语言把文件看作一个字节序列，即由一个一个字符（字节）的数据顺序组成，称为"流（stream）"，以字节为单位存取，用程序控制输入/输出的数据流的开始和结束，不受物理符号（如回车换行符）控制，这种形式文件称为流式文件。也就是说，C 语言中文件并不是由记录组成的。那么一个 C 语言文件就是一个字节流或二进制流。

C 语言所使用的磁盘文件系统有两种：一种称为缓冲文件系统，也称标准文件系统；一种称为非缓冲文件系统。缓冲文件系统是指系统自动地在内存区为每一个正在使用的文件开辟一个缓冲区。首先从外部介质向内存读入数据时，一次从磁盘文件将一些数据输入到内存缓冲区（充满缓冲区），然后从缓冲区逐个地将数据送给接收程序变量，最后将文件数据输出。由各个具体的 C 版本确定缓冲区的大小，由一般为 512 字节。非缓冲文件系统是指由用户自己根据需要为每个文件设定缓冲区，不由系统自动设置。ANSI C 只采用缓冲文件系统，本章只介绍缓冲文件系统以及对它的读写。

11.2　文件的使用

在 C 语言中，对文件的读写都是通过调用库函数实现的，没有直接用于输入/输出的关键字。ANSI C 定义了标准输入/输出函数，进行文件的读/写操作。标准输入/输出函数是通过操作 FILE 类型（stdio.h 中定义的结构类型）的指针实现对文件的存取。

利用标准输入/输出函数进行文件处理的一般步骤为：

（1）打开文件，建立文件指针或文件描述符与外部文件的联系。

（2）通过文件指针或文件描述符进行读/写操作。

（3）关闭文件，切断文件指针或文件描述符与外部文件的联系。

在程序开始运行时，系统会自动打开以下三个标准流式文件：标准输入文件（stdin）、标准输出文件（stdout）、标准错误文件（stderr），它们隐含指向终端设备。

11.2.1　文件的声明

在缓冲文件系统中定义了一个"文件指针"，它是由系统定义的结构体类型，并取名为 FILE，所以我们也称 FILE 类型指针。在 ANSI　C 中的 stdio.h 文件中对该结构体类型的声明为：

```
typedef struct  {
        short           level;      /*fill/empty level of buffer*/
        unsigned        flags;      /*File status flags*/
        char            fd;         /*File descriptor*/
        unsigned char   hold;       /*Ungetc char if no buffer*/
        short           bsize;      /*Buffer size*/
        unsigned char   *buffer;    /*Data transfer buffer*/
        unsigned char   *curp;      /*Current active pointer*/
        unsigned        istemp;     /*Temporary file indicator*/
        short           token;      /*Used for validity checking*/
}       FILE;                       /*This is the FILE object*/
```

因这个文件类型在 stdio.h 文件中定义，所以首先要包含 stdio.h 文件，然后才能对文件进行操作。我们通常用 FILE 类型来定义指针变量，通过它来访问结构体变量。需要多少个文件，就定义多少个变量，系统会为这些变量开辟如上所述的结构体变量。

定义文件类型指针变量的一般格式为：

```
FILE *变量名;
```

例如：

```
FILE *mp,*np,*tp;
```

表示定义了 mp、np、tp 三个指针变量，都是指向 FILE 类型结构体数据的指针变量。

11.2.2　文件的打开与关闭

对文件进行读写操作包含打开文件、使用文件和关闭文件三个步骤。ANSI C 定义了标准输入/输出函数库，用函数 fopen( )来打开文件，用函数 fclose( )来关闭文件。对于文件读操作可使用函数 fgetc( )、fscanf( )、fread( )和 getw( )；对于文件的写操作可使用函数 fputc( )、fprintf( )、fwrite( )和 putw( )。以下逐一讲述这些函数的使用方法。

1. fopen( )函数

fopen( )函数调用形式为：

```
fopen("文件名","文件操作方式");
```

fopen( )函数功能：以指定的"文件操作方式"打开"文件名"所指向的文件。

例如，在计算机 E 盘的 exam 文件夹中存储有数据文件 TEST.txt，若使用 fopen( ) 打开该文件，可使用 fopen("E:\\exam\\TEST.txt","r")，该函数表示以"r"（只读方式，即只能读取文件数据，不能向文件写数据）方式打开文件 TEST.txt。

说明：

（1）文件名要准确描述文件的相关信息，即包含文件路径、文件名和文件扩展名。当打开的文件存储于当前目录时，文件路径可以省略。

（2）要理解每种文件操作方式的含义。如"r"打开一个文件时，该文件必须已经存在，且只能从该文件读取数据。文件操作方式的符号及其含义如表 11–1 所示。

表 11-1　文件操作方式的符号及其含义

文件操作方式符号	功　　能
r（只读）	打开一个文本文件，只能读取其中数据
w（只写）	创建并打开一个文本文件，只能向其写入数据
a（追加）	打开或创建一个文本文件，在文件的尾进行添加数据
rb（只读）	打开一个二进制文件，只能读取其中数据
wb（只写）	创建并打开一个二进制文件，只能向其写入数据
ab（追加）	打开或创建一个二进制文件，在文件的尾进行添加数据
r+（读写）	打开一个文本文件，可读取或写入其中数据
w+（读写）	创建并打开一个文本文件，可读取或写入其中数据
a+（读写）	打开或创建一个文本文件，可读取或在文件的尾进行添加数据
rb+/r+b（读写）	打开一个二进制文件，可读取或写入其中数据
wb+/w+b（读写）	创建并打开一个二进制文件，可读取或写入其中数据
ab+/a+b（读写）	打开或创建一个二进制文件，可读取或在文件的尾进行添加数据

说明：

（1）r 或 rb 或 r+或 rb+或 r+b 操作方式只能对已经存在的文件进行操作，不能创建新文件。w 或 wb 或 w+或 wb+或 w+b 操作方式创建新文件时，如果文件已经存在，将覆盖已有数据。a 或 ab 或 a+或 ab+或 a+b 操作方式要先检查文件是否存在，若存在，则打开文件，若不存在则新建文件。

（2）用以上方式打开二进制文件或文本文件是 ANSI C 的规定，但目前有些 C 编译器可能不完全提供这些功能，如有的不能用 r+、w+、a+方式，有的只能用 r、w、a 方式等，使用 C 编译器时要注意这方面的规定。

fopen( )函数返回值：当 fopen( )函数执行成功时，返回一个 FILE 类型的指针值；当执行失败（不能实现打开文件任务）时，返回一个 NULL 值。

不能打开文件的原因可能是磁盘故障、磁盘已满无法建立文件、用"r"方式打开文件不存在等，在使用时，为了检测文件是否正常打开，通常会使用 fopen( )的返回值，使用下面的方法打开文件。

```
FILE  *mp;                        /*定义一个文件指针变量*/
mp=fopen("E:\\exam\\TEST.txt","r");    /*文件指针变量mp指向磁盘文件*/
if(mp==NULL)        /*以文件指针变量mp是否为空，来判断文件是否正常打开*/
{
    printf("Can not open file TEST.txt!\n");
    exit(1);
}
```

如果执行 fopen( )函数成功，则将文件的起始地址赋值给指针变量 mp；如果打开文件失败，则将返回值 NULL 赋值给 mp，输出错误信息提示"Can not open file TEST.txt!"，然后执行 exit(0)函数。exit( )函数的作用是关闭所有文件，终止正在执行的进程，返回操作系统。待对程序进行检查，修正错误后，再运行程序。

2．fclose( )函数

在完成一个文件的使用后，应该关闭它，防止文件被误用或数据丢失，同时及时释放内存，减少系统资源的占用。

fclose( )函数调用形式为:

```
fclose(文件指针变量);
```

fclose( )函数功能:关闭文件指针变量所指向的文件,同时自动释放分配给此文件的缓冲区。

fclose( )函数返回值:如果执行关闭文件操作成功,则返回值为 0;关闭失败,则返回值为 EOF(−1)。

例如:关闭已打开的文件 E:\exam\TEST.txt。

```
FILE  *mp;
mp=fopen("E:\\exam\\TEST.txt","r");
...
fclose(mp);
```

关闭 mp 所指向的文件,同时 mp 不再指向该文件。

11.2.3　文件的读写

打开文件的目的就是要向文件读或者写数据。根据读/写内容形式的不同,分别定义了不同的函数进行操作。fputc( )和 fgetc( )函数是对单个字符进行操作,fputs( )和 fgets( )函数是对字符串进行操作,fprintf( )和 fscanf( )函数是进行格式化操作,fread( )和 fwrite( )函数是对数据块进行操作。

1. fputc( )函数

一般调用形式为:

```
fputc(ch,mp);
```

参数:ch 是要写入文件的字符,可以是字符常量,也可以是字符变量,很多地方将变量 ch 定义为整型变量,因为整型变量可以赋值为字符常量或变量;mp 是 FILE 类型的数据文件指针变量。

函数功能:将字符 ch 的值写到 mp 所指向的文件中。

函数返回值:如果执行成功,返回值就是所写的字符;如果执行失败,返回值就是 EOF(−1)。

【例 11-1】利用 fputc( )函数向磁盘文件 E:\exam\TEST.txt 写入 SEE YOU NEXT TIME!

分析:解决文件类型的题目要严格按照文件的使用步骤进行,即打开文件、使用文件和关闭文件三步。在打开文件之前要先定义一个 FILE 类型的指针,使用 fopen( )函数建立所使用文件与文件指针的关联。在使用文件时,通常使用读/写函数结合循环结构进行处理。本题可使用 while 和 fputc( )处理。最后切记要使用 fclose( )关闭已打开的文件。

源程序如下:

```
#include <stdio.h>
#include <stdlib.h>

int main()
{
    FILE *mp;
    char ch;

    mp=fopen("e:\\exam\\TEST.txt","w");
    if(mp==NULL)
    {
        printf("Can not open the file TEST.txt!\n");
        system("pause");
```

```
        exit(1);
    }
    ch=getchar();
    while(ch!='\n')           /*以输入回车符作为结束标识从键盘获取字符*/
    {
        fputc(ch,mp);         /*利用 fputc()函数将 ch 字符写入 mp 指向的磁盘文件*/
        ch=getchar();
    }
    fclose(mp);

    system("pause");
    return 0;
}
```

向程序运行窗口内输入：SEE YOU NEXT TIME!，如图 11-3 所示。在 E 盘 exam 文件夹下打开 TEST.txt 文件，可以看到文件的内容为 "SEE YOU NEXT TIME!"，如图 11-4 所示。

图 11-3　例 11-1 程序运行界面输入内容

图 11-4　例 11-1 写入 TEST.txt 的数据

说明：

（1）文件指针变量 mp 实际指向的是文件的 FILE 结构体，当 "fputc(ch,mp);" 语句每执行成功一次，数据文件指针就会自增 1，指向下一个字符，然后在向磁盘文件写入该字符。

（2）所输入的字符并没有立即给变量 ch，而是当回车之后先送到缓冲区中，然后 ch 从缓冲区读数据，直到遇到回车符为止。因键盘为标准输入设备，可直接使用，无须执行打开操作。

（3）文件 TEST.txt 的路径 e:\exam\TEST.txt，在程序中要写成 e:\\exam\\TEST.txt。

2．fgetc( )函数

一般调用形式为：

```
fgetc(mp);
```

参数：mp 是 FILE 类型的数据文件指针变量。

函数功能：从 mp 所指向的文件中读取一个字符。

函数返回值：如果执行成功，返回值就是读取的字符；如果执行时遇到文件结束符，返回值就是 EOF（-1）。

当函数读取字符遇到结束符时，函数的返回值就为-1。

【例 11-2】利用 fgetc( )函数读取磁盘文件 E:\exam\TEST.txt 中的内容，如图 11-4 所示。

源程序如下：

```
#include <stdio.h>
#include <stdlib.h>

int main()
{
    FILE *mp;
    char ch;

    mp=fopen("E:\\exam\\TEST.txt","r");
    if(mp==NULL)
    {
```

```
        printf("Can not open the file TEXT.txt!\n");
        system("pause");
        exit(1);
    }
    ch=fgetc(mp);
    while(ch!=EOF)      /*利用 fgetc()函数获取磁盘文件内容，当遇到文件结束符时停止*/
    {
        putchar(ch);    /*利用 putchar()函数将 ch 输出到显示器*/
        ch=fgetc(mp);
    }
    putchar('\n');
    fclose(mp);

    system("pause");
    return 0;
}
```

程序运行结果为：SEE YOU NEXT TIME!，如图 11-3 所示。

说明：

（1）文件指针变量 mp 实际指向的是文件的 FILE 结构体，当"fgetc(mp)" 函数调用每执行成功一次，数据文件指针就会自增 1，指向下一个字符，然后在向磁盘文件读取该字符。

（2）因为只是读取 TEST.txt 文件中的内容，所以用"只读"（"r"）方式打开文件，为了避免误操作修改文件的内容，一定不要写成"w"操作方式。

（3）在 while 循环中，每次从 TEST.txt 文件中读取一个字符，赋值给变量 ch，在显示器上显示该字符，当读取字符遇到文件结束标志时，fgetc(mp)的返回值为 EOF（即-1），循环结束。因显示器为标准输出设备，可直接使用，无须执行打开操作。

3. fputs( )函数

一般调用形式为：

```
fputs(str,mp);
```

参数：str 是字符串或字符数组；mp 是 FILE 类型的数据文件指针变量。

函数功能：将 str 字符指针所指向的字符串（或字符数组中的所有字符、字符串常量），写到 mp 所指向的文件。其中字符串的结束符'\0'不写入。

函数返回值：如果执行成功，返回值非负值；如果执行失败，返回值就是 EOF（-1）。

【例 11-3】将利用键盘输入的字符串保存到磁盘文件 E:\exam\TEST.txt 中。

源程序如下：

```
#include <stdio.h>
#include <stdlib.h>
#include <string.h>

int main()
{
    FILE *mp=fopen("E:\\exam\\TEST.txt","w");
    char str[100];

    if(mp==NULL)
    {
        printf("Can not open the file TEST.txt!.\n");
        system("pause");
```

```
        exit(1);
    }
    while(strlen(gets(str))>0)   /*用 gets()从键盘获取字符串，当输入空白字符时停止*/
    {
        fputs(str, mp);          /*用 fputs()将字符串 str 写入 mp 指向的磁盘文件*/
        fputs("\n",mp);
    }
    fclose(mp);

    system("pause");
    return 0;
}
```

在程序运行窗口中输入如图 11-5 所示内容。在 E 盘 exam 文件夹下打开 TEST.txt 文件，如图 11-6 所示。

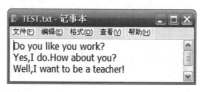

图 11-5　例 11-3 程序运行界面输入内容　　　图 11-6　例 11-3 写入 TEST.txt 的数据

说明：

（1）程序执行过程为：首先将键盘输入字符串保存到 str[ ]字符数组，然后调用 fputs( )函数将 str[ ]中字符串写到 E:\exam\TEST.txt 文件中。

（2）例题中 while 循环退出的条件是字符串的长度为 0，最后两行都只输入一个回车符，这里系统是将回车符作为空白字符处理的，倒数第二个回车符表明当前输入的字符串长度为 0，输入最后一个回车符后，将退出输入窗口。

（3）为了将输入的字符串区分开，因 fputs( )函数不会自动在字符串后添加'\n'字符，故在循环中，每个字符串写入后，执行 "fputs("\n",mp);" 语句，添加一个'\n'字符。

4．fgets( )函数

一般调用形式为：

```
fgets(str,n,mp);
```

参数：str 是用于存放读取的字符串的字符数组（或字符指针指向字符数组）；n 是一个整型数据，表示放入 str 中字符的个数，其中包括 n-1 个字符和自动添加的'\0'；mp 是 FILE 类型的数据文件指针变量。

函数功能：从 mp 所指向的文件中读取 n-1 个字符，并在最后自动添加'\0'，将其放入 str 中。如果读入字符的个数不到 n-1 个就遇到文件结束符 EOF 或换行符'\n'，则结束读入，同时将换行符'\n'读入到 str 中。

函数返回值：如果执行成功，返回值为 str 的首地址；如果执行失败（出错或读到文件尾），返回值就是 NULL。

【例 11-4】将上述例题写入磁盘文件 E:\exam\TEST.txt 中内容（见图 11-6）读取出来。

源程序如下：

```
#include <stdio.h>
#include <stdlib.h>
```

```
#include <string.h>

int main()
{
    FILE *mp;
    char str[100];

    mp=fopen("E:\\exam\\TEST.txt","r");
    if(mp==NULL)
    {
        printf("Can not open the file text.txt!\n");
        system("pause");
        exit(1);
    }
    while(fgets(str, 100, mp)!=NULL) /*利用 fgets()函数从 mp 指向的磁盘文件获取 100
                                        个字符给字符数组 str，当获取内容为空时停止*/
    printf("%s",str);
    fclose(mp);

    system("pause");
    return 0;
}
```

运行结果如图 11-7 所示。

说明：

（1）程序执行过程，首先利用 fgets()函数将 mp 指向文件内容给数组 str[ ]，然后利用 printf()函数将数组 str[ ]中的内容输出。

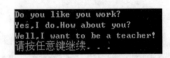

图 11-7　例 11-4 运行结果

（2）在语句"printf("%s",str);"中没有"\n"，而输出的每一段字符串也进行了换行，说明 fgets()函数读取字符串中字符时，读取了每个字符串最后包含的'\n'字符。

5. fprintf( )函数

一般调用形式为：

```
fprintf(文件指针,格式字符串,输出列表项);
```

fprintf()函数与 printf()函数都是输出函数，只不过输出的位置不同，printf()函数是将数据输出到显示器，而 fprintf()函数是将数据输出到磁盘文件。

参数：格式字符串可参照 printf()函数的要求。

函数功能：按照格式字符串的格式，将输出列表项中的内容输出到文件指针所指向的文件。

函数返回值：是写入文件的字符个数，现在需要在不向文件写内容（因内容改变）的情况下得到其返回值。

例如：

```
int m=12;
char n='c';
FILE *mp;
...
fprintf(mp,"%d, %c",m,n);
```

以上程序是将整型变量 m 和字符型变量 n，按照"%d,%c"的格式输出到 mp 所指向的文件中。执行后输出到磁盘文件的内容如下：

12,c

【例 11-5】从键盘输入三个学生姓名、学号和年龄，并把这些数据写到磁盘文件 E:\exam\student.txt 中。

源程序如下：

```c
#include <stdio.h>
#include <stdlib.h>
#include <string.h>

int main()
{
    FILE *mp;
    int ID;
    char name[20],litter[10];
    int age;

    mp=fopen("E:\\exam\\student.txt","w");
    if(mp==NULL)
    {
        printf("Can not open the file student.txt.\n ");
        exit (0);
    }
    printf("Please input ID:\t");
    scanf("%d",&ID);
    printf("Please input name:\t");
    gets(litter);
    scanf("%s",name);
    printf("Please input age:\t");
    scanf("%d",&age);
    while(ID!=0)
    {
        fprintf(mp,"%d,%s,%d\n",ID,name,age);   /*利用 fprintf()函数将 ID,name,age
                                                 按照相应的格式写入到 mp 指向磁盘文件*/
        printf("\n");
        printf("Please input ID:\t");
        scanf("%d",&ID);
        printf("Please input name:\t");
        gets(litter);
        scanf("%s",name);
        printf("Please input age:\t");
        scanf("%d",&age);
    }
    fclose(mp);

    system("pause");
    return 0;
}
```

运行结果如图 11-8 所示。在 E 盘的 exam 文件夹中查看 student.txt 文件，打开该文件，可看到如图 11-9 所示的数据。

说明：

（1）程序执行中，先把键盘输入的数据给定义的变量，然后再通过 fprintf()函数将变量的值写入磁盘文件。

（2）程序是通过判断变量 ID 的值是否为 0 来控制循环的，所以在循环执行前要输入第一个学生的信息，且不能为 0，因为输入三个学生的信息，在第四个学生的信息输入时，第一个值（赋值给 ID 的值）要输入 0，这样 while 条件不成立，就退出循环，即录入学号为 0 的这条记录不写入文件 student.txt 中。

（3）到磁盘文件下打开文件，可以验证输入的内容是否正确输入到文件中。因没有在 fprintf( ) 函数中输出 "\n"，可以看到所以写入的数据都在一行上。

```
Please input ID:       2019001
Please input name:     Tommy
Please input age:      21

Please input ID:       2019002
Please input name:     Rossy
Please input age:      20

Please input ID:       2019003
Please input name:     Lottoussy
Please input age:      18

Please input ID:       2019004
Please input name:     Jas
Please input age:      23

Please input ID:       0
Please input name:     busy
Please input age:      0
请按任意键继续. . .
```

图 11-8　例 11-5 运行时输入的数据

student.txt - 记事本
文件(F)　编辑(E)　格式(O)　查看(V)　帮助(H)
2019001,Tommy,21
2019002,Rossy,20
2019003,Lottoussy,18
2019004,Jas,23

图 11-9　例 11-5 写入文件的数据

6．fscanf( )函数

一般调用形式为：

```
fscanf(文件指针,格式字符串,输入列表项);
```

fscanf( )函数与 scanf( )函数都是输入函数，只不过获取数据的位置不同，scanf( )函数是从键盘获取数据，而 fscanf( )函数是从磁盘文件获取数据。

参数：格式字符串可参照 scanf( )函数的要求。

函数功能：按照格式字符串的格式，将文件指针所指向的文件中的数据赋值给输入列表项。

函数返回值：为整型数据，表示成功读入的参数的个数；失败返回 EOF。

例如，假设 mp 文件中存储的数据为 "25，t"：

```
int m;
char n;
FILE *mp;
…
fscanf(mp,"%d,%c",&m,&n);
```

程序执行过程为：将文件中的整数 25 给变量 m，将文件中的字符常量 t 给字符变量 n。

【例 11-6】在 E 盘 exam 文件夹中的 grade.txt 文件中存储了若干名学生 "程序设计技术（C 语言）"的考试成绩，grade.txt 中的数据如图 11-10 所示，将这些成绩显示屏幕上并求不及格的学生数以及不及格率。

分析：题目中没有给出数据文件中记录的个数，可以使用

grade.txt - 记事本
文件(F)　编辑(E)　格式(O)　查看(V)　帮助(H)
87
59
75
54
78
66
68
90
41
76
61

图 11-10　例 11-6 中数据文件
grade.txt 中的数据

fscanf( )函数的返回值是否为 EOF 判断是否到达了文件的结尾。每次读取一个数据到变量中, 再根据变量中的数据进行判断求解。

源程序如下：

```c
#include <stdio.h>
#include <stdlib.h>

int main()
{
    FILE *mp;
    int score,cnt=0,total=0;

    mp=fopen("E:\\exam\\grade.txt","r");
    if(mp==NULL)
    {
        printf("Can not open the file grade.txt!\n ");
        system("pause");
        exit (0);
    }
    while(fscanf(mp,"%d",&score)!=EOF)    /*利用 fscanf()函数按照相应的格式从 mp
                                            指向磁盘文件获取 ID,name,age 三个变量的
                                            值, 遇到文件结束符停止*/

    {
        printf("%d\n",score);
        total++;
        if(score<60)
            cnt++;
    }
    printf("\n 不及格的学生人数为: %d\n 不及格率为%.2f%%\n",cnt,100.0*cnt/total);
    fclose(mp);

    system("pause");
    return 0;
}
```

运行结果如图 11-11 所示。

7. fwrite( )函数

一般调用形式为：

```c
fwrite(buf,size,count,mp);
```

参数：buf 是一个指针, 指向将要输出数据的存储区的起始地址；size 是指每次写的字节数；count 是指写入的次数；mp 是 FILE 类型的数据文件指针变量。

函数功能：从 buf 所指向的数据存储区获取数据, 向 mp 所指向的文件写入数据, 每次写入 size 个字节, 写入 count 次。

图 11-11 例 11-6 运行结果

函数返回值：如果执行成功, 返回值为 count 的值；如果执行写入的次数小于 count 次, 那么返回实际的次数；如果函数调用失败, 返回值就是 0。

【例 11-7】从键盘输入 5 个学生的学号和两门课程的成绩, 利用 fwrite( )函数将数据写到磁盘文件 E:\exam\stu_grade.txt 中。

源程序如下：

```c
#include <stdio.h>
```

```
#include <stdlib.h>

struct student
{
    int sn;
    int grade1,grade2;
}stu[5];

int main()
{
    FILE *mp;
    int i;

    mp=fopen("e:\\exam\\stu_grade.txt","w");
    if(mp==NULL)
    {
        printf("Can not open the file stu_grade!\n ");
        system("pause");
        exit(0);
    }
    for(i=0;i<5;i++)
    {
        printf("Please the NO.%d information:\n",i+1);
        scanf("%d,%d,%d",&stu[i].sn, &stu[i].grade1, &stu[i].grade2);
    }
    for(i=0;i<5;i++)
    {
        if(fwrite(&stu[i],sizeof(struct student),1,mp)!=1) /*利用 fwrite()函
数将 stu[i]数组中数据写入到 mp 指向磁盘文件，成功执行 fwrite()函数的返回值为 1*/
        printf("This file write error!\n");
    }
    fclose(mp);

    system("pause");
    return 0;
}
```

运行程序输入 5 个学生的学号和两门课程的成绩，运行结果如图 11-12 所示。

程序运行过程中，首先把输入的数据给 stu[5]数组，然后通过 fwrite()函数将数据写入磁盘文件 E:\exam\stu_ grade.txt 中，可以通过打开磁盘文件 stu_grade.txt 来验证以下是否写入到其中。stu_grade.txt 中写入的数据如图 11-13 所示。

图 11-12　例 11-7 运行结果

图 11-13　例 11-7 中写入文件的数据

8. fread( )函数

一般调用形式为：

```
fread(buf,size,count,mp);
```

参数：buf 是一个指针，指向将要读入数据的存储区的起始地址；size 是指每次读取的字节数；count 是指读取的次数；mp 是 FILE 类型的数据文件指针变量。

功能：从 mp 所指向的文件读取数据，每次读取 size 个字节，读取 count 次，将读取的数据存储到 buf 所指向的数据存储区。

返回值：如果执行成功，返回值为 count 的值；如果执行写入的次数小于 count 次，那么返回实际的次数；如果函数调用失败，返回值就是 0。

【例 11-8】利用 fread( )函数验证例 11-7 中输入的内容是否写入到磁盘文件 E:\exam\stu_grade.txt 中。

源程序如下：

```
#include <stdio.h>
#include <stdlib.h>
struct student
{
    char sn[12];
    int grade1,grade2;
}stu[5];

int main()
{
    FILE *mp;
    int i;

    mp=fopen("d:\\exam\\stu_grade.txt","r");
    if(mp==NULL)
    {
        printf("Can not open the file stu_grade!\n");
        system("pause");
        exit(0);
    }
    for(i=0;i<5;i++)
    {
        fread(&stu[i],sizeof(struct  student),1,mp); /*利用 fread()函数获取 mp 指
向磁盘文件的内容，将其赋值给 stu[i]数组*/
        printf("%s,%d,%d\n", stu[i].sn, stu[i].grade1, stu[i].grade2);
    }
    fclose(mp);

    system("pause");
    return 0;
}
```

运行结果如图 11-14 所示。

9. putw( )函数

putw( )函数为非标准 C 所提供函数，也就是说部分 C 语言编译系统提供此函数。

一般调用形式为：

```
2019001,65,78
2019201,98,81
2019002,100,89
2019003,74,65
2019202,48,56
请按任意键继续. . .
```

图 11-14　例 11-8 运行结果

```
putw(i,mp);
```

参数：i 表示一个整型变量或常量；mp 是 FILE 类型的数据文件指针变量。

函数功能：从 mp 所指向的磁盘文件写入一个整数 i。

函数返回值：如果执行成功，返回值为 i 的值；如果执行失败，返回值就是 EOF。

10．getw( )函数

getw( )函数为非标准 C 所提供函数，也就是说部分 C 语言编译系统提供此函数。

一般调用形式为：

```
getw(mp);
```

参数：mp 是 FILE 类型的数据文件指针变量。

函数功能：从 mp 所指向的磁盘文件读取一个整数到内存。

函数返回值：如果执行成功，返回值为 i 的值；如果执行失败，返回值就是 EOF。

11.3　随机文件的读/写

11.2 节中所讲的函数都是顺序读写一个文件，每完成一个字符的读写，文件指针就指向下一个字符。向文件读写字符的位置是由文件指针指向的位置决定的，本节将学习关于文件指针位置定位的函数，可以利用它们实现随机文件的读/写。

1．fseek( )函数

一般调用形式为：

```
fseek(文件类型指针,位移量,起始点);
```

参数：文件类型指针是一个 FILE 类型的数据文件指针变量；位移量是一个长整型数据，如果为正值，表示从"起始点"开始向文件尾方向移动的字节数，如果为负值，表示从"起始点"开始向文件头方向移动的字节数；起始点是指移动的起始位置，可以是数字或宏名代表，在 stdio.h 文件中定义，其含义如表 11-2 所示。

表 11-2　位移量取值所对应的宏及其含义

数　值	宏　名	含　义
0	SEEK_SET	文件头
1	SEEK_CUR	当前位置
2	SEEK_END	文件尾

函数功能：将位置指针指向，从起始点开始，移动到位移量所标识的位置。

函数返回值：如果执行成功，返回值为 0；如果执行失败，返回值就是非 0 值。

例如：

```
FILE *mp;
…
fseek(mp,20L,0);      //表示将位置指针从文件头位置向文件尾位置移动20个字节
fseek(mp,20L,1);      //表示将位置指针从当前位置向文件尾位置移动20个字节
fseek(mp,-20L,1);     //表示将位置指针从当前位置向文件头位置移动20个字节
fseek(mp,20L,2);      //表示将位置指针从文件尾位置向文件头位置移动20个字节
```

fseek( )函数一般用于二进制文件，因为用于文本文件要进行字符转换，计算位置经常会发生混乱。

2．ftell( )函数

一般调用形式为：

```
ftell(文件类型指针);
```

参数：文件类型指针是一个 FILE 类型的数据文件指针变量。

函数功能：位置指针当前指向的位置。

函数返回值：如果执行成功，返回值为位置指针的值；如果出错（如文件不存在），返回值就是-1。

我们经常利用 ftell( )函数的返回值来确定当前位置指针指向的文件是否存在。

例如：

```
FILE *mp;
long m;
…
m=ftell(mp);
if(m= =-1)
printf("FILE ERROR!");
```

通过把位置指针的值赋值给变量 m，利用其返回值，当 m=-1 时，表明位置指针指向文件出错，输出提示内容。

3．rewind( )函数

一般调用形式为：

```
rewind(文件类型指针);
```

参数：文件类型指针是一个 FILE 类型的数据文件指针变量。

函数功能：使位置指针当前指向文件头。

函数返回值：无返回值。

4．feof( )函数

一般调用形式为：

```
feof(文件类型指针);
```

参数：文件类型指针是一个 FILE 类型的数据文件指针变量。

函数功能：判断文件指针是否指向文件尾。

函数返回值：如果文件指针指向文件尾部，返回值为 1；如果文件指针未指向文件尾部，返回值为 0。

11.4　应用程序举例

【例 11-9】利用键盘向磁盘文件 E:\exam\TEST3.txt 输入一篇英文文章，计算其中英文字母的个数及单词的个数。

分析：

（1）向磁盘文件写入内容，调用写入函数即可，注意如何控制输入结束的算法。假如我们用 puts( )函数，可以通过计算最后输入字符串的长度来控制其结束。

（2）计算英文字母个数，设置一个计数器，通过与大写和小写字母进行比较，符合要求，计数器加 1。

（3）计算单词的个数，通过判断遇到单词结束符的方法计算单词的个数，也就是说，当在文章中从遇到字母开始，到遇到空格、逗号、句号三个字符的时候，判定为一个单词。

（4）在读取文件中内容的时候，我们以遇到文件结束符 EOF 作为循环的结束的条件。

源程序如下：

```
#include <stdio.h>
#include <stdlib.h>
#include <string.h>

int main()
{
    FILE *mp;
    char ch;
    char str[5000];
    int flag=1;                              /*标点符号标记*/
    int count1=0;                            /*单词计数器*/
    int count2=0;                            /*字母计数器*/

    mp=fopen("e:\\exam\\TEST3.txt","w");     /*以"w"方式打开磁盘文件*/
    if(mp==NULL)
    {
      printf("Can not open TEST3.txt.\n ");
      system("pause");
      exit (1);
    }
    while(strlen(gets(str))>0)               /*从键盘输入字母到磁盘文件*/
    {
        fputs(str, mp);
    }
    fclose(mp);
    mp=fopen("e:\\exam\\TEST3.txt","r");     /*以"r"方式打开磁盘文件*/
    if(mp==NULL)
    {
        printf("Can not read TEST3.txt.\n");
        system("pause");
        exit(1);
    }
    while((ch=fgetc(mp))!=EOF)               /*从文件中逐个读取字符直到文件尾*/
    {   if(ch==' '||ch==','||ch=='\n'||ch=='.')   /*空格、逗号、换行、句号*/
        flag++;
        else
        if(flag){flag=0; count1++;
        }            /*因标识初始值为 1，即遇到第一字母后就先记一个单词，以后，前为（空格、
            逗号、换行、句号），后为字母，才计为单词*/
        if(('a'<=ch&&ch<='z')|| ('A'<=ch&&ch<='Z'))
          count2++;
    }
    printf("The number of the words in this article is :%d.\n",count1);
    printf("the number of the character is:%d.\n",count2);
    /*输出单词、字母个数*/
    fclose(mp);

    system("pause");
    return 0;
}
```

运行结果如图 11-15 所示。

【例 11-10】设 E 盘 grade 文件夹中的 student.dat 文件存储了 10 个整型数据，如图 11-16 所

示。将这 10 个整型数据显示在屏幕上，并将其中的偶数输出到 result.dat 中。

图 11-15 例 11-9 运行结果   图 11-16   student.dat 中的数据

要求：使用函数 FUN( )判断一个数是否是偶数，并将该函数放在头文件 function.h 中以供主函数调用。

分析：题中涉及两个文件：student.dat 和 result.dat。student.dat 是原始数据文件，用于读取其中的数据；result.dat 是结果数据文件，用于写入结果。因此，本题要先定义两个 FILE 类型的指针，分别指向这两个文件。

题目中给定了数据文件中数据的个数，可以定义一个一维数组，该数组大小与数据文件个数相同。使用循环结构，将 student.dat 中的数据使用函数 fscanf( )读取到所定义的一维数组中。

题目要求中给出了函数名，需要读者确定参数的个数及类型，以及函数的返回值类型。函数确定后，建立头文件 function.h 完成该函数，在主函数中使用#include "function.h"，请读者思考，为什么不使用#include <function.h>呢？

最后将结果使用 printf( )和 fprintf( )分别输出，并关闭所使用的文件。

源程序如下：

```c
#include <stdio.h>
#include <stdlib.h>
#include "function.h"
#define N  10

int main()
{
  FILE *fp,*mp;
  fp=fopen("E:\\grade\\student.dat","r");
  if(fp==NULL)
  {
     printf("Can not open student.dat\n");
     system("pause");
     exit(0);
  }
  mp=fopen("result.dat","w");
  if(mp==NULL)
  {
     printf("Can not open result.dat\n");
     system("pause");
     exit(0);
  }
  int i,array[N];
```

```
for(i=0;i<N;i++)
{
    fscanf(fp,"%d",&array[i]);
    printf("%d\n",array[i]);
}
for(i=0;i<N;i++)
    if(FUN(array[i]))
        fprintf(mp,"%d\n",array[i]);
fclose(fp);
fclose(mp);

system("pause");
return 0;
}
```

头文件 function.h 中的程序：

```
int FUN(int m)
{
  if(m%2==0)
      return 1;
  else
      return 0;
}
```

本题在屏幕上显示的结果如图 11-17 所示，写入 result.dat 中的结果如图 11-18 所示。

图 11-17　例 11-10 运行结果

图 11-18　result.dat 文件中的数据

【例 11-11】dat1.dat 存放的是一系列整型数据，如图 11-19 所示。求 dat1.dat 中的最小三个数的立方和（先求每个数的立方再求和），求得的和显示在屏幕上，并且将最小的三个数与所求得的结果输出到 dat6.dat 中。提示：先对 dat1.dat 中的数据进行排序，然后再进行计算。要求：

（1）使用函数

```
double  intSumMin(int *p,int num)
{
    //实现排序和求值
}
```

来实现，并把该函数放在头文件 ISmin.h 中以便在主函数中调用。

（2）主函数中使用的数组使用动态数组来创建。

（3）dat6.dat 在程序的执行过程中创建。

分析：本题可分为如下 7 个步骤来完成。

（1）创建文件类型的指针。

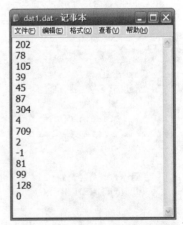

图 11-19　dat1.dat 中的数据

```
FILE *fp,*mp;
```

（2）使用函数 fopen( )建立文件类型指针与文件之间的关联。

```
fp=fopen("文件名","r");
mp=fopen("文件名","w");
```

（3）判断是否成功建立关联。

```
if(fp==NULL)
{
    printf("Can not open 文件名!\n");
    exit(1);
}

if(mp==NULL)
{
    printf("Can not open 文件名!\n");
    exit(1);
}
```

（4）读取数据。

① 已知文件数据中记录的个数（ N ）。定义一维数组 array[N]：

```
int array[N];
for(int i=0;i<N;i++)
    fscanf(fp,"%d",array+i);
```

② 不确定记录的个数。定义一个计数器 cnt，使用 while( )：

```
int cnt=0;
int *p=(int *)malloc(sizeof(int));
while(!feof(fp))
{
    fscanf(fp,"%d",p+cnt);
    cnt++;
    int *ptr=(int *)realloc(p,sizeof(int)*(cnt+1));
    p=ptr;
}
```

（5）创建函数求解，通常情况下包含头文件。

（6）向文件中写数据。

```
fprintf(mp,"%d------\n",??);
```

（7）关闭文件。

```
fclose(fp);
fclose(mp);
```

源程序如下：

```
#include <stdio.h>
#include <stdlib.h>
#include <malloc.h>
#include "ISmin.h"
int main()
{
    FILE *fp=fopen("dat1.dat","r");
    if(fp==NULL)
    {
```

```
        printf("Can not read data from file dat1.dat!\n");
        system("pause");
        exit(1);
    }
    int cnt=0;
    int *p=(int*)malloc(sizeof(int));
    while(!feof(fp))
    {
        fscanf(fp,"%d",p+cnt);
        //printf("%d\n",*(p+cnt));        /*在编写程序的过程中可以使用该条语句测试数据
                                          读取是否正确,当确定读取数据正确后,将该语句删除*/
        cnt++;
        int *ptr=(int *)realloc(p,sizeof(int)*(cnt+1));
        if(ptr==NULL)
        {
            printf("Can not allocate enough memory!\n");
            system("pause");
            exit(1);
        }
        p=ptr;
    }
    FILE *mp;
    mp=fopen("dat6.dat","w");
    if(mp==NULL)
    {
        printf("Can not write data to file dat6.dat!\n");
        system("pause");
        exit(1);
    }
    double sum=intSumMin(p,cnt);
    int i;
    for(i=0;i<cnt;i++)
        fprintf(mp,"%d\n",*(p+i));
    fprintf(mp,"The sum=%.0f\n",sum);
    printf("result=%.0f\n",sum);
    fclose(fp);
    fclose(mp);
    free(p);

    system("pause");
    return 0;
}
```

头文件 ISmin.h 中的程序:

```
#include <cmath>
double intSumMin(int *p,int num)
{
    int i,*v=p,temp;
    for(i=0;i<num;i++)
    {
        for(v=p;v<p+num-1-i;v++)
```

```
            if(*v>*(v+1))
            {
                temp=*v;
                *v=*(v+1);
                *(v+1)=temp;
            }
        }
        double sum;
        sum=(double)(  pow((double)(*v),3)+pow((double)(*(v+1)),3)+pow((double)
(*(v+2)),3));
        return sum;
    }
```

屏幕显示结果如图 11-20 所示，dat6.dat 中的数据如图 11-21 所示。

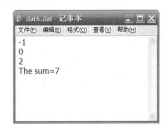

图 11-20　例 11-11 运行结果　　　　图 11-21　dat6.dat 中的数据

11.5　本章常见错误及解决方法

（1）使用函数 fopen( )时，造成已有数据文件中的数据丢失。

函数 fopen( )有两个参数，其中第一参数用于指定文件，第二个参数用于指定文件的使用方式。文件的使用方式常用"r"和"w"，其中"r"的含义是：打开一个文本文件，只能读取其中数据；"w"的含义是：创建并打开一个文本文件，只能向其写入数据。当把一个已存在数据的文件使用"w"时打开时，会把原有的数据全部清除。

在使用函数 fopen( )时请牢记：读取数据文件，使用"r"；写入数据文件，使用"w"。

（2）使用 "FILE *fp= fopen("E:\\grade\\student.dat","w");" 时无法创建文件 student.dat。

在文件名"E:\\grade\\student.dat"中包含了驱动器名 E、文件夹名 grade 和文件名 student.dat,使用"w"方式可以创建文件，但是不能创建文件夹，如果文件夹 grade 不存在，则 student.dat 不会创建成功。为了确保 student.dat 能够创建成功，请先确认文件夹 grade 是否存在；如果文件夹 grade 不存在，则手动创建此文件夹。

（3）如何处理调用输入/输出函数出错？

前面介绍了使用函数的返回值进行判断，可以知道函数是否正确调用。另外还可以使用 ferror( )函数来检查，因为对一个文件每次调用输入/输出函数,ferror( )函数均会产生一个返回值。

ferror( )函数一般调用形式为：

```
ferror(文件类型指针);
```

参数：文件类型指针是一个 FILE 类型的数据文件指针变量。

功能：生成对文件进行输入/输出操作的返回值。

返回值：如果对文件进行输入/输出操作执行成功，返回一个非零值；如果对文件进行输入/输出操作出错，返回值就是 0。

当对文件进行输入/输出操作出现错误，那么错误标志将一直保留，直到这个文件再调用其他输入/输出函数、rewind( )函数或 clearerr( )函数。

clearerr( )函数一般调用形式为：

```
clearerr(文件类型指针);
```

参数：文件类型指针是一个 FILE 类型的数据文件指针变量。

功能：始文件的错误标志和文件结束标志置为 0。

11.6　本 章 小 结

文件是指有组织的存储在外部介质（内存以外的存储介质）上数据的集合。计算机系统都包括文件系统，按文件名对文件进行组织和存取管理。C 语言所使用的磁盘文件系统有两种：一种称为缓冲文件系统，也称标准文件系统；一种称为非缓冲文件系统。

在 C 语言中，对文件的读写都是用库函数来实现的，这些函数的说明包含在头文件 stdio.h 中。在缓冲文件系统中定义了一个结构体类型的"文件指针"，也称 FILE 类型指针。对磁盘文件的操作必须先打开，后读写，最后关闭。文件的打开用 fopen( )函数，文件的关闭用 fclose( )函数实现。常用的读写函数有字符读写函数、字符串读写函数、数据块读写函数和格式化读写函数。

一般文件的读写都是顺序读写，就是从文件的开头开始，依次读取数据。文件的位置指针指出了文件下一步的读写位置，每读写一次后，指针自动指向下一个新的位置。要实现随机读写，可以通过文件位置指针移动函数的使用，改变文件的位置指针的指向来实现。

习　题

一、选择题

1. 若执行 fopen( )函数时发生错误，则函数的返回值是（　　　）。

　　A. 地址值　　　　　　　　B. 0　　　　　　　　　C. 1　　　　　　　　　D. EOF

2. 若以"a+"方式打开一个已存在的文件，则以下叙述正确的是（　　　）。

　　A. 文件打开时，原有文件内容不被删除，位置指针移到文件末尾，可作添加和读操作

　　B. 文件打开时，原有文件内容被删除，位置指针移到文件开头，可作重新写和读操作

　　C. 文件打开时，原有文件内容被删除，只可作写操作

　　D. 以上各种说法皆不正确

3. 当顺利执行了文件关闭操作时，fclose( )函数的返回值是（　　　）。

　　A. -1　　　　　　　　　　B. TRUE　　　　　　　C. 0　　　　　　　　　D. 1

4. 已知函数的调用形式：fread(buffer,size,count,fp);，其中 buffer 代表的是（　　　）。

　　A. 一个整型变量，代表要读入的数据项总数

　　B. 一个文件指针，指向要读的文件

　　C. 一个指针，指向要读入数据的存放地址

D．一个存储区，存放要读的数据项

5．fscanf( )函数的正确调用形式是（　　　）。

    A．fscanf(fp,格式字符串,输也表列)　　　　　B．fscanf(格式字符串,输出表列,fp)

    C．fscanf(格式字符串,文件指针,输出表列)　　D．fscanf(文件指针,格式字符串,输入表列)

6．fwrite( )函数的一般调用形式是（　　　）。

    A．fwrite(buffer,count,size,fp)　　　　　　　B．fwrite(fp,size,count,buffer)

    C．fwrite(fp,count,size,buffer)　　　　　　　D．fwirte(buffer,size,count,fp)

7．fgetc( )函数的作用是从指定文件读入一个字符，该文件的打开方式必须是（　　　）。

    A．只写　　　　　　　　B．追加　　　　　　　C．读或读写　　　　D．答案 B 和 C 都正确

8．若调用 fputc( )函数输出字符成功，则其返回值是（　　　）。

    A．EOF　　　　　　　　B．1　　　　　　　　　C．0　　　　　　　　　D．输出的字符

二、填空题

1．在 C 程序中，数据可以用_____和_____两种代码形式存放。

2．_____是指有组织的存储在外部介质（内存以外的存储介质）上数据的集合。

3．C 语言所使用的磁盘文件系统有两种：一种称为_____文件系统；一种称为标准文件系统。

三、程序设计题

1．用键盘输入一个字符串，写到磁盘文件 TEST.txt 中。

2．将已有两个文件 TEST1.txt 和 TEST2.txt 文件的数据合并后存放到文件 TEST3.txt 中。

3．data.dat 中存储了 10 个整型数据，将这 10 个整型数据中的能够被 2 和 3 整除的数据输出到 result.dat 中。

要求：使用函数 FUN( )判断一个数能否被 2 和 3 整除，并将该函数放在头文件 function.h 中以供主函数调用。

4．data01.dat 存放的是一系列整型数据，求 data01.dat 中的最大 10 个数的和的立方根（先求三个数的和再求立方根），求得的结果显示在屏幕上，并且将最大的 10 个数与所求得的结果输出到 result.dat 中。提示：先对 dat01.dat 中的数据进行排序，然后再进行计算。要求：

（1）使用函数

```
double intSumMax(int *p,int num)
{
}
```

来实现，并把该函数放在头文件 ISmax.h 中以便在主函数中调用该函数。

（2）主函数中使用的数组使用动态数组来创建。

（3）result.dat 在程序的执行过程中创建。

5．设计一个演讲比赛记分系统，要求：

（1）使用结构记录选手的相关信息。

（2）使用结构数组。

（3）对选手的成绩进行排序并输出结果。

（4）利用文件记录初赛结果，在复赛时将其从文件中读入程序，累加到复赛成绩中。

（5）将比赛最终结果写入文件中。

第 ⑫ 章　指针与链表

在前面的章节中已经学习了指针的定义、一维数组与指针运算、二维数组与指针运算以及字符串指针等和指针相关的知识，初步了解了指针在 C 语言中的重要作用。在本章中会对指针作进一步全面的阐述，来说明"指针是 C 语言的精华、重要特色，设计系统软件的重要工具之一"。

本章知识要点：

- ◎　一维数组与指针。
- ◎　二维数组与指针。
- ◎　指针数组。
- ◎　指向指针的指针。
- ◎　函数指针。
- ◎　指针函数。
- ◎　单链表的使用。

12.1　数组、地址与指针

12.1.1　数组、地址与指针的关系

从前面的学习中我们知道，许多指针运算都和数组有联系，实际上，在 C 语言中指针与数组的关系十分密切。因为数组中的元素是在内存中连续排列存放的，所以任何用数组下标完成的操作都可以通过指针的移动来实现。使用数组指针的主要原因是操作方便，编译后产生的代码占用空间少，执行速度快，效率高。

在前面我们曾提到过，数组名可以代表数组的首地址。因此，下面的两种表示是等价的：a，&a[0]。即数组的首地址也就是数组中第 1 个元素的地址。由于在内存中数组的所有元素都是连续排列的，即数组元素的地址是连续递增的，所以通过数组的首地址加上偏移量就可得到其他元素的地址。

在 C 语言中，无论是整型的还是其他类型的数组，C 语言的编译程序都会根据不同的数据类型，确定出不同的偏移量，因此，用户编写程序时不必关心其元素之间地址的偏移量具体是多少，只要把前一个元素的地址加 1 就可得到下一个元素的地址。例如，在 Turbo C 中，对于字符类型，偏移量为 1 个字节；对于整型偏移量为 2 字节；对于长整型和单精度实型，偏移量为 4 字节；对于双精度实型偏移量为 8 字节。

【例 12-1】输出数组中的元素。

源程序如下：

```c
#include <stdio.h>
#include <stdlib.h>

int main()
{
    int i,a[4]={ 1, 2, 3, 4 };

    for(i=0;i<4;i++)
        printf("a[%d]=%d ",i,*(a+i));          /*数组名 a 表示数组的首地址*/
    printf("\n");

    system("pause");
    return 0;
}
```

运行结果如图 12-1 所示。

在上述代码中，不是通过下标的方式来访问数组中的
元素，而是通过 "*" 间接访问运算符来实现对数组元素的
访问。如图 12-2 所示，数组名 a 表示该数组的首地址，通过数组名 a 可以得到其他元素的地址。
C 编译程序把对一个数组的引用转换为一个指向这个数组首地址的指针，因此，一个数组的名字
实际上是一个指针表达式，所以数组名 a 就是一个指向数组 a 中第 1 个元素的指针，当计算中出
现 a[i] 时，C 编译程序立刻将其转换成*(a+i)，这两种形式在使用上是等价的，因此上例中的*(a+i)
实际上就是 a[i]。

```
a[0]=1  a[1]=2  a[2]=3  a[3]=4
请按任意键继续. . .
```

图 12-1　例 12-1 运行结果

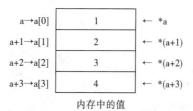

图 12-2　数组元素的不同访问方式

12.1.2　一维数组中的地址与指针

在数组的章节中我们已经知道，可以通过数组的下标唯一确定某个数组元素在数组中的顺序
和存储地址，这种访问方式也称 "下标方式"。

例如：

```c
int a[5]={1, 2, 3, 4, 5}, x, y;
x=a[2];                /*将数组 a 中下标为 2 的第 3 个元素的值赋给 x，x=3 */
y=a[4];                /*将数组 a 中下标为 4 的第 5 个元素的值赋给 y，y=5 */
```

由于每个数组元素相当于一个变量，因此指针变量既然可以指向一般的变量，同样也可以指
向数组中的元素，也就是可以用 "指针方式" 访问数组中的元素。

例如：

```c
int a[ ]={1, 2, 3, 4, 5} ;
int x, y, *p;          /*指针变量p*/
p=&a[0];               /*指针p指向数组a的元素a[0]，等价于p=a*/
```

```
    x=*(p+2);              /*取指针 p+2 所指的内容, 等价于 x=a[2]*/
    y=*(p+4);              /*取指针 p+4 所指的内容, 等价于 y=a[4]*/
    printf("*p=%d, x=%d,y=%d\n", *p, x, y);
```

语句"p=&a[0]"表示将数组 a 中元素 a[0]的地址赋给指针变量 p，则 p 就是指向数组首元素 a[0]的指针变量，"&a[0]"是取数组首元素的地址。

C 语言中规定，数组第 1 个（下标为 0）元素的地址就是数组的首地址；同时规定，数组名代表的就是数组的首地址，所以，语句"p=&a[0];"等价于"p=a;"。需要注意的是，数组名代表的是一个地址常量，是数组的首地址，它不同于指针变量。

下面对数组元素的访问形式做一总结，主要有三种形式下标法、地址法和指针法。

（1）下标法，用 a[i]的形式存取数组元素。

（2）地址法，用*(a+i)的形式存取数组元素，这种方法和下标法实质上是一样的。

（3）指针法，用一个指针指向数组的首地址，然后通过移动指针访问数组元素。

【例 12-2】设一维数组有 10 个元素，要求输出所有数组元素的值。

程序将分别采用下标法、地址法、指针法三种不同的方法实现对数组元素的访问。

方法 1，通过下标法存取数组元素，程序如下：

```
#include <stdio.h>
#include <stdlib.h>

int main()
{
    int a[10]={ 1, 2, 3, 4, 5, 6, 7, 8, 9, 10 };
    int i;

    for(i=0; i<10; i++)
        printf("%d ", a[i]);              /*通过数组下标访问数组元素*/
    printf("\n");

    system("pause");
    return 0;
}
```

这种方法通过数组下标表示数组的不同元素。

方法 2，通过数组名计算数组元素的地址存取数组元素，程序如下：

```
#include <stdio.h>
#include <stdlib.h>

int main()
{
    int a[10]={ 1, 2, 3, 4, 5, 6, 7, 8, 9, 10 };
    int i;

    for(i=0; i<10; i++)
        printf("%d ", *(a+i));            /*数组名 a 表示数组的首地址*/
    printf("\n");

    system("pause");
    return 0;
}
```

这种方法通过计算相对于数组首地址的偏移量得到各个数组元素的存储地址，再从该地址中存取数据。

方法 3，通过指针变量存取数组元素，程序如下：

```c
#include <stdio.h>
#include <stdlib.h>

int main()
{
    int a[10]={ 1, 2, 3, 4, 5, 6, 7, 8, 9, 10 };
    int  *p;

    for(p=a; p<a + 10; p++)
        printf("%d ", *p);          /*通过指向数组元素的指针访问数组元素*/
    printf("\n");

    system("pause");
    return 0;
}
```

这种方法通过先将指针指向数组的首地址，再通过移动指针，使指针指向不同的数组元素，最后从该地址存取数据。

使用这三种方法，运行结果均为图 12-3 所示。

三种方法的比较：

图 12-3　例 12-2 运行结果

（1）p+i 和 a+i 均表示 a[i]的地址，或者说，它们均指向数组第 i 个元素，即指向 a[i]。

（2）*(p+i)和*(a+i)都表示 p+i 和 a+i 所指对象的内容，即为 a[i]。

在这三种方法中，方法 1 和方法 2 只是形式上不同，程序经编译后的代码是一样的，特点是编写的程序比较直观，易读性好，容易调试，不易出错；方法 3 使用指针变量直接指向数组元素，不需每次计算地址，执行效率要高于前两种，但初学者不易掌握，容易出错。具体在编写程序时使用哪种方法，可以根据实际问题来决定，对于计算量不是特别大的三种方法的运行效率差别不大，在上述的例子中，三种方法的运行效率几乎没有区别。

另外，指向数组元素的指针也可以表示成数组的形式，也就是说，它允许指针变量带下标，如*(p+i)可以表示成 p[i]。如例 12-2 中的 main( )函数还可以写成如下形式：

```c
int main()
{
    int a[10]={ 1, 2, 3, 4, 5, 6, 7, 8, 9, 10 };
    int i, *p;

    for(p=a, i=0; i<10; i++)
        printf("%d ", p[i]);
    printf("\n");

    system("pause");
    return 0;
}
```

但在使用这种方式时和使用数组名时是不一样的，如果 p 不指向 a[0]，则 p[i]和 a[i]是不一样的。这种方式容易引起程序出错，一般不提倡使用。

例如有：p=a+5; ，则 p[2]就相当于*(p+2)，由于 p 指向 a[5]，所以 p[2]就相当于 a[7]。而 p[-3]就相当于*(p-3)，它表示 a[2]。

12.1.3　二维数组中的地址与指针

在 C 语言中，二维数组是按行优先的规律转换为一维线性存放在内存中的，因此，可以通过指针访问二维数组中的元素。

例如：

```
int a[M][N];
```

则将二维数组中的元素 a[i][j]转换为一维线性地址的一般公式是：

$$线性地址 = \&a[0][0] + i \times N + j$$

其中，N 是二维数组的行中的元素个数。

例如，有如下程序段：

```
int a[4][3], *p;
p=&a[0][0];
```

这里，a 表示二维数组的首地址；a[0]表示 0 行元素的起始地址，a[1]表示 1 行元素的起始地址，a[2]和 a[3]分别表示 2 行和 3 行元素的起始地址。数组元素 a[i][j]的存储地址是：&a[0][0]+i*N+j。

可以说：a 和 a[0]是数组元素 a[0][0]的地址，也是 0 行的首地址。a+1 和 a[1]是数组元素 a[1][0]的地址，也是 1 行的首地址。

由于 a 是二维数组，经过两次下标运算"[ ]"之后才能访问到数组元素。所以根据 C 语言的地址计算方法，a 要经过两次*操作后才能访问到数组元素。这样就有：*a 是 a[0]的内容，即数组元素 a[0][0]的地址。**a 是数组元素 a[0][0]。a[0]是数组元素 a[0][0]的地址，*a[0]是数组元素 a[0][0]。

还可定义如下的指针变量：

```
int (*p)[3];
```

指针 p 为指向一个由 3 个元素所组成的整型数组指针。在定义中，圆括号是不能少的，否则它是指针数组，这将在后面介绍。这种数组的指针不同于前面介绍的整型指针，当整型指针指向一个整型数组的元素时，进行指针(地址)加 1 运算，表示指向数组的下一个元素，此时地址值增加了 4（因为一个整型数据占 4 个字节），而如上所定义的指向一个由 3 个元素组成的数组指针，进行地址加 1 运算时，其地址值增加了 12（3*4=12），这种数组指针用得较少，但在处理二维数组时，还是很方便的。例如：

```
int a[3][4],(*p)[4];
p=a;
```

开始时 p 指向二维数组第 0 行，当进行 p+1 运算时，根据地址运算规则，指针移动 16 个字节，所以此时正好指向二维数组的第 1 行。和二维数组元素地址计算的规则一样，*p+1 指向 a[0][1]，*(p+i)+j 则指向数组元素 a[i][j]。

【例 12-3】给定某年某月某日，将其转换成这一年的第几天并输出。

分析：此题的算法很简单，若给定的月是 i，则将 1、2、3、……、i-1 月的各月天数累加，再加上指定的日。但对于闰年，二月的天数 29 天，因此还要判定给定的年是否为闰年。为实现这一算法，需设置一张每月天数列表，给出每个月的天数，考虑闰年的情况，此表可设置成一个 2 行 13 列的二维数组，其中第 1 行对应的每列（设 1 ~ 12 列有效）元素是平年各月的天数，第 2 行对应的是闰年每月的天数。程序中使用指针作为函数 day_of_year( )的形式参数。

源程序如下：

```
#include <stdio.h>
#include <stdlib.h>

int main()
{
```

```
    int day_of_year(int day_tab[][13], int year, int month, int day);
    int day_tab[2][13] = { { 0, 31, 28, 31, 30, 31, 30, 31, 31, 30, 31, 30,
31 }, { 0, 31, 29, 31, 30, 31, 30, 31, 31, 30, 31, 30, 31 } };
    int y, m, d;

    printf("input year-month-day:");
    scanf("%d-%d-%d", &y, &m, &d);
    printf("%d\n", day_of_year(day_tab, y, m, d));    /*实参为二维数组名*/

    system("pause");
    return 0;
}

int day_of_year(int day_tab[][13], int year, int month, int day)
{
    int i, j;

    i=(year % 4 == 0 && year % 100 != 0) || year % 400 == 0;
    for(j = 1; j<month; j++)
        day = day + *(*day_tab + i * 13 + j);
    /* *day_tab+i*13+j: 对二维数组中元素进行地址变换 */
    return(day);
}
```

运行结果如图 12-4 所示。

说明：由于 C 语言对于二维数组中的元素在
内存中是按行存放的，所以在函数 day_of_year( )
中要使用公式 "*day_tab+i*13+j" 计算 main( )函
数中的数组 day_tab 中元素对应的地址。

```
input year-month-day:2018-12-20
354
请按任意键继续. . .
```

图 12-4　例 12-3 运行结果

12.2　指针数组与指向指针的指针

指针不仅可用于指向一个数组，还可用作数组的元素。一个数组的元素值为指针时构成指针
数组，指针数组是一组有序的指针的集合。

12.2.1　指针数组

1. 指针数组的定义

指针数组是一种特殊的数组，指针数组的数组元素都是指针变量。指针数组的定义形式如下：

类型说明符 *数组名称[数组长度]；

例如：int *p[5]；

因为下标运算符[]的优先级高于指针运算符*，上述定义等价于：int * (p[5])

说明：

（1）p 是一个含有 5 个元素的数组，数组元素为指向 int 型变量的指针。

（2）指针数组的所有元素都必须是具有相同存储类型和指向相同数据类型的指针变量。

注意区分 "int *p[5]；" 与 "int (*p)[5]；" 定义形式的区别："int (* p)[5]；" 表示定义了一个指向
数组的指针 p，p 指向的数组是具有 5 个元素的一维整型数组；"int *p[5]；" 表示 p 是一个具有 5

个元素的数组，每个元素是一个指向整型数据的指针。

2．指针数组的使用

指针数组最常用的是一维指针数组，常用于处理二维数组或多个字符串，尤其是字符串数组。用指针数组表示二维数组的优点是：二维数组的每一行或字符串数组的每个字符串可以具有不同的长度；用指针数组表示字符串数组处理起来比较灵活。

（1）指针数组与二维数值数组。

可把二维数值数组和与该二维数值数组行数相同的一维指针数组相关联，让指针数组的每个指针元素按顺序指向该二维数值数组的每一行，通过一维指针数组就可以和以二维数组名完全等价的方式表示二维数组中任意一个元素。例如以下程序段：

```
int a[3][4],*p[3];
int i;
...
for(i=0;i<3;i++)
    p[i]=a[i];
```

这段程序执行后内存存储情况如图 12-5 所示。

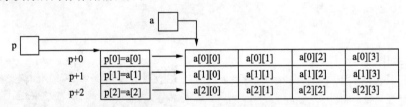

图 12-5　指针数组与二维数值数组关系图

程序中按行下标顺序将二维数组每行的首地址赋给指针数组的各个元素，即 p[i]指向 a[i]，同时意味着 p[i]指向 a[i][0]。根据数组的特性，指针数组名 p 就是指针数组在内存中的首地址，即 p 就是 p[0]的地址；因此，*(p+i)就是 p[i]，即 a[i]。所以指针数组名 p 可以替代二维数组名 a 表示任意数组元素 a[i][j]，表示形式有：p[i][j]、*(p[i]+j)、*(*(p+i)+j)、(*(p+i))[j]。

【例 12-4】输出一个 N×N 的矩阵，要求非对角线上的元素值为 0，对角线元素值为 1。

分析：①定义一个二维数组，存储矩阵的各元素值；②定义指针数组，和二维数组的各行元素相关联；③通过指针数组访问二维数组各元素值；④先将所有元素置 0，然后再将对角线上的元素置 1。如果当前元素的下标满足关系 i==j 或 j==n-1-i 时，说明此元素是主对角线或次对角线上的元素，则置 1。

源程序如下：

```
#include <stdio.h>
#include <stdlib.h>
#define N 10

int main()
{
    int bb[N][N], *p[N];
    int i, j, n;

    printf("\ninput n:\n");
    scanf("%d", &n) ;
    for(i=0; i<n; i++)
        p[i]=bb[i];                 /*把每行的首地址赋给指针数组的各个元素*/
```

```
for(i=0; i<n; i++)
    for(j=0; j<n; j++)
    {
        p[i][j]=0;
        if((i==j)||(i==n-1-j))
            p[i][j]=1;
    }
printf("\n***the result***\n");
for(i=0; i<n; i++)
{
    for(j=0; j<n; j++)
        printf("%3d", p[i][j]);
    printf("\n");
}

system("pause");
return 0;
}
```

运行结果如图 12-6 所示。

（2）指针数组处理字符串或字符串数组。

指针数组最常见的用途就是构成由字符串组成的数组，简称字符串数组。数组中的每个元素都是字符串，但在 C 语言中，字符串实际上是指向第一个字符的指针。所以字符串数组中的每个元素实际上是指向字符串中第一个字符的指针。

图 12-6　例 12-4 运行结果

【例 12-5】输入一个表示月份的整数，输出该月的名字。

源程序如下：

```
#include <stdio.h>
#include <stdlib.h>

int main()
{
    int n;
    char *month_name[]={ "Illegal month", "January", "February", "March",
"April", "May","June", "July", "August", "September","October", "November",
"December" };

    printf("input number of month:\n");
    scanf("%d", &n);
    if(n>=1 && n<=12)
        printf("%s\n", month_name[n]);
    else
        printf("%s\n", month_name[0]);

    system("pause");
    return 0;
}
```

运行结果如图 12-7 所示。

指针数组与字符串数组的联系如图 12-8 所示。

用指针数组表示字符串数组，实际上是将长度不同的字符数组（字符串）集中连续存放。

使用指针数组在处理二维字符数组时，可以把二维字符数组看成由多个一维字符数组构成，也就是说看成多个字符串构成的二维字符数组，或称字符串数组。指针数组对于解决这类问题（当然也可以解决其他问题）提供了更加灵活方便的操作。

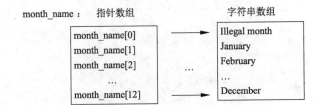

图 12-7　例 12-5 运行结果　　　　　　图 12-8　指针数组与字符串数组的联系图

【例 12-6】利用字符指针数组对字符串进行按字典排序。

分析：定义一个字符指针数组，包含 4 个数组元素。同时再定义一个二维字符数组其数组大小为 4 * 20。即 4 行 20 列，可存放 4 个字符串。若将各字符串的首地址传递给指针数组各元素，那么指针数组就成为名副其实的字符串数组。在字符串的处理函数中，字符串比较函数 strcmp(str1, str2)可以对两个字符串进行比较，根据两个字符串按字典顺序比较的大小关系，在串 str1 大于串 str2 时函数的返回值大于 0，串 str1 等于串 str2 时函数的返回值等于 0、在串 str1 小于串 str2 时函数的返回值小于 0。根据比较的结果再利用字符串复制函数 strcpy( )实现两个串的复制。排序时选用冒泡排序算法。

源程序如下：

```c
#include <stdio.h>
#include <stdlib.h>
#include <string.h>

int main()
{
    char *ptr1[4], str[4][20], temp[20];
    /*定义指针数组、二维字符数组、用于交换的一维字符数组*/
    int i, j;

    for(i=0; i<4; i++)
        gets(str[i]);                       /*输入 4 个字符串*/
    printf("\n");
    for(i=0; i<4; i++)
        /*将二维字符数组各行的首地址传递给指针数组的各指针*/
        ptr1[i]=str[i];
    printf("original string:\n");
    for(i=0; i<4; i++)                      /*按行输出原始各字符串*/
        printf("%s\n", ptr1[i]);
    printf("ordinal string:\n");
    for(i=0; i<3; i++)                      /*冒泡排序*/
        for(j=0; j<4-i-1; j++)
            if(strcmp(ptr1[j], ptr1[j+1])>0)
            {
                strcpy(temp, ptr1[j]);
                strcpy(ptr1[j], ptr1[j+1]);
                strcpy(ptr1[j+1], temp);
            }
    for(i=0; i<4; i++)                      /*输出排序后的字符串*/
        printf("%s\n", ptr1[i]);

    system("pause");
```

```
    return 0;
}
```

运行结果如图 12-9 所示。

（3）指针数组作 main( )函数的参数。

在前面的例子中，main( )函数的形式参数列表都是空的。实际上，main( )函数也可以带参数。带参数 main( )函数的定义格式如下：

```
int main(int argc, char *argv[])
{
    …
}
```

图 12-9　例 12-6 运行结果

argc 和 argv 是 main( )函数的形式参数。这两个形式参数的类型是系统规定的，argc 是整型的，argv 是字符指针数组。如果 main( )函数要带参数，就必须是这两个类型的参数；否则 main( )函数就没有参数。变量名称 argc 和 argv 是常规的名称，当然也可以换成其他名称。argc 参数用来统计运行程序时送给 main( )函数的命令行参数的个数，argv 参数用来保存传递给 main( )函数的命令参数值。

argv 参数是一个指针数组，每一个元素指向一个参数，其中：argv[0] 指向运行的可执行程序的名字；argv[1] 指向在 DOS 命令行中执行程序名后的第一个字符串；argv[2] 指向执行程序名后的第二个字符串，依此类推。

main( )函数由操作系统调用，它的实参来源于运行可执行 C 程序时在操作系统环境下输入的命令行，称为命令行参数，参数的数目任意。可执行的 C 程序文件的名字是操作系统的一个外部命令，命令名是由 argv[0]指向的字符串。在命令之后输入的参数是由空格隔开的若干字符串，依次由 argv[1]、argv[2]、……所指示，每个参数字符串的长度可不同。操作系统的命令解释程序将此字符串的首地址构成一个字符指针数组，并将指针数组元素的个数（包括第 0 个元素）传给 main( )函数的形参 argc（argc 的值至少为 1）；指针数组的首地址传给形参 argv，所以 argv 实际上是一个二级字符指针变量。

【例 12-7】回显命令行参数的程序。

```
#include <stdio.h>
int main(int argc, char *argv[ ])
{
    int i;

    for(i=1;i<argc;i++)
        printf("%s%c",argv[i],(i<argc-1)?' ':'\n');
    return 0;
}
```

假设以上代码文件经编译，连接生成的可执行文件的名字为 echo.exe，在操作系统环境下，输入下面的命令行并回车：

```
echo what day is today ?
```

则输出：`what day is today ?`

参数 argc 的值为 6，参数 argv 数组中的 argv[0]指向 "echo"，argv[1]指向 "what"，……，argv[5]指向 "?"。

由于形参 char *argv[ ]等同于 char **argv，所以可将 echo 程序写成下面等价的形式：

```
#include <stdio.h>
int main(int argc, char **argv)
{
    while(--argc>0)
        printf("%s%c", *++argv, (argc>1) ? ' ' : '\n');
    return 0;
}
```

12.2.2　指向指针的指针

指针变量也有地址，存放指针变量地址的指针变量称为指向指针变量的指针或称指针变量的指针、多级指针。指针变量的指针在说明时变量前有两个*号。例如：

```
char **lineptr;
```

说明：lineptr 是指向一个字符指针变量的指针，因为单目运算符*是自右向左结合的运算符，因而说明符**lineptr 应说明为：(*(*lineptr))。

下面举一简单例子说明指向指针的指针的用法。

【例 12-8】使用指向指针的指针输出若干字符串。

源程序如下：

```
#include <stdio.h>
#include <stdlib.h>

int main()
{
    int i;
    char *pArray[]={"How","are","you"};
    char **p;
    p=pArray;

    printf("output pArray:\n");
    for(i=0; i<3; i++)
        printf("%s ", *(p+i));
    printf("\n");

    system("pause");
    return 0;
}
```

运行结果如图 12-10 所示。变量的内存情况如图 12-11 所示。

图 12-10　例 12-8 运行结果

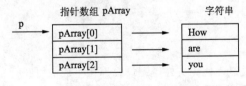

图 12-11　指向指针的指针与其指向元素的关系

说明：

（1）语句"char **p;"定义了一个指向指针数据的指针变量，该指针数据为一个指向 char 型变量或 char 型数组的指针。

（2）指向指针数据的指针变量也是一个变量，有自己的内存空间。它保存的也是一个指针值（指针的指针），是一个 unsigned int 型数据。

（3）语句"p= pArray;"将指针数组的首地址（即指向第一个元素的指针）赋给 p，p 指向了指针数组的首元素。

（4）*p 的值为 pArray[0]的值。

（5）因为*p 为指针型，即 unsigned int 型， p+1 指向 pArray[1]，即*（p+1）的值为 pArray[1]的值。

例 12-8 还可以改写成如下程序段：

```c
#include <stdio.h>
#include <stdlib.h>

int main()
{
    int i;
    char *pArray[]={ "How", "are", "you" };
    char **p;

    printf("output pArray:\n");
    for(i=0; i<3; i++)
    {
        p=pArray+i;
        printf("%s ", *p);
    }
    printf("\n");

    system("pause");
    return 0;
}
```

在 C 语言中，利用指针变量访问另一个变量称为间接访问。如果通过直接指向另一个变量的指针变量进行访问称为单级间接访问，也叫"单级间址"。如果通过指向指针的指针来访问变量，则被称为二级间接访问或"二级间址"。从理论上讲，在 C 语言中间址方法可以延伸到更多的级。但实际上，间接访问级数太多时不容易理解，也容易出错，因此，在实际应用中很少有超过二级间址的。

多级间址的对应关系如图 12-12 所示。

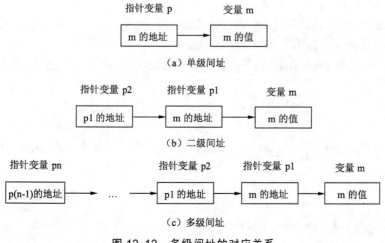

图 12-12 多级间址的对应关系

12.3 指向函数的指针——函数指针

C 语言中，指针不仅可以指向整型、字符型、实型等变量，还可以指向函数。一般来说，程序中的每一个函数经编译连接后，其目标代码在计算机内存中是连续存放的，函数体内第一个可执行语句的代码在内存的地址就是函数执行时的入口地址，一个函数的入口地址由函数名表示。

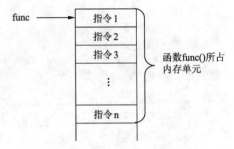

图 12-13 函数指针内存示意图

C 语言可以声明指向函数的指针，指向函数的指针是存放函数入口地址的变量，它可以被赋值，可以作为数组的元素，可以传给函数，也可以作为函数的返回值。如果把函数名赋给一个指向函数的指针，就可以用指向函数的指针来调用函数。

假设有一个函数 func( )，则其内存映射方式如图 12-13 所示。

函数指针的定义形式为：

[存储类型区分符] 返回值类型(* 标识符) ([形参列表]);

其中，标识符是指向函数的指针名，"(* 标识符)([形参列表])"是函数指针说明符，例如

```
int (*comp)(char *, char *);
```

说明：comp 是指向有两个 char* 参数的整型类型函数的指针，与指向数组的指针说明类似，说明符中用于改变运算顺序的( )不能省略，如果写成*comp( )则 comp 成为指针函数（见下节）。

关于函数指针有几点需要说明：

（1）指向函数的指针变量定义一般形式为： 返回值类型 (*指针变量名)();

（2）函数的调用可以通过函数名调用，也可以通过函数指针调用。

（3）如果定义了 int (*p)( )，则(*p)( )表示定义一个指向整型函数的指针变量，但是它不固定指向哪一个函数，而只是表示定义了这样一个类型的变量，是专门用来存放函数的入口地址的。在程序中把哪一个整型函数的地址赋给它，它就指向哪一个函数。在一个程序中，一个指针变量可以先后指向返回类型相同的不同的函数。

（4）在给函数指针变量赋值时，只需给出函数名而不必给出参数。如 p=max;表示指针 p 指向函数 max 的入口地址。不能写成 p=max(a,b);的形式。

（5）用函数指针变量调用函数时，只需用(*p)代替函数名即可，在(*p)之后的括弧中需要写上实参。

（6）对指向函数的指针变量，像 p++、p--、p+n 等运算是无意义的。

函数指针主要应用于将函数名传给另一个函数，C 语言允许将函数的名字作为函数参数传给其他函数。由于参数传递是传值，相当于将函数名赋给形参。因此在被调用函数中，接收函数名的形参是指向函数的指针。

【例 12-9】函数指针的定义和使用。

源程序如下：

```
#include <stdio.h>
#include <stdlib.h>
```

```
float add(float x, float y)
{
    return x+y;
}

int main()
{
    float(*p)(float, float);

    p=add;
    printf("2+3=%g\n", add(2, 3));
    printf("2+3=%g\n", p(2, 3));
    printf("2+3=%g\n", (*p)(2, 3));

    system("pause");
    return 0;
}
```

运行结果如图 12-14 所示。

【例 12-10】用函数指针数组来实现对一系列函数的调用。

源程序如下：

```
2+3=5
2+3=5
2+3=5
请按任意键继续...
```

图 12-14 例 12-9 运行结果

```
#include <stdio.h>
#include <stdlib.h>
int add(int a, int b);
int sub(int a, int b);
int max(int a, int b);
int min(int a, int b);

int main()
{
    int a, b, i, k;
    /*定义函数指针数组，并对其赋初值*/
    int(*func[4])(int, int)={ add, sub, max, min };

    printf("select operator(0-add,1-sub,2-max,3-min):");
    scanf("%d", &i);
    printf("input number(a,b):");
    scanf("%d%d", &a, &b);
    k=func[i](a, b);
    printf("the result:%d\n", k);

    system("pause");
    return 0;
}

int add(int a, int b)
{
    return(a+b);
}

int sub(int a, int b)
{
    return(a-b);
}

int max(int a, int b)
{
```

```
    return(a>b?a:b);
}

int min(int a, int b)
{
    return(a<b?a:b);
}
```

运行结果如图 12-15 所示。

```
select operator<0-add,1-sub,2-max,3-min>:2
input number<a,b>:100 200
the result:200
请按任意键继续. . .
```

图 12-15　例 12-10 运行结果

在上述代码中定义了一个包含 4 个元素的函数指针数组 func，每个元素是分别指向 4 个函数的函数指针。在运行过程中输入整数值 2，则语句 "k = func[i](a, b);" 中变量 k 所接收到的是调用函数 max( ) 后的返回值，即两数的最大值 200。

12.4　指针作为函数的返回值——指针函数

C 语言中的函数可以返回除数组和函数外的任何类型数据和指向任何类型的指针，如数组的指针，函数的指针，也可是 void 指针，返回指针的函数称为指针函数。

指针函数定义的一般形式为：

```
[存储类型区分符] 类型说明符  *函数名([形参列表])
{
    …
}
```

其中 "*函数名([形参列表])" 是指针函数说明符，例如有如下指针函数定义：

```
int *a(int m, int n)
{
    …
}
```

由于 "*" 的优先级低于 "( )" 的优先级，因而 a 首先和后面的 "( )" 结合，也就意味着，a 是一个函数。接着再和前面的 "*" 结合，说明这个函数的返回值是一个指针。由于前面的类型说明符是 int，所以 a 就是一个返回值为整型指针并具有两个整型形参的函数。

上述定义等价于：

```
int *(a(int m, int n))
{
    …
}
```

说明：

（1）a 是一个整型指针函数，它有两个参数，返回值是一个指向整型数据的指针。函数返回值必须用同类型的指针变量来接收，即在主调函数中，函数返回值必须赋给同类型的指针变量。

（2）在调用指针函数时，即使函数不带参数，其形参列表的一对圆括号也不能省略。

（3）注意不可以将 int *a(int , int) 写成 int (*a)(int , int)，二者说明的对象是完全不同的两个概念。后者表示 a 是一个指针变量。

【例 12-11】编写一个指针函数 strstr(s,t)，在字符串 s 中查找子串 t，如果找到，返回 t 在 s 中第一次出现的起始位置，否则返回 0。

源程序如下：

```
char *strstr(char *s, char *t)        /*s和t指向两个字符串*/
{
    char  *ps=s, *pt,*pc;             /*ps指向字符串s*/

    while(*ps!='\0')                  /*当ps没有指向字符串结束符时，继续向后查找*/
    {
        /*如果两个指针所指字符相等，继续向后找*/
        for(pt=t,pc=ps; (*pt!='\0')&&(*pt==*pc); pt++,pc++);
        /*如果pt指向字符串结束符，说明在字符串s中找到了字符串t，则返回ps，ps指向当前
串s的某一个位置*/
        if(*pt=='\0') return ps;
        ps++;
    }
    return 0;                         /*如果查找失败，返回0*/
}
```

【例 12-12】输入长度不超过 50 个字符的一行正文和长度不超过 10 个字符的一个字符串，在输入正文中查找字符串的第一次出现，若找到则输出对应的下标值，否则输出未找到的信息。

主函数代码如下，子函数 strstr( )的代码为例 12-11 中的函数代码。

```
#include <stdio.h>
#include <stdlib.h>
#define strlen 50
char *strstr(char *s, char *t);              /*指针函数strstr()的声明*/

int main()
{
    char str[strlen], substr[strlen], *ps;   /*声明字符数组及指针变量*/

    printf("Input string 1, string 2:\n");
    scanf("%s%s", str, substr);              /*输入主串及子串*/
    ps=strstr(str, substr);          /*调用函数strstr()，查找子串在主串中的位置*/
    if(ps!=NULL)
        printf("offset %d \"%s\" in \"%s\"\n", ps-str, substr, str);
    else
        printf("\"%s\" not exist in \"%s\"\n", substr, str);

    system("pause");
    return 0;
}
```

运行结果如图 12-16 和图 12-17 所示。

```
Input string 1, string 2:
chinese ne
offset 3 "ne" in "chinese"
请按任意键继续. . .
```

```
Input string 1, string 2:
chinese china
"china" not exist in "chinese"
请按任意键继续. . .
```

图 12-16　例 12-12 运行结果 1　　　　　　图 12-17　例 12-12 运行结果 2

对于指针函数来说，函数返回的是一个指针，需要注意的是，函数不能返回 auto 类型的局部变量的地址，但是可以返回 static 类型变量的地址。如下代码：

```
int *returndata(int n)
{
    int  m[50];
    int i;

    if(n>50)  return  NULL;
    for(i=0;i<n;i++)
          scanf("%d",&m[i]);
    return m;
}
```

是错误的，正确的代码应该为：

```
int *returndata(int n)
{
    static int  m[50];
    int i;

    if(n>50) return  NULL;
    for(i=0;i<n;i++)
        scanf("%d",&m[i]);
    return m;
}
```

这是因为 auto 类型的局部变量的生存期很短，当函数返回时，返回的指针所对应的内存单元将被释放掉，则返回的指针就无效。但对于 static 类型的局部变量来说，因为其生存期等同于全局变量的生存期，故函数返回时，返回的指针所对应的内存单元不会被释放，返回的指针也是有效的。

使用指针函数时一定要注意其返回值，要避免返回的指针所对应的内存空间因该指针函数的返回而被释放掉。返回的指针通常有以下几种：

（1）函数中动态分配的内存（通过 malloc( )等函数实现）的首地址。

（2）通过指针形参所获得的实参的有效地址。

（3）函数中的静态变量或全局变量所对应的存储单元的首地址。

12.5 链　　表

12.5.1　链表的概念

链表是一种常用的数据结构，它是一种动态地进行存储分配的数据结构。它不同于数组，它不必事先确定好元素的个数，它可以根据当时的需要来开辟内存单元，它的各个元素不要求顺序存放，因此，它可以克服使用数组存放数据的一些不足。

12.5.2　链表的实现

链表是由若干称为结点的元素构成的。每个结点包含有数据字段和链接字段。数据字段是用来存放结点的数据项的；链接字段是用来存放该结点指向另一结点的指针的。每个链表都有一个

"头指针"，存放该链表的起始地址，即指向该链表的起始结点，它是识别链表的标志，对某个链表进行操作，首先要知道该链表的头指针。链的最后一个结点称为"表尾"，它不再指向任何后继结点，表示链表的结束，该结点中链接字段指向后继结点的指针存放 NULL。

链表可分为单向链表和双向链表。两者的区别仅在于结点的链接字段中，单向链表仅有一个指向后继结点的指针，而双向链表有两个指针，一个指向后继结点，另一个指向前驱结点。单向链表与双向链表的区别如图 12-18 所示。

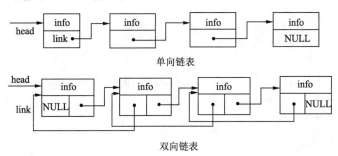

图 12-18　单向链表与双向链表的区别

链表结点的数据字段、链接字段的数据类型不一样，适合用结构体来定义。每个结点中链接字段要包含一个或两个指针，存放链接的结点地址。下面是单向链表和双向链表中结点的结构代码。

```
struct link1{
  char c1[100] ;
  struct link1 *next;
};
  struct link2{
  char c2[100] ;
  struct link2 *next;
  struct link2 *prior;
};
```

其中，link1 是单向链表中结点的结构名，link2 是双向链表中结点的结构名。链表中的结点就是这种结构名类型的结构变量。这里仅是一个例子，实际上结点结构的数据字段比这还要复杂些。

由于单向链表比较简单些，本节只讨论单向链表的操作。

12.5.3　单向链表的操作

常用的链表操作有如下几种：

（1）链表的建立。链表的建立是在确定了链表结点的结构之后给链表中的若干结点嵌入数据。

（2）链表的输出。链表的输出是将一个已建立好的链表中各个结点的数据字段部分地或全部地输出显示。

（3）链表的删除。链表的删除是指从已知链表中按指定关键字段删除一个或若干结点。

（4）链表的插入。链表的插入是指将一个已知结点插入到已知链表中。插入时要指出按结点中哪一个数据字段进行插入，插入前一般要对已知链表按插入的数据字段进行排序。

（5）链表的存储。该操作是将一个已知的链表存储到磁盘文件中进行保存。

（6）链表的装入。该操作是将已存放在磁盘中的链表文件装入到内存中。

下面将通过例子来讲述上述几种操作如何实现。

这里使用一个学生成绩表，该表是由若干学生的信息组成，每个结点对应一个学生的信息。为了简化结点，突出链表的操作。定义结点结构如下：

```
struct student
{
    long  num;
    char  name[20];
    int   score;
    struct student *next;
};
```

该结构中，有三个成员作为数据字段，分别表示学生的学号、姓名、成绩，其中学号为关键字，结构体类型的指针作为链接字段，用来指出下一个结点位置。在此为简化结构体类型的定义只选用一门课程的成绩。

【例 12-13】编写建立链表的函数。

分析：首先设置三个结构体类型的指针 head、p 和 q。使用动态内存分配函数 malloc( )开辟一个结点，并且使指针 p 和 q 分别指向所开辟的结点。再从键盘上读入一个学生的数据赋给 p 所指向的结点。假定学号 num 值为 0 时，链表建立结束，该结点不链入表中。输入第一个结点的数据后，将 p 赋给 head，使 head 指向链表中的第一个结点，并将链接字段设置为 NULL，如图 12-19 所示。接着，开辟第二个结点，使 p 指向新结点，读入新结点的数据，并链入新结点，将 p 的值赋给 q->next，使第一个结点的 next 成员指向第二个结点，接着，使 q=p，即 q 也指向新结点。如图 12-20 所示。

重复上述的过程，再用 p 去开辟新结点，给结点数据字段赋值，在学号 num 成员不为 0 的情况下，链入新结点，直到链入最后一个新结点为止。这里，设置的三个结构指针，除了 head 作为该链表的头指针之外，p 总是用来指向开辟的新结点的指针，而 q 总是指向 p 所指向的新结点的前一个结点的指针，在结点数据有效的情况下将 p 赋值给 q -> next 来链入新结点。

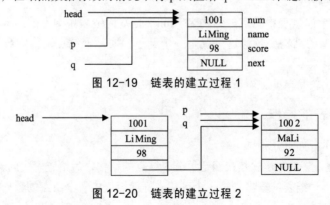

图 12-19　链表的建立过程 1

图 12-20　链表的建立过程 2

源程序如下：

```
struct student*creatlist()
{
    struct student *head,*p,*q;

    head=NULL;
```

```
p=q=(struct student *)malloc(sizeof(struct student));
n=0;

printf("Input node data:\n");
scanf("%d%s%d",&p->num,p->name,&p->score);
while(p->num!=0)
{
    n++;
    if(n==1)
    {
        head=p;
        head->next=NULL;
    }
    else
        q->next=p;
    q=p;
    p=(struct student*)malloc(sizeof(struct student));
    printf("Input node data:\n");
    scanf("%d%s%d",&p->num,p->name,&p->score);
}
q->next=NULL;
return(head);
}
```

在该函数前定义 n 为一个外部变量，用来记录结点的个数。该函数是一个指针函数，因为它返回一个指向结构变量的指针，所返回的指针为该链表的头指针。头指针是一个链表的标志，链表的许多操作都是从头指针开始的。

【例 12-14】编写输出链表的函数。

分析：链表输出函数是将链表中从头到尾各结点的数据输出显示，首先要知道输出链表的头指针。假定一个指向链表结点的结构指针为 p，使它指向链表的第一个结点，即将头指针赋给它。输出 p 所指结点的数据内容后，再使 p 移到下一个结点，输出该结点数据，直到链表的最后一个结点为止。

源程序如下：

```
void printlist(struct student *head)
{
    struct student *p;
    printf("\nThere are %d node datas:\n", n);
    p=head;
    if(head!=NULL)
        do{
            printf("%d,%s,%d\n", p->num, p->name, p->score);
            p=p->next;
            }
        while(p!=NULL);
    else
        printf("This is a empty list!\n");
}
```

说明：实际中在输出某个结点的数据时，可以根据需要输出结点的部分数据。该函数形参 head 是结构体类型的指针，用来接收实参传递过来的该链表的头指针，此链表输出函数可以输出某个链表的从头开始的各个结点的数据，如果链表为空时则输出相应提示信息。

【例 12-15】编写删除链表指定结点的函数（链表中的学生学号不存在重复值）。

分析：在链表中删除指定结点一般是按关键字进行，在学生结构体中，学号是关键字，不存在重复值。在删除结点时，除了要知道链表的头指针，还要知道要删除的学生的学号信息。设置两个指向链表结点的结构指针为 p 和 q，使它们均指向链表的第一个结点。将 p 所指向结点的学号字段和要删除学生的学号进行比较，如果不相等，使 p 移到下一个结点，继续比较。如果仍不相等，则把 p 的值给 q，p 继续移到下一个结点，也就是说，p、q 指向的是相邻的两个结点，q 指向的是前一结点，p 指向的是后一结点。继续比较操作，直到找到学号值相等的结点或者到达链表尾部。如果找到值相等的结点，要把该结点从链表中删除。该结点如果是头结点，直接使头指针指向下一结点即可。如果不是，则让 q 指向 p 的下一结点。

源程序如下：

```c
int dellist(struct student **head, int num)
{
    struct student *p, *q;
    p=q=*head;
    if(*head!=NULL)
    do{
        if(p->num==num)
        {
            if(p==*head)
                *head=p->next;
            else
                q->next = p->next;
            n=n-1;
            return 1;
        }
        else
        {
            q=p; p=p->next;
        }
    } while(p!=NULL);
    else
    {
        printf("This is a empty list!\n"); return 0;
    }
    return 0;
}
```

在上面的函数定义中，如果要删除的结点是头结点，则需要使头指针指向下一个结点，即头指针中是下一个结点的地址，而且这个地址还需要带回到主函数，所以在此函数表示链表头指针的形参采用二级指针定义形式"struct student **head"。将函数的返回值设置为整型，删除成功返回值为 1，删除失败返回值为 0。

【例 12-16】编写程序，实现链表的建立、删除（删除某个结点）和输出。

在本例中，链表建立、删除和输出的函数采用前面例题所建立的 creatlist( )函数、dellist( )函数和 printlist( )函数。

主函数代码如下：

```c
#include <stdio.h>
#include <stdlib.h>
struct student
{
```

```
    long  num;
    char name[20];
    int  score;
    struct student *next;
};
int n;

int main()
{
    struct student *head;
    int x;

    head = creatlist();  //创建链表
    printlist(head);
                //输出删除前的链表
    if(head != NULL)
    {
        printf("input the num to be
deleted:");
        scanf("%d", &x);
                //输入要删除结点的学号
        if(dellist(&head, x))
                //调用删除结点函数dellist
            printlist(head);
        else
            printf("delete fail!\n");
    }
    system("pause");
    return 0;
}
```

```
Input node data:
1001
LiMing
98
Input node data:
1002
MaLi
92
Input node data:
1003
HeLin
80
Input node data:
0
0
0

There are 3 node datas:
1001,LiMing,98
1002,MaLi,92
1003,HeLin,80
input the num to be deleted:1002

There are 2 node datas:
1001,LiMing,98
1003,HeLin,80
请按任意键继续. . .
```

图 12-21　结点存在时的运行结果

运行程序后，首先创建链表，输入数据，然后输出链表结点数据。在输入要删除的结点学号后，如果要删除的结点在链表中存在时，运行结果如图 12-21 所示。

当要删除的结点在链表中不存在时，运行结果如图 12-22 所示。

当链表为空时，运行结果如图 12-23 所示。

```
Input node data:
1001
LiMing
98
Input node data:
1002
MaLi
92
Input node data:
0
0
0

There are 2 node datas:
1001,LiMing,98
1002,MaLi,92
input the num to be deleted:1003
delete fail!
请按任意键继续. . .
```

图 12-22　结点不存在时的运行结果

```
Input node data:
0
0
0

There are 0 node datas:
This is a empty list!
请按任意键继续. . .
```

图 12-23　链表为空时的运行结果

12.6 应用程序举例

【例 12-17】 已有定义 int a[10]={2,4,6,8,10,12,14,16,18}，要求通过指针完成在数组 a 中插入一个 x，使插入后的数组元素仍然有序。

分析：

（1）在 main( )函数中定义数组时，要多开辟一个用于存放插入数据的存储单元。如例中定义含 10 个整型元素的一维数组 a 并初始化。

（2）在用户自定义函数 sort( )中，定义一个基类型为 int 的指针变量 p，并将数组 a 的首地址赋给指针 p。

（3）为了将 x 插入到数组中，应从有序数组中找到插入的位置，然后将从该位置起以后的所有元素依次后移，将插入位置腾出来。

（4）把 x 插入到数组中。

源程序如下：

```c
#include <stdio.h>
#include <stdlib.h>

void sort(int *p, int n, int x)
{
    int i, j;

    for(i=0; i<n-1; i++)
        if(*(p+i)>x) break;        //找到插入点 i
    for(j=n-2; j>=i; j--)
        //将下标为 i 的元素及其后的各元素均后移一位
        *(p+j+1) = *(p+j);
    *(p+i)=x;
}

int main()
{
    int a[10]={ 2, 4, 6, 8, 10, 12, 14, 16, 18 };
    int i, x;

    printf("please input x:");
    scanf("%d", &x);
    sort(a, 10, x);                 //调用函数 sort()
    for(i=0; i<10; i++)
        printf("%4d", a[i]);
    printf("\n");

    system("pause");
    return 0;
}
```

运行结果如图 12-24 所示。

应用扩展：若有两个已按升序排列的数列 a 和数列 b，要将这两个数列合并插入到数列 c 中，使插入后的 c 数列仍按升序排列，要求通过指针完成。

```
please input x:7
   2   4   6   7   8  10  12  14  16  18
请按任意键继续. . .
```

图 12-24 例 12-17 运行结果

请大家结合上面的例子自行完成。

【例 12-18】编写一个函数，求一个字符串的长度。在 main( )函数中输入字符串，调用该函数后输出其长度。

分析：

（1）在自定义函数 length( )中定义一个基类型为字符型的指针变量 p，用来接收字符串的首地址。

（2）用 "*p!='\0'" 来判断字符串还没有结束。

（3）通过 length( )函数返回字符串的长度，并在 main( )函数中输出。

源程序如下：

```c
#include <stdio.h>
#include <stdlib.h>

int main()
{
    int length(char *p);
    int len;
    char str[20];

    printf("please input a string:\n");
    scanf("%s", str);                  //输入字符串 str
    len=length(str);                   //调用函数 length()
    printf("the string has %d characters.\n", len);

    system("pause");
    return(0);
}

int length(char *p)
{
    int n=0;

    while(*p != '\0')                  //当字符串还没有结束时做循环
    {
        n++;
        p++;
    }
    return n;
}
```

运行结果如图 12-25 所示。

应用扩展：统计输入的字符串中包含的单词的个数。请大家结合上面的例子自行完成。

```
please input a string:
congratulations
the string has 15 characters.
请按任意键继续. . .
```

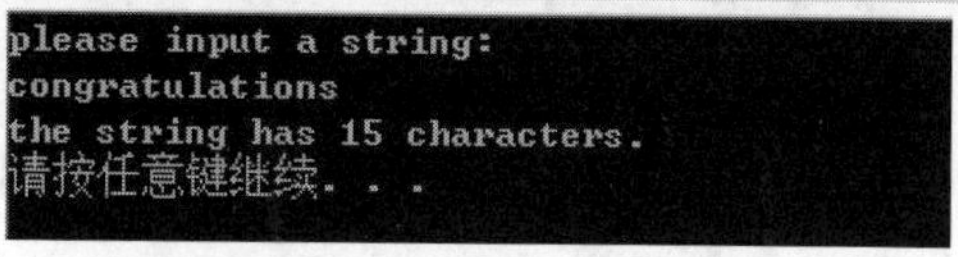

图 12-25 例 12-18 运行结果

12.7 本章常见错误及解决方法

（1）*和[ ]在定义时只是说明作用，不能误解为运算符。

&、*、[ ]是 C 语言提供的三种运算符，分别是取地址运算符、指针运算符和下标运算符，其中，&与*互为逆运算。在表达式中，它们的意义很明确，但是在定义中*、[ ]只是起说明作用，不能看作运算符。例如：

```
int number=10;
int*pt=&number;
int*pt= number;
```

在这里，同学们容易被后两个语句迷惑，如果指针的概念理解得不透彻，就不能准确判断哪句赋值正确。之所以迷惑，是因为把*当作了运算符，其实，在这里 int*共同来修饰指针变量 pt，定义一个指向整型变量的指针变量，自然会把一个地址&number 赋值给 pt。因此，上述后面两个赋值语句中，第一个是正确的。

（2）指针变量未初始化。

指针在使用前必须初始化，给指针变量赋初值必须是地址值。如果使用未初始化的指针，由于指针没有初值，它将得到一个不确定的值，同时它的指向也是不确定的，这样，指针就有可能指向操作系统或程序代码等致命地址，改写该地址的数据，就会破坏系统的正常工作状态。例如：

```
int array[6], i,*p;
for( i=0; i<6; i++) scanf("%d", p++);
```

应该在 for 语句前加上语句"p= array;"，使 p 初始化。

（3）指针类型错误。例如：

```
int main()
{
  static int array[2][3]={3, 4, 5, 6, 7, 8};

  int *pt=array;
  for(; pt<array+6; pt++)
    printf("%d ", *pt);
  return 0;
}
```

在此例中定义的 array 是个二维整型指针，而 pt 是一个整型指针，二者类型不同不能直接赋值，所以在这里应该把语句"int*pt=array;"改成"int*pt=*array;"或者是"int*pt=&array[0][0];"，并将 for 循环中表示循环条件的表达式进行相应的修改。

（4）将整数值直接给指针赋值。

指针值就是指针所指向的地址，在程序运行中，指针的值虽然就是一个整数值，但是绝不能在程序语句中把一个整数值当做指针的值直接赋给指针。例如：

```
int num;
int *pt;
num=19265;
pt=num;
```

最后一个语句目的是使指针指向地址 19265（十进制），编译时系统会提示这个语句有错误。

（5）指针偏移。例如：

```
int main()
{
  char*p, string[80];

  p=string;
  do
  {
    gets(string);
    while (*p)printf("%c", *p++);
```

```
        printf("\n");
    } while (strcmp(string, "program"));
    return 0;
}
```

上述代码在循环前将指针初始化，利用语句"p=string;"将字符数组的首地址赋给 p。进入内层循环后 p 自加，使指针 p 移动到字符串的其他部分，甚至移出字符串指向另一个变量或者程序代码，这样很危险。所以，应该把语句"p=string;"放在 do…while 循环之中，使指针 p 自加操作后能够复位，重新指向字符数组的首元素。

（6）指针之间相互赋值。

在 C 语言中，如果指针之间相互赋值不当，将会造成内存空间丢失的现象。例如：

```
#include <stdio.h>
#include <stdlib.h>

int main()
{
  int*m,*n;

  m=(int*)malloc(sizeof(int));
  n=(int*)malloc(sizeof(int));
  *m=78;  *n=82;   m=n;
  printf("%d,%d",*m,*n);
  return 0;
}
```

在这个程序中，语句"m=n;"是将指针 n 的内容赋给了指针 m，使 m、n 都指向分配给 n 的内存空间，而原来分配给 m 的内存空间没有释放，不能被其他程序访问，从而使该内存空间成了无效内存块。要解决这个问题，在将指针 n 赋给指针 m 前，应该先用 free( )函数释放 m 所占有的内存空间，即在"m=n;"语句之前执行"free(m);"语句。

12.8 本 章 小 结

（1）指针是 C 语言中一个重要的组成部分，使用指针编程有以下优点。

① 提高程序的编译效率和执行速度。

② 通过指针可使主调函数和被调函数之间共享变量或数据结构，便于实现双向数据传递。

③ 可以实现动态的存储分配。

④ 便于表示各种数据结构，编写高质量的程序。

（2）指针的运算。

① 取地址运算符&：返回变量的地址。

② 取内容运算符*：返回指针所指对象的值。

③ 赋值运算：

• 把变量地址赋予指针变量。

• 同类型指针变量相互赋值。

• 把数组、字符串的首地址赋予指针变量。

• 把函数入口地址赋予指针变量。

④ 加减运算。对指向数组、字符串的指针变量可以进行加减运算，如 p+n，p-n，p++，p--等。

对指向同一数组的两个指针变量可以相减。对指向其他类型的指针变量作加减运算是无意义的。

⑤ 关系运算。指向同一数组的两个指针变量之间可以进行大于、小于、等于比较运算。指针可与 0 比较，p==0 表示判断 p 是否为空指针。

（3）与指针有关的各种说明和意义见下表。

指 针	意 义
int *p;	p 为指向整型量的指针变量
int *p[n];	p 为指针数组，由 n 个指向整型量的指针元素组成
int (*p)[n];	p 为指向整型二维数组的指针变量，二维数组的列数为 n
int *p( )	p 为返回指针值的函数，该指针指向整型量
int (*p)( )	p 为指向函数的指针，该函数返回整型量
int **p	p 为指向一个整型指针的指针变量

（4）指针的说明很多是由指针、数组、函数说明组合而成的。

虽然说指针说明通常是由指针、数组、函数说明组合而成的，但并不能任意组合。例如数组不能由函数组成，即数组元素不能是一个函数；函数也不能返回一个数组或返回另一个函数。例如：int a[5]( );就是错误的。

（5）阅读组合说明符的规则是"从里向外"。

在解释组合说明符时，要从标识符开始，先看它右边有无方括号或圆括号，如有则要先做出解释。因为方括号和圆括号的优先级高于标识符左边的"*"号，对于方括号和圆括号则以相同的优先级从左到右结合。然后再看左边有无"*"号，有几个"*"号。

需要注意的是，由于可以用圆括号改变约定的结合顺序，所以在任何时候遇到了圆括号，都必须先处理括号内的内容。

（6）在使用链表时，要注意记住头结点的存储地址，即头指针。

要对某个链表进行操作，必须要知道该链表的头指针。不管是单向链表还是双向链表，链表中除尾结点之外的每一结点的链接字段均指向后继结点，所以只要知道了头指针，即头结点的地址，即可通过链接字段访问到链表中的每一个结点。

习　题

一、选择题

1. 以下 count( )函数的功能是统计 substr 在母串 str 中出现的次数。

```
int count(char *str,char *substr)
{   int i,j,k,num=0;
    for(i=0;    ①    ;i++)
    {for(   ②   ,k=0;substr[k]==str[j];k++,j++)
         if(substr[   ③   ]=='\0')
         {num++;break;}
    }
    return num;
}
```

① A. str[i]==substr[i]   B. str[i]!= '\0'

 C. str[i]== '\0'   D. str[i]>substr[i]

② A. j=i+1　　　　　B. j=i　　　　　C. j=i+10　　　　　D. j=1

③ A. k　　　　　　　B. k++　　　　　C. k+1　　　　　D. ++k

2. 以下 Delblank( )函数的功能是删除字符串 s 中的所有空格(包括 Tab 符、回车符和换行符)。

```
void Delblank(char *s)
{ int i,t;
  char c[80];
  for(i=0,t=0;___①___;i++)
      if(!isspace(___②___))c[t++]=s[i];
  c[t]= '\0';
   strcpy(s,c);
}
```

① A. s[i]　　　　　B. !s[i]　　　　　C. s[i]= '\0'　　　　D. s[i]== '\0'

② A. s+i　　　　　B. *c[i]　　　　　C. *(s+i)= '\0'　　　D. *(s+i)

3. 以下 conj( )函数的功能是将两个字符串 s 和 t 连接起来。

```
char *conj(char *s,char *t)
{   char *p=s;
    while(*s)___①___;
    while(*t)
    {*s=___②___;s++;t++;}
    *s= '\0';
        ___③___;
}
```

① A. s--　　　　　B. s++　　　　　C. s　　　　　　D. *s

② A. *t　　　　　　B. t　　　　　　C. t--　　　　　D. *t++

③ A. return s　　　B. return t　　　C. return p　　　D. return p-t

4. 下列程序的输出结果是 (　　　　)。

```
#include <stdio.h>
int main()
{ int **k, *a, b=100; a=&b; k=&a; printf("%d\n", **k);
  return 0;
}
```

　　A. 运行出错　　　B. 100　　　　　C. a 的地址　　　D. b 的地址

5. 下列程序的输出结果是 (　　　　)。

```
#include <stdio.h>
void fun(int *a,int *b)
{int *w;*a=*a+*a;*w=*a; *a=*b; *b=*w;}
 int main()
{int x=9,y=5,*px=&x,*py=&y;fun(px,py);printf("%d,%d\n",x,y);
 return 0;
}
```

　　A. 出错　　　　　B. 18, 5　　　　C. 5, 9　　　　　D. 5, 18

6. 若定义了以下函数:

```
void f(…)
{ …
  *p=(double *)malloc(10*sizeof(double));
  …
```

```
}
```

p 是该函数的形参，要求通过 p 把动态分配存储单元的地址传回主调函数，则形参 p 的正确定义应当是（　　　）。

    A. double *p   B. float **p   C. double **p   D. float *p

二、填空题

1. 指针变量是把内存中另一个数据的_____作为其值的变量。

2. 能够直接赋值给指针变量的整数是_____。

3. 如果程序中已有定义：int k;，则：

（1）定义一个指向变量 k 的指针变量 p 的语句是_____。

（2）通过指针变量，将数值 6 赋值给 k 的语句是_____。

（3）定义一个可以指向指针变量 p 的变量 pp 的语句是_____。

（4）通过赋值语句将 pp 指向指针变量 p 的语句是_____。

（5）通过指向指针的变量 pp，将 k 的值增加一倍的语句是_____。

4. 当定义某函数时，有一个形参被说明成 int *类型，那么可以与之结合的实参类型可以是_____、_____等。

5. 以下程序的功能是：将无符号八进制数字构成的字符串转换为十进制整数。例如，输入的字符串为：556，则输出十进制整数 366。请填空。

```
#include <stdio.h>
int main()
{ char *p,s[6]; int n; p=s; gets(p); n=*p-'0';
  while( _____ != '\0') n=n*8+*p-'0';
  printf("%d \n",n); return 0;
}
```

三、编程题

1. 编写函数，对传递进来的两个整型量计算它们的和与积之后，通过参数将结果返回。

2. 编写一个程序，将用户输入的字符串中的所有数字提取出来。

3. 编写函数实现，计算字符串的串长。

4. 编写函数实现，将一个字符串中的字母全部转换为大写。

5. 编写函数实现，计算一个字符在一个字符串中出现的次数。

6. 编写函数实现，判断一个子字符串是否在某个给定的字符串中出现。

7. 假设链表中的结点结构如下所示：

```
struct node
{   int  num;
    struct node*next;
};
```

编写函数实现，创建一个包含 10 个结点的链表。

8. 对于上题所创建的链表，编写一个函数，在链表中查找是否有数据域是 x（数据自定）的结点，如果有返回值为 1，没有返回值为 0。

第 ⑬ 章 位 运 算

位运算是 C 语言者的一大难点，适合于编写系统软件的需要。通过本章的学习，读者将进一步体会到 C 语言既具有高级语言的特点，又具有低级语言的功能。位运算可以高效解决实际应用中的一些问题，因而具有广泛的用途和很强的生命力。

本章知识要点：

◎ 位运算的相关概念。

◎ 位运算符的含义及使用。

◎ 位运算的特殊应用。

◎ 位复合赋值运算符的含义及使用。

13.1 位运算的概念

程序中的所有数在计算机内存中都是以二进制的形式存储的。位运算就是直接对整数在内存中的二进制位进行操作。由于位运算直接对内存数据进行操作，不需要转成十进制，因此处理速度非常快。在位运算中还要介绍几个概念：字节、位和补码。前面介绍的各种运算都是以字节作为最基本位进行的。工程但在很多系统程序中常要求在位一级进行运算或处理。C 语言提供了位运算的功能，这使得 C 语言也能像汇编语言一样用来编写系统程序。参与运算的数以补码方式出现。参与位运算的只能是整型或字符型数据。

13.1.1 字节与位

二进制数系统中，位（bit）也称比特，每个 0 或 1 就是一个位，位是数据存储的最小单位。字节（Byte）是计算机信息存储的最小单位，1 个字节等于 8 位二进制。计算机中的 CPU 位数指的是 CPU 一次能处理的最大位数。例如 32 位计算机的 CPU 一个机器周期内可以处理 32 位数据 0xFFFFFFFF。

一个英文的字符占用一个字节，而一个汉字以及汉字的标点符号、字符都占用两个字节。一个二进制数字序列，在计算机中作为一个数字单元，一般为 8 位二进制数，如一个 ASCII 码就是一个字节。字节单位还有 KB、MB、GB、TB 等，此类单位的换算为：1 KB =1024 B，1 MB =1024 KB，1 GB=1024 MB，1 TB=1024 GB。

13.1.2　补码

一个数据在计算机内部表示成二进制形式称为机器数。机器数有不同的表示方法，常用的有原码、反码、补码。数据的最右边一位是"最低位"，数据最左边一位叫做"最高位"。

原码表示规则：用最高位表示符号位，用 0 表示正号，1 表示负号，其余各位表示数值大小。

例如：假设某个机器数的位数为 8，则 56 的原码是 00111000，–56 的原码是 10111000。

反码表示规则：正数的反码与原码相同；负数的反码，符号位为"1"不变，数值部分按位取反，即 0 变为 1，1 变为 0。反码很少直接用于计算机中，它是用于求补码的过程产物。

例如：00111000 的反码为 00111000，10111000 的反码为 11000111。

补码的表示规则：正数的补码与原码相同；负数的补码是在反码的基础上加二进制 1。

例如：00111000 的补码为 00111000，10111000 的补码为 11001000。

补码是计算机中一种重要的编码形式，采用补码后，可以将减法运算转化成加法运算，运算过程得到简化。正数的补码即是它所表示的数的真值，而负数补码的数值部分却不是它所表示的数的真值。采用补码进行运算，所得结果仍为补码。一个数补码的补码就是它的原码。与原码、反码不同，数值 0 的补码只有一个，即[0]$_补$=00000000B。若字长为 8 位，则补码所表示的范围为 –128 ~ +127；进行补码运算时，所得结果不应超过补码所能表示数的范围。

在实际应用中，注意原码、反码、补码之间的相互转换，由于正数的原码、补码、反码表示方法均相同，当遇到正数时不需转换。进行转换时，首先判断其符号位，为负时，再进行转换。

【例 13-1】已知某数 X 的原码为 10110110B，求 X 的补码和反码。

由[X]$_原$=10110110B 知，符号位为 1，X 为负数。求其反码时，符号位不变，数值部分按位求反，求其补码时，再在其反码的末位加 1。计算过程如下：

$$原码：1\ 0\ 1\ 1\ 0\ 1\ 1\ 0$$
$$反码：1\ 1\ 0\ 0\ 1\ 0\ 0\ 1$$
$$+1$$
$$补码：1\ 1\ 0\ 0\ 1\ 0\ 1\ 0$$

求得：[X]$_反$=11001011B，[X]$_补$=11001010B。

【例 13-2】已知某数 X 的补码 11101100B，试求其原码。

由[X]$_补$=11101110B 知，符号位为 1，X 为负数。补码的补码就是原码，故求其原码表示时，符号位不变，数值部分按位求反，再在末位加 1。

$$补码：1\ 1\ 1\ 0\ 1\ 1\ 0\ 0$$
$$求反：1\ 0\ 0\ 1\ 0\ 0\ 1\ 1$$
$$+1$$
$$原码：1\ 0\ 0\ 1\ 0\ 1\ 0\ 0$$

求得：[X]$_原$=10010100B。

【例 13-3】求 18–15 的值。

利用补码，减法运算就转化为加法实现，变成了求[18–15]$_补$，[18–15]$_补$等价为[18]补+[–15]$_补$，先求 –15 的补码，–15 的二进制表示为 10001111，则 –15 的补码为

$$11110000$$
$$+1$$
$$11110001$$

与 18 的补码相加

$$00010010 \quad [18]_\text{补}$$
$$+\ 11110001 \quad [-15]_\text{补}$$
$$1\ 00000011 \quad [18]_\text{补}+[-15]_\text{补}$$

舍去运算溢出的最高一位（模运算），结果为 00000011，符号位为 0，故为正数，正数的补码为其本身，转化为十进制为 3。

如果计算机的字长为 n 位，n 位二进制数的最高位为符号位，其余 $n-1$ 位为数值位，采用补码表示法时，可表示的数 X 的范围是 $-2^{n-1} \leqslant X \leqslant 2^{n-1}-1$，如当 $n=8$ 时，可表示的有符号数的范围为 $-128 \sim +127$。两个有符号数进行加法运算时，当运算结果超出可表示的有符号数的范围时，就会发生溢出，使计算结果出错。很显然，溢出只能出现在两个同符号数相加或两个异符号数相减的情况下。在计算机中，数据是以补码的形式存储的，所以补码在 C 语言的学习中有比较重要的地位，而学习补码必然涉及原码反码。

13.2 二进制位运算

13.2.1 二进制位运算

C 语言提供了如表 13-1 所示的 6 种位运算符。

表 13-1 位运算符

运 算 符	含 义	结 合 性	优先级（附录 B 中等级）
&	按位与	自左向右	8
|	按位或	自左向右	10
^	按位异或	自左向右	9
~	取反	自左向右	2
<<	左移	自左向右	5
>>	右移	自左向右	5

说明：

（1）除"~"为单目运算符，其他为双目运算符。

（2）运算数只能是整型或字符型的数据，不能为实型、结构体等类型的数据。

（3）两个不同长度的运算数进行位运算时，系统会将两个数按右端对齐，再将位数短的一个运算数往高位扩充，即无符号数和正整数左侧用 0 补全；负数左侧用 1 补全。

下面对各种位运算符的运算规则及其应用作以介绍。

1. 按位"与"运算符"&"

运算规则：参与运算的两个数各对应的二进制位相"与"，也就是说只有对应的两个二进制位均为 1 时，结果位才为 1，否则为 0。即：0&0=0，0&1=0，1&0=0，1&1=1。

例如，8&9 的运算如下：

$$00001000 \quad （十进制 8）$$
$$\&\ 00001001 \quad （十进制 9）$$

$$00001000$$

将二进制数 00001000 转换为十进制数为 8，所以 8&9 的结果为 8。因计算机中存储数据的补码形式，所以当两个整数相与的时候，也是以补码的形式进行。

如-8&9 运算如下：

$$11111000（十进制-8）$$
$$\&\ 00001001（十进制 9）$$
$$\overline{\qquad\qquad\qquad\qquad}$$
$$00001000$$

将二进制数 00001000 转换为十进制数为 8，所以-8&9 的结果为 8。

按位与的应用：

（1）获取一个二进制数指定位的值。如有一个占 2 个字节的二进制数，想知道其第 4 位二进制数的值为 0 还是 1，只需将这个二进制数与 0000000000001000 进行&运算，如果运算后的结果为 0，说明这个二进制数第 4 位为 0，否则为 1。

【例 13-4】输入一个 int 型数 m，将其对应的二进制数左侧第三位数取出。

分析：要取出 m 所对应的二进制数左侧第三位数，只需将其与二进制数 00000000 00000100 进行 "与" 运算，二进制数 00000000 00000100 对应十进制数为 4，如果运算后结果与 4 相等，那么这一位为 1，否则为 0。

源程序如下：

```c
#include <stdio.h>
#include <stdlib.h>

int main()
{
    int m,n,t=4;
    printf("please enter an integer:\n");
    scanf("%d,",&m);
    n=m &t;
    if(n==t)
        printf("the 3 left bit of m is :1\n");
    else
        printf("the 3 left bit of m is:0\n");

    system("pause");
    return 0;
}
```

当输入 7 时，运行结果如图 13-1 所示。当输入 8 时，运行结果如图 13-2 所示。

图 13-1　输入 7 时例 13-4 运行结果　　　图 13-2　输入 8 时例 13-4 运行结果

说明：

当输入 7 时，m 的值为 7，对应的二进制数为 00000000 00000111，m&t 的结果为二进制 00000000 00000100（即十进制的 4），所以 n==t 条件成立。

当输入 8 时，m 的值为 8，对应的二进制数为 00000000 00001000，m&t 的结果为二进制 00000000

00000000（即十进制的 0），所以 n==t 条件不成立。

（2）定位清零。如将一个二进制数的某一位清零，只需将这个二进制数与一个其他位全部为 1 清零位为 0 的二进制数进行&运算即可。如有一个有符号的占 2 个字节的二进制数，想知道其第 4 位数的值为清 0，正数只需将这个二进制数与 0111111111110111 进行&运算，负数与 111111111110111。如果全部清零，只需将这个数与全部为 0 的二进制数进行&运算即可。

【例 13-5】一个 int 型数 m=17，将其对应的二进制数左侧第 5 位清零，其他位不变。

分析：将 m=17 对应而进制数 00000000 00010001 与二进制数 01111111 11101111 （十进制数为 16367）进行"与"运算即可。

源程序如下：

```c
#include <stdio.h>
#include <stdlib.h>

int main()
{
    int m,n,t=16367;

    printf("Enter an integer:\n");
    scanf("%d,",&m);
    n=m&t;
    printf("%d 的左侧第五位清零后的结果为:%d\n",m,n);

    system("pause");
    return 0;
}
```

运行结果如图 13-3 所示。

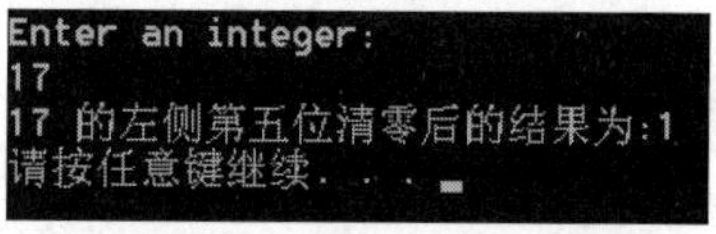

【例 13-6】输入一个 int 型数 m，将其对应的二进制数低 8 位清零，其他位不变。

分析：一般整型 m 占 2 个字节，共 16 位，将低 8 位清零，只需将 m 与二进制数 11111111 00000000 （十进制数为 -256）进行"与"运算即可。

图 13-3　例 13-5 运行结果

源程序如下：

```c
#include <stdio.h>
#include <stdlib.h>

int main()
{
    int m,n,t=-256;
    printf("Enter an integer:\n");
    scanf("%d,",&m);
    n=m&t;
    printf("%d 的低 8 位清零后的结果为:%d\n",m,n);

    system("pause");
    return 0;
}
```

当输入 254 时，运行结果如图 13-4 所示。当输入 258 时，运行结果如图 13-5 所示。

```
Enter an integer:
254
254 的低8位清零后的结果为:0
请按任意键继续...
```

图 13-4　输入 254 时例 13-6 运行结果

```
Enter an integer:
258
258 的低8位清零后的结果为:256
请按任意键继续...
```

图 13-5　输入 258 时例 13-6 运行结果

说明：

当输入 254 时，m 的值为 254，对应的二进制数为 00000000 11111110，m&t 的结果为二进制 00000000 00000000（即十进制的 0），当 m 为正数且值≤255 时，因为高 8 位全部为 0，所以结果为 0。

当输入 258 时，m 的值为 258，对应的二进制数为 00000001 00000010，m&t 的结果为二进制 00000001 00000000（即十进制的 256）。

2. 按位"或"运算符"|"

运算规则：参与运算的两个数对应的二进制位相"或"，也就是说只有对应的两个二进制位均为 0 时，结果位才为 0，否则为 1。即：0|0=0，0|1=1，1|0=1，1|1=1。

如-8&9 运算如下：

$$
\begin{array}{r}
11111000（十进制-8） \\
|\ 00001001（十进制 9） \\
\hline
11111001
\end{array}
$$

将二进制数 11111001 转换为十进制数为-7，所以-8|9 的结果为-7。

按位或的应用：

利用按位或运算将一个数据指定位值为 1。要将一个二进制数的某个位值指定为 1，那么就将这个二进制数与一个二进制数（指定位为 1，其他位为 0）的数按位或就可以了。

【例 13-7】输入一个 int 型数 m，将其对应的二进制数低 4 位置为 1，其他位不变。

分析：一般整型 m 占 2 个字节，共 16 位，将低 4 位置为 1，只需将 m 与二进制数 00000000 00001111（十进制数为 15）进行"或"运算即可。

源程序如下：

```c
#include <stdio.h>
#include <stdlib.h>

int main()
{
    int m,n,t=15;
    printf("Enter an integer:\n");
    scanf("%d,",&m);
    n=m|t;
    printf("%d 的低四位设置为 1 后的值为: %d\n",m,n);

    system("pause");
    return 0;
}
```

当输入 18 时，程序运行结果如图 13-6 所示。

说明：输入 18 时，m 的值为 18，对应的二进制数为 00000000 00010010，m&t 的结果为二进制 00000000 00011111（即十进制的 31）。

```
Enter an integer:
18
18 的低四位设置为1后的值为: 31
请按任意键继续...
```

图 13-6　输入 18 时例 13-7 运行结果

3. 按位"异或"运算符"^"

运算规则：参与运算的两个数对应的二进制位相"异或"，也即是说当二进制位相异时，结果为 1，否则为 0。即：0^0=0，0^1=1，1^0=l，1^1=0。

如-8^9 运算如下：

$$11111000（十进制-8）$$
$$^\wedge 00001001（十进制 9）$$
$$\overline{\qquad\qquad\qquad\qquad}$$
$$11110001$$

将二进制数 11110001 转换为十进制数为-15，所以-8^9 的结果为-15。

按位异或的应用：

（1）定位翻转，也就是说使指定位的值发生变化，1 变成 0，0 变成 1。

【**例 13-8**】输入一个 int 型数 m，将其对应的二进制数低 4 位翻转，其他位不变。

分析：一般整型 m 占 2 个字节，共 16 位，将低 4 位翻转，只需将 m 与二进制数 00000000 00001111（十进制数为 15）进行"异或"运算即可。

源程序如下：

```c
#include <stdio.h>
#include <stdlib.h>

int main()
{
    int m,n,t=15;
    printf("Enter an integer:\n");
    scanf("%d,",&m);
    n=m^t;
    printf("%d 的低四位翻转后的值为: %d\n",m,n);

    system("pause");
    return 0;
}
```

当输入 18 时程序运行结果如图 13-7 所示。

说明：输入 18 时，m 的值为 18，对应的二进制数为 00000000 00010010，m^t 的结果为二进制 00000000 00011101（即十进制的 29）。

```
Enter an integer:
18
18 的低四位翻转后的值为: 29
请按任意键继续. . .
```

图 13-7 输入 18 时例 13-8 运行结果

（2）不用临时变量，交换两个值。

【**例 13-9**】输入两个 int 型数 m 和 n，不用其他变量，将 m 和 n 的值互换。

源程序如下：

```c
#include <stdio.h>
#include <stdlib.h>

int main()
{
    int m,n,t=15;
    printf("Enter two integers:\n");
    scanf("%d%d",&m,&n);
    printf("互换前:m的值为:%d,n的值为:%d\n",m,n);
```

```
    m=m^n;
    n= n^m;
    m=m^n;
    printf("互换后:m的值为:%d,n的值为:%d\n",m,n);

    system("pause");
    return 0;
}
```

当输入 18 和 16 时，程序运行结果如图 13-8 所示。

说明：输入十进制数 18 对应二进制数 0000000 00010010 给 m，输入十进制数 16 对应二进制数 0000000 00010000 给 n，执行 m=m^n 后，m 的值变为 00000000 00000010（十进制 2），再执行 n= n^m 后，n 的的值变为 00000000 00010010（十进制 18），再执行 n= m=m^n 后，m 的值变为 00000000 00010000（十进制 16）。

图 13-8　输入 18 和 16 时例 13-9 运行结果

（3）定位保留原值，也就是说保留指定位的值，使其不发生变化。利用保留原值位为 0 的二进制数与其进行"异或"运算，此位值不会发生变化。

4. 按位"取反"运算符"~"

运算规则：参与运算的一个数的各二进位按位取"反"，也就是说 0 变成 1，1 变成 0。即：~0=1，~1=0。

按位取反的应用：适当地使用可增加程序的移植性。

要将整数 a 的最低位置为 0，通常采用语句 a=a&~1;来完成，因为这样对 a 是 16 位数还是 32 位数均不受影响。

【例 13-10】 输入一个 int 型数 m，将其对应的二进制数最低清零，其他位不变。

分析：一般整型 m 占 2 个字节，共 16 位，将最低位清零，需将 m 与二进制数 1111111111111110（八进制数为 0177776）进行"与"运算，如果 C 程序编译系统用 32 位存储 m 变量，那么就要和八进制数 037777777776 进行"与"运算，为了改变这种不确定性，那么可以将变量与~1 进行"与"运算。

源程序如下：

```
#include <stdio.h>
#include <stdlib.h>

int main()
{
    int m,n,t=15;
    printf("Enter an integer:\n");
    scanf("%d",&m);
    n=m&~1;
    printf("%d 左侧最低位清零后的值为:%d.\n",m,n);

    system("pause");
    return 0;
}
```

当输入 17 时，程序运行结果如图 13-9 所示。

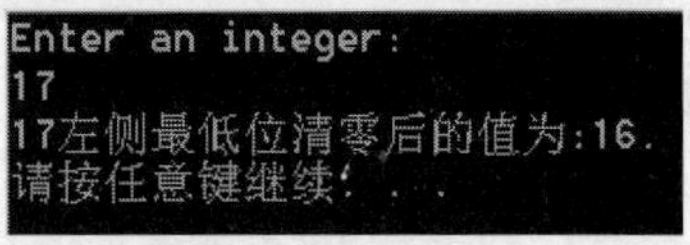

说明：输入 17 时，m 的值为 17，对应的二进制数为 00000000 00010001，输出 n 的值为 16，对应二进制数为 00000000 00010000。

图 13-9　输入 17 时例 13-10 运行结果

5."左移"运算符"<<"

运算规则：将"<<"与算符左边的运算数的二进制位全部左移若干位，高位左移溢出部分丢弃，低位补 0。

例如：int a=14;a=a<<2;

以上表达式就是将 a 的二进制数左移 2 位后，赋值给变量 a，因为 a 为一般整型，占 2 个字节，a=14 的二进制数为 00000000 00001110，左移 2 位为[00]（舍去）00000000 001110[00]（填补）。

左移运算的应用：当不超出数值的值域时，可以通过左移实现一个数据与 2 的 n 次方相乘的操作。左移 1 位相当于该数乘以 2；左移 n 位相当于该数乘以 2 的 n 次方。但此结论只适用于该数左移时被溢出舍弃的高位中不包含 1 的情况。左移比乘法运算快得多，有的 C 编译系统自动将乘 2 运算用左移一位来实现。

【例 13-11】输入一个 int 型数 m，输出 m 乘以 8 的值。

分析：一个数乘以 8 就是乘以 2 的 3 次方，我们可以通过左移 3 位实现。

源程序如下：

```c
#include <stdio.h>
#include <stdlib.h>

int main()
{
    int m,n,t=15;
    printf("Enter an integer:\n");
    scanf("%d",&m);
    n=m<<3;
    printf("%d乘以8后的值为:%d.\n",m,n);

    system("pause");
    return 0;
}
```

当输入 17 时程序运行结果如图 13-10 所示。

说明：输入 17 时，m 的值为 17，对应的二进制数为 00000000 00010001，输出 n 的值为 136，对应二进制数为 00000000 10001000。

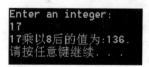

图 13-10　输入 17 时例 13-11 运行结果

6."右移"运算符">>"

运算规则：将">>"与算符左边的运算数的二进制位全部右移若干位，低位右移部分丢弃。对于无符号数高位补 0；对于有符号数，如果原来符号位为 0（正数），则高位补 0，如果符号位为 1（负数），则高位补 0 或 1 由计算机系统决定。

右移运算的应用：右移一位相当于该数除以 2；右移 n 位相当于该数除以 2 的 n 次方。

【例 13-12】输入一个 int 型正数 m，输出 m 除以 8 的值。

分析：两个整数相除，得到的是商的整数部分，所以一个数除以 8 就是除以 2 的 3 次方，可以通过右移 3 位实现。

源程序如下：

```c
#include <stdio.h>
#include <stdlib.h>
```

```
int main()
{
  int m,n,t=15;

  printf("Enter an integer:\n");
  scanf("%d",&m);
  n=m>>3;
  printf("%d 除以 8 后的值为:%d.\n",m,n);

  system("pause");
  return 0;
}
```

当输入 17 时，程序运行如图 13-11 所示。

说明：输入 17 时，m 的值为 17，对应的二进制数为 00000000 00010001，输出 n 的值为 2，对应二进制数为 00000000 00000010。

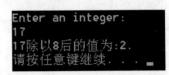

图 13-11　输入 17 时例 13-12 运行结果

13.2.2　位复合赋值运算符

C 语言提供了如表 13-2 所示的 5 种位复合赋值运算符。

表 13-2　位复合赋值运算符

运 算 符	含 义	结 合 性	优先级（附录 B 中等级）
&=	先对右值按位与，再赋值	自右向左	15
|=	先对右值按位或，再赋值	自右向左	15
^=	先对右值按位异或，再赋值	自右向左	15
<<=	先对右值左移，再赋值	自右向左	15
>>=	先对右值右移，再赋值	自右向左	15

说明：

（1）运算符为双目运算符。

（2）右值只能是整型或字符型的数据，不能为实型、结构体等类型的数据。

（3）左侧运算数必须是左值。

运算规则：位复合赋值运算符先对右值进行相应的位运算，然后再将运算结果赋值给与算符左侧的变量。

13.3　应用程序举例

【例 13-13】输入一个数 m，输出其所对应二进制数的从右端开始的第 6~8 位。

分析：首先使 m 右移 5 位，使要取出的那几位移到最右端，再设置一个数 n 低 3 位全为 1，其余的位全为 0 的数，即将一个全 1 的数左移 3 位，这样右端低 3 位为 0；最后将 m&n，将 m 的低 3 位取出。

源程序如下：

```
#include <stdio.h>
```

```
#include <stdlib.h>

int main()
{
    int m,n,p,t;
    printf("Please input m:\n");
    scanf("%d",&m);
    n=m>>5;
    p=~(~0<<3);
    t=n&p;
    printf("m=%d,t=%d\n",m,t);

    system("pause");
    return 0;
}
```

当输入 416 时，程序运行结果如图 13-12 所示。

说明：输入 416，m 的值为 416，对应的二进制数为 00000001 10100000，m 左移 5 位后为 00000000 00001101 赋值给 n，p 的值二进制数为 00000000 00000111，n&p 的值对应二进制数为 00000000 00000101 赋值给变量 t。

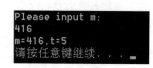

图 13-12　输入 416 时例 13-13 运行结果

13.4　本章常见错误及解决方法

（1）位运算要求操作数的数据类型为整型。

（2）左移运算将一个位串信息向左移指定的位，左端移出的位的信息就被丢弃，右端空出的位用 0 补充。例如 014<<2，结果为 060，即 48。

（3）右移运算将一个位串信息向右移指定的位，右端移出的位的信息被丢弃。例如 12>>2，结果为 3。与左移相反，对于小整数，每右移 1 位，相当于除以 2。在右移时，需要注意符号位问题。对无符号数据，右移时，左端空出的位用 0 补充。对于带符号的数据，如果移位前符号位为 0（正数），则左端也是用 0 补充；如果移位前符号位为 1（负数），则左端用 0 或用 1 补充，取决于计算机系统。对于负数右移，称用 0 补充的系统为"逻辑右移"，用 1 补充的系统为"算术右移"。

13.5　本　章　小　结

位运算是 C 语言有别于其他高级语言的一种强大的运算，它使得 C 语言具有了某些低级语言的功能，使程序可以进行二进制的运算，它能直接对计算机的硬件进行操作，因而它具有广泛的用途和很强的生命力。本章主要介绍了按位与（&）、按位或（|）、按位异或（^）、按位取反（~）、左移（<<）、右移（>>）六个位元算符，对每个与算符的运算规则、优先级及各自在实际应用中有特定的用途加以介绍，并提供例题加以解析。介绍了&=、|=、^=、<<=、>>=五个位复合赋值运算符。

习　题

一、选择题

1. 以下运算符中优先级最低的是（　　　），以下运算符中优先级最高的是（　　　）。

    A. &&   B. &   C. || D. |

2. 以下叙述中不正确的是（　　　）。

    A. 表达式 a&=b 等价于 a=a&b   B. 表达式 a|=b 等价于 a=a|b

    C. 表达式 a!=b 等价于 a=a!b   D. 表达式 a^=b 等价于 a=a^b

3. 若 x=2,y=3,则 x&y 的结果是（　　　）。

    A. 0   B. 2   C. 3   D. 5

4. 在位运算中，操作数每左移一位，则结果相当于（　　　）。

    A. 操作数乘以 2   B. 操作数除以 2

    C. 操作数除以 4   D. 操作数乘以 4

二、填空题

1. 设有 char a,b;，若要通过 a&b 运算屏蔽掉 a 中的其他位，只保留第 2 和第 8 位（右起为第 1 位）。则 b 的二进制数是_____。

2. 在测试 char 型变量 a 第 6 位是否为 1 的表达式是_____（设最右位是第一位）。

3. 在设二进制数 x 的值是 11001101。若想通过 x&y 运算使 x 中的低 4 位不变，高 4 位清零，则 y 的二进制数是_____。

三、阅读程序，写出执行结果

1. 以下程序的运行结果是_____。

```c
#include <stdio.h>
#include <stdlib.h>

int main()
{
    char a=0x95,b,c;
    b=(a&0xf)<<4;
    c=(a&0xf0)>>4;
    a=b|c;
    printf("%x\n",a);

    system("pause");
    return 0;
}
```

2. 以下程序的运行结果是:_____。

```c
#include <stdio.h>
#include <stdlib.h>

int main()
{
    unsigned a,b;l
    a=0x9a;
    b=~a;
```

```
    printf("a:%x\nb:%x=n",a,b);

    system("pause");
    return 0;
}
```

3. 以下程序的运行结果是_____。

```
#include <stdio.h>
#include <stdlib.h>

int main()
{
    unsigned a=0112,x,y,z;
    x=a>>3;
    printf("x=%o,",x);
    y=~(~0<<4);
    printf("y=%o,",y);
    z=x&y;
    printf("z=%o\n",z);

    system("pause");
    return 0;
}
```

第⑭章 从C到C++

对每个人来说，习惯C++需要一些时间，对于已经熟悉C的程序员来说，这个过程尤其令人苦恼。因为C是C++的子集，所有的C的技术都可以继续使用，但很多用起来又不太合适。例如，C++程序员会认为指针的指针看起来很古怪，他们会问：为什么不用指针的引用来代替呢？

C是一种简单的语言。它真正提供的只有有宏、指针、结构、数组和函数。不管什么问题，C都靠宏、指针、结构、数组和函数来解决。而C++不是这样。宏、指针、结构、数组和函数当然还存在，此外还有私有和保护型成员、函数重载、缺省参数、构造和析构函数、自定义操作符、内联函数、引用、友元、模板、异常、命名空间，等等。用C++比用C具有更宽广的空间，因为设计时有更多的选择。

在面对这么多的选择时，许多C程序员墨守成规，坚持他们的老习惯。一般来说，这也不是什么很大的过错。但某些C的习惯有悖于C++的精神本质，本章将对此进行阐述。

本章知识要点：

◎ 尽量用const和inline而不用#define。

◎ 尽量用<iostream>而不用<stdio.h>。

◎ 尽量用new和delete而不用malloc和free。

◎ 尽量使用C++风格的注释。

14.1 尽量用const和inline而不用#define

"尽量用编译器而不用预处理"，因为#define经常被认为好像不是语言本身的一部分。这是问题之一。再看下面的语句：

```
#define ASPECT_RATIO  1.653
```

编译器会永远看不到ASPECT_RATIO这个符号名，因为在源码进入编译器之前，它会被预处理程序去掉，于是ASPECT_RATIO不会加入到符号列表中。如果涉及这个常量的代码在编译时报错，就会很令人费解，因为报错信息指的是1.653，而不是ASPECT_RATIO。如果ASPECT_RATIO不是在程序员写的头文件中定义的，程序员就会奇怪1.653是从哪里来的，甚至会花时间跟踪下去。这个问题也会出现在符号调试器中，因为同样地，程序员所写的符号名不会出现在符号列表中。

解决这个问题的方案很简单，不用预处理宏，定义一个常量：

```
const  double  ASPECT_RATIO = 1.653;
```

这种方法很有效。但有两个特殊情况要注意。

首先，定义指针常量时会有点不同。因为常量定义一般是放在头文件中（许多源文件会包含它），除了指针所指的类型要定义成 const 外，重要的是指针也经常要定义成 const。例如，要在头文件中定义一个基于 char* 的字符串常量，要写两次 const：

```
const char * const authorName = "Scott Meyers";
```

另外，定义某个类（class）的常量一般也很方便，只有一点不同。要把常量限制在类中，首先要使它成为类的成员；为了保证常量最多只有一份副本，还要把它定义为静态成员。

```
class GamePlayer {
   private:
   static  const  int  NUM_TURNS = 5;        //静态常量的声明
   int  scores[NUM_TURNS];                    //静态常量的使用
   ...
};
```

还有一点，上面的语句是 NUM_TURNS 的声明，而不是定义，所以还必须在类的实现代码文件中定义类的静态成员：

```
const int GamePlayer::NUM_TURNS;
```

不必过于担心这种小事。如果忘了定义，链接器会提醒。

旧一点的编译器会不接受这种语法，因为它认为类的静态成员在声明时定义初始值是非法的；而且，类内只允许初始化整数类型（如：int、bool、char 等），还只能是常量。

在上面的语法不能使用的情况下，可以在定义时赋初值：

```
class  EngineeringConstants  {
   private:
   static  const  double  FUDGE_FACTOR;
   ...
};
const double EngineeringConstants::FUDGE_FACTOR = 1.35;
```

大多数情况下只要做这么多。唯一例外的是当类在编译时需要用到这个类的常量的情况，例如上面 GamePlayer::scores 数组的声明（编译过程中编译器一定要知道数组的大小）。所以，为了弥补那些（不正确地）禁止类内进行整型类常量初始化的编译器的不足，可以采用"借用 enum"的方法来解决。这种技术很好地利用了当需要 int 类型时可以使用枚举类型的原则，所以 GamePlayer 也可以像这样来定义：

```
class GamePlayer {
   private:
   enum { NUM_TURNS=5 }
   int scores[NUM_TURNS];
};
```

除非正在用老的编译器（即写于 1995 年之前），不必借用 enum。当然，知道有这种方法还是值得的，这种可以追溯到很久以前的时代的代码并不常见。

回到预处理的话题上来。另一个普遍的 #define 指令的用法是用它来实现那些看起来像函数而又不会导致函数调用的宏。典型的例子是计算两个对象的最大值：

```
#define  max(a,b)  ((a) > (b) ? (a) : (b))
```

这个语句有很多缺陷。无论什么时候写了像这样的宏，都必须记住在写宏体时对每个参数都要加上括号；否则，他人调用宏时如果用了表达式就会造成很大的麻烦。但是即使这样做了，还会有像下面这样奇怪的事发生：

```
int a=5,b=0;
max(++a,b);                    //a 的值增加了 2 次
max(++a,b+10);                 //a 的值只增加了 1 次
```

这种情况下，max 内部发生些什么取决于它比较的是什么值。

幸运的是，可以用普通函数实现宏的效率，再加上可预计的行为和类型安全，这就是内联函数：

```
inline int max(int a, int b) { return a>b?a:b; }
```

不过这和上面的宏不大一样，因为这个版本的 max 只能处理 int 类型。但模板可以很轻巧地解决这个问题：

```
template<class T>
inline const T& max(const T& a, const T& b)
{ return a>b?a:b; }
```

这个模板产生了一整套函数，每个函数对两个可以转换成同种类型的对象进行比较然后返回较大的（常量）对象的引用。因为不知道 T 的类型，返回时传递引用可以提高效率。

在计划用模板写像 max 这样的通用函数时，先检查一下标准库，看看是不是已经存在。比如说上面说的 max( )，会发现 max( )是 C++标准库的一部分。

有了 const 和 inline，对预处理的需要减少了，但也不能完全没有它。抛弃#include 的日子还很远，#ifdef/#ifndef 在控制编译的过程中还扮演重要角色。预处理还不能退休，但一定要计划给它经常放长假。

14.2 尽量用<iostream>而不用<stdio.h>

scanf( )和 printf( )很轻巧、很高效，C 程序员也早就知道怎么用它们。但尽管它们很有用，事实上 scanf( )和 printf( )及其系列还可以做些改进。尤其是，它们不是类型安全的，而且没有扩展性。因为类型安全和扩展性是 C++的基石，所以要服从这一点。另外，scanf( )/printf( )系列函数把要读写的变量和控制读写格式的信息分开来，就像 FORTRAN 那样。

scanf( )/printf( )的这些弱点正是操作符>>和<<的强项：

```
int i;
Rational  r;                    //r 是个有理数
...
cin >> i >> r;
cout << i << r;
```

上面的代码要通过编译，>>和<<必须是可以处理 Rational 类型对象的重载函数（可能要通过隐式类型转换）。如果没有实现这样的函数，就会出错（处理 int 不用这样做，因为它是标准用法）。另外，编译器自己可以根据不同的变量类型选择操作符的不同形式，所以不必劳烦程序员去指定第一个要读写的对象是 int 而第二个是 Rational。

另外，在传递读和写的对象时采用的语法形式相同，所以不必像 scanf( )那样死记一些规定，比如如果没有得到指针，必须加上地址符，而如果已经得到了指针，又要确定不要加上地址符。

这些完全可以交给 C++编译器去做。最后要注意的是，像 int 这样的固定类型和像 Rational 这样的自定义类型在读写时方式是一样的。

表示有理数的类的代码可能像下面这样：

```
class Rational {
    public:
    Rational(int numerator=0, int denominator=1);
    ...
    private:
    int n, d;
    friend ostream& operator<<(ostream& s, const Rational& );
};
ostream& operator<<(ostream& s, const Rational& r)
{
    s<< r.n << '/' << r.d;
    return s;
}
```

上面的代码涉及 operator<<的一些微妙（但很重要）的用法。例如，上面的 operator<<不是成员函数，而且，传递给 operator<<的不是 Rational 对象，而是定义为 const 的对象的引用。operator>>的声明和实现也类似。

可有些情况下回到那些经过证明而且正确的老路上去还是很有意义的。第一，有些 iostream 的操作实现起来比相应的 C stream 效率要低，所以不同的选择会给程序有可能带来很大的不同。请牢记，这不是对所有的 iostream 而言，只是一些特殊的实现。第二，在标准化的过程中，iostream 库在底层做了很多修改，所以对那些要求最大可移植性的应用程序来说，会发现不同的厂商遵循标准的程度也不同。第三，iostream 库的类有构造函数而<stdio.h>里的函数没有，在某些涉及静态对象初始化顺序的时候，如果可以确认不会带来隐患，用标准 C 库会更简单实用。

iostream 库的类和函数所提供的类型安全和可扩展性的价值远远超过想象，所以不要仅仅因为用惯了<stdio.h>而舍弃它。毕竟，转换到 iostream 后，也不会忘掉<stdio.h>。

尽量用<iostream>而不用<stdio.h>并没有写错，注意是<iostream>而非<iostream.h>。从技术上说，其实没有<iostream.h>这样的东西——标准化委员会在简化非 C 标准头文件时用<iostream>取代了它。如果编译器同时支持 <iostream>和<iostream.h>，那头文件名的使用会很微妙。例如，如果使用了#include <iostream>，得到的是置于命名空间 std 下的 iostream 库的元素；如果使用#include <iostream.h>，得到的是置于全局空间的同样的元素。在全局空间获取元素会导致名字冲突，而设计名字空间的初衷正是用来避免这种名字冲突的发生。还有，<iostream>比<iostream.h>少两个字，这也是很多人用它的原因。

请在使用时别忘记在文件包含之后添加语句：

```
using namespace std;
```

【例 14-1】从键盘输入两个整数，输出这两个数的和。要求使用 C++语言进行编写。
源程序如下：

```
#include <iostream>
#include <stdlib.h>
using namespace std;

int main()
{
```

```
    int n1,n2,sum=0;

    cout<<"从键盘输入两个整数"<<endl;
    cin>>n1;
    cin>>n2;
    sum=n1+n2;
    cout<<n1<<"+"<<n2<<"="<<sum<<endl;

    system("pause");
    return 0;
}
```

程序运行结果如图 14-1 所示。

说明：从程序的运行结果可以看出，cin 和 cout 的使用比 scanf( ) 和 printf( )简单，在 cout 语句最后的 endl 表示换行输出。如果没有语句"using namespace std;"，程序在编译时会出现如下错误提示：

图 14-1   例 14-1 运行结果

```
"error C2065: "cout"：未声明的标识符"
"error C2065: "endl"：未声明的标识符"
"error C2065:  "cin"：未声明的标识符"
```

【例 14-2】使用 C++语言，编程实现 1+2+3+…+100。

分析：使用 C 语言编写程序实现 1+2+3+…+100 是再简单不过的了，本例的主要目的是让读者体会 C 是 C++的子集，C 中的基本程序结构在 C++中同样适用。

源代码如下：

```
#include <iostream>
#include <stdlib.h>
using namespace std;

int main()
{
    int sum=0;

    for(int i=1;i<=100;i++)
        sum+=i;
    cout<<"1+2+3+……+100="<<sum<<endl;

    system("pause");
    return 0;
}
```

运行结果如图 14-2 所示。

```
1+2+3+……+100=5050
请按任意键继续. . . _
```

图 14-2   例 14-2 运行结果

14.3   尽量用 new 和 delete 而不用 malloc( )和 free( )

malloc( )和 free( )会产生问题的原因在于它们太简单：它们不知道构造函数和析构函数。

假设用两种方法给一个包含 10 个 string 对象的数组分配空间，一个用 malloc( )，另一个用 new：

```
string *stringarray1 =
static_cast<string*>(malloc(10 * sizeof(string)));
string *stringarray2 = new  string[10];
```

其结果是：stringarr

ay1 确实指向的是可以容纳 10 个 string 对象的足够空间，但内存里并没有创建这些对象。而且，如果不从这种晦涩的语法怪圈里跳出来，就无法初始化数组里的对象。换句话说，stringarray1

其实一点用也没有。相反，stringarray2 指向的是一个包含 10 个完全构造好的 string 对象的数组，每个对象可以在任何读取 string 的操作里安全使用。

假设想办法对 stringarray1 数组里的对象进行了初始化，那么在后面的程序里一定会这么做：

```
free(stringarray1);
delete [] stringarray2;
```

调用 free( )将会释放 stringarray1 指向的内存，但内存里的 string 对象不会调用析构函数。如果 string 对象像一般情况那样，自己已经分配了内存，那这些内存将会全部丢失。相反，当对 stringarray2 调用 delete 时，数组里的每个对象都会在内存释放前调用析构函数。

既然 new 和 delete 可以有效地与构造函数和析构函数交互，因此选用它们是显然的。

把 new 和 delete 与 malloc( )和 free( )混在一起用也是个坏想法。对一个用 new 获取来的指针调用 free( )，或者对一个用 malloc( )获取来的指针调用 delete，其后果是不可预测的。大家都知道 "不可预测" 的意思：它可能在开发阶段工作良好，在测试阶段工作良好，但可能会最后出问题。

new/delete 和 malloc( )/free( )的不兼容性常常会导致一些严重的复杂性问题。举个例子，<string.h>里通常有个 strdup( )函数，它得到一个 char*字符串然后返回其副本：

```
char * strdup(const char *ps);          // 返回 ps 所指的副本
```

在有些地方，C 和 C++用的是同一个 strdup 版本，所以函数内部是用 malloc( )分配内存。一些不知情的 C++程序员会在调用 strdup 后忽视了必须对 strdup 返回的指针进行 free( )操作。为了防止这一情况，有些地方会专门为 C++重写 strdup，并在函数内部调用 new，这就要求其调用者记得最后用 delete。可以想象，这会导致多么严重的移植性问题，因为代码中 strdup 以不同的形式在不同的地方出现。

C++程序员和 C 程序员一样对代码重用十分感兴趣。大家都知道，有大量基于 malloc( )和 free( )写成的代码构成的 C 库都非常值得重用。在利用这些库时，最好是不用负责去 free( )掉由库自己 malloc( )的内存，并且/或者，不用去 malloc( )库自己会 free( )掉的内存，这样就太好了。其实，在 C++程序里使用 malloc( )和 free( )没有错，只要保证用 malloc( )得到的指针用 free，或者用 new 得到的指针最后用 delete 来操作就可以了。千万不能把 new 和 free( )或 malloc( )和 delete 混起来用，那只会自找麻烦。

既然 malloc( )和 free( )对构造函数和析构函数一无所知，把 malloc( )/free( )和 new/delete 混起来用难以控制，那么，最好一心一意地使用 new 和 delete 吧。

14.4 尽量使用 C++风格的注释

旧的 C 风格的注释语法（/*…*/）在 C++里还可以用，C++风格的行尾注释语法（//…）也有其过人之处。例如下面这种情形：

```
if(a>b) {
    //int temp=a;    //swap a and b
    //a=b;
    //b=temp;
}
```

假设出于某种原因要注释掉这个代码块。从软件工程的角度看，写这段代码的程序员也做得很好，他最初的代码里也写了一个注释，以解释代码在做什么。用 C++形式的句法来注释掉这个程序块时，嵌在里面的最初的注释不受影响，但如果选择 C 风格的注释就会发生严重的错误：

```
if(a>b) {
```

```
    /*int temp=a;  /*swap a and b*/
    a=b;
    b=temp;
    */
}
```

请注意嵌在代码块里的注释是怎么无意间使本来想注释掉整个代码块的注释提前结束的。

C 风格的注释当然还有它存在的价值。例如，它们在 C 和 C++编译器都要处理的头文件中是无法替代的。尽管如此，只要有可能，尽量用 C++风格的注释。

值得指出的是，有些老的专门为 C 写的预处理程序不知道处理 C++风格的注释，所以像下面这种情形时，事情就不会像预想的那样：

```
#define light_speedp 3e8    //m/sec (in a vacuum)
```

对于不熟悉 C++的预处理程序来说，行尾的注释竟然成为了宏的一部分。当然，无论如何也不会用预处理来定义常量的。

14.5　本章常见错误及解决方法

（1）没有在 C++源代码处包含 C++的头文件。

```
#include <iostream>
using namespace std;
```

（2）在 C++每条语句后面漏掉分号（;）。同 C 语言一样，C++每条语句同样以分号（;）结束。

（3）输入/输出语句的错误使用。使用 cout 时，后面紧跟<<；而使用 cin 时，后面紧跟>>。

14.6　本 章 小 结

本章主要 C++语言与 C 语言的关联，若要实现从 C 到 C++的转变，需要重点掌握以下注意事项：

（1）尽量用 const 和 inline 而不用#define。

（2）尽量用<iostream>而不用<stdio.h>。

（3）尽量用 new 和 delete 而不用 malloc 和 free。

（4）尽量使用 C++风格的注释。

习　　题

程序设计题

1. 从键盘输入两个整数，输出较大的整数。使用 C++语言编写。

2. 从键盘输入正方形的边长，输出正方体的面积。分别用 C 语言和 C++语言编写。

3. 水仙花数是指一个三位数，它的每个位上的数字的 3 次幂之和等于它本身（例如：$1^3 + 5^3 + 3^3 = 153$，153 是水仙花数）。使用 C++语言编写程序，输出所有的水仙花数。

4. 10 名学生计算机基础的成绩分别为：78,58,69,87,96,74,81,60,28,46。使用 C++编程输出这 10 名同学的及格人数和及格率。

附录 A C 语言的关键字

asm	auto	break	case	cdecl
char	const	continue	default	do
double	else	enum	extern	far
float	for	goto	huge	if
interrupt	int	long	near	pascal
register	return	short	signed	sizeof
static	struct	switch	typedef	union
unsigned	void	volatile	while	

附录 **B** C 语言运算符的优先级 与结合性

优先级	运算符	含 义	运算类型	结合方向
1	() [ ] -> .	圆括号、函数参数表 数组元素下标 指向结构体成员 引用结构体成员		自左向右
2	! ~ ++、 -- - * & (类型标识符) sizeof	逻辑非 按位取反 增 1、减 1 求负 间接寻址运算符 取地址运算符 强制类型转换运算符 计算字节数运算符	单目运算	自右向左
3	*、 / 、%	乘、除、整数求余	双目算术运算	自左向右
4	+、 -	加、减	双目算术运算	自左向右
5	<<、 >>	左移、右移	位运算	自左向右
6	<、 <= >、 >=	小于、小于等于 大于、大于等于	关系运算	自左向右
7	= =、 !=	等于、不等于	关系运算	自左向右
8	&	按位与	位运算	自左向右
9	^	按位异或	位运算	自左向右
10	|	按位或	位运算	自左向右
11	&&	逻辑与	逻辑运算	自左向右
12	||	逻辑或	逻辑运算	自左向右
13	?:	条件运算符	三目运算	自右向左
14	= +=、 -=、 *=、 /= %=、 &=、 ^= |=、 <<=、 >>=	赋值运算符 复合的赋值运算符	双目运算	自右向左
15	,	逗号运算符	顺序求值运算	自左向右

附录 C 常用字符与ASCII码对照表

十进制 ASCII 码	字　符	十进制 ASCII 码	字　符	十进制 ASCII 码	字　符
0	NUL	26	SUB（ˆZ）	52	4
1	SOH（ˆA）	27	ESC	53	5
2	STX（ˆB）	28	FS	54	6
3	SX（ˆC）	29	GS	55	7
4	EOT（ˆD）	30	RS	56	8
5	EDQ（ˆE）	31	US	57	9
6	ACK（ˆF）	32	space(空格)	58	:
7	BEL（bell）	33	!	59	;
8	BS（ˆH）	34	”	60	<
9	HT（ˆI）	35	#	61	=
10	LF（ˆJ）	36	$	62	>
11	VT（ˆK）	37	%	63	?
12	FF（ˆL）	38	&	64	@
13	CR（ˆM）	39	,	65	A
14	SO（ˆN）	40	(	66	B
15	SI（ˆO）	41	)	67	C
16	DLE（ˆP）	42	*	68	D
17	DC1（ˆQ）	43	+	69	E
18	DC2（ˆR）	44	,	70	F
19	DC3（ˆS）	45	−	71	G
20	DC4（ˆT）	46	.	72	H
21	NAK（ˆU）	47	/	73	I
22	SYN（ˆV）	48	0	74	J
23	ETB（ˆW）	49	1	75	K
24	CAN（ˆX）	50	2	76	L
25	EM（ˆY）	51	3	77	M

十进制 ASCII 码	字 符	十进制 ASCII 码	字 符	十进制 ASCII 码	字 符
78	N	95	–	112	p
79	O	96	、	113	q
80	P	97	a	114	r
81	Q	98	b	115	s
82	R	99	c	116	t
83	S	100	d	117	u
84	T	101	e	118	v
85	U	102	f	119	w
86	V	103	g	120	x
87	W	104	h	121	y
88	X	105	i	122	z
89	Y	106	j	123	{
90	Z	107	k	124		
91	[	108	l	125	}
92	\	109	m	126	~
93	]	110	n	127	del
94	^	111	o		

附录 Ⓓ 常用 ANSI C 标准库函数

不同的 C 编译系统所提供的标准库函数的数目和函数名及函数功能并不完全相同,限于篇幅,本附录只列出 ANSI C 标准提供的一些常用库函数。

读者在编程时若用到其他库函数,请查阅系统的库函数手册。

1. 数学函数

使用数学函数时,应该在该源文件中包含文件"math.h"。

函 数 名	函数和形参类型	功 能	返 回 值	说 明
acos	double acos(x) double x;	计算 $\cos^{-1}(x)$ 的值	计算结果	x 应在 -1 ~ 1 的范围内
asin	double asin(x) double x;	计算 $\sin^{-1}(x)$ 的值	计算结果	x 应在 -1 ~ 1 的范围内
atan	double atan(x) double x;	计算 $\tan^{-1}(x)$ 的值	计算结果	
atan2	double atan2(x,y) double x,y;	计算 $\tan^{-1}(x/y)$ 的值	计算结果	
cos	double cos(x) double x;	计算 $\cos(x)$ 的值	计算结果	x 的单位为弧度
cosh	double cosh(x) double x;	计算 x 的双曲线余弦 $\cosh(x)$ 的值	计算结果	
exp	double exp(x) double x;	求 e^x 的值	计算结果	
fabs	double fabs(x) double x;	求 x 的绝对值	计算结果	
floor	double floor(x) double x;	求出不大于 x 的最大整数	该整数的双精度实数	
fmod	double fmod(x,y) double x,y;	求整除 x/y 的余数	返回余数的双精度	
frexp	double frexp(val,eptr) double val; int * eptr;	把双精度数数 val 分解为数字部分(尾数) x 和以及为底数的指数 n,即 $val=x*2^n$, n 存放在 eptr 指向的变量中	返回数字部分,$0.5 \leqslant x < 1$	

函 数 名	函数和形参类型	功　能	返 回 值	说　明
log	double log(x) double x;	求 $\log_e x$,即 lnx	计算结果	x>0
log10	double log10(x) double x;	求 $\log_{10} x$	计算结果	x>0
modf	double modf(val,iptr) double val; double*iptr;	把双精度数 val 分解为整数部分和小数部分，把整数部分存到 iptr 指向的单元	val 的小数部分	
sin	double sin(x) double x;	计算 sin x 的值	计算结果	x 的单位为弧度
sinh	double sinh(x) double x;	计算 x 的双曲线正弦函数 sinh(x)的值	计算结果	
sqrt	double sqrt (x) double x;	计算 $\sqrt{x}$ 的值	计算结果	x≥0
tanh	double tanh (x) double x;	计算 x 的双曲线正切函数 tanh(x)的值	计算结果	

2．字符处理函数

ANSI C 标准要求在使用字符处理函数时，应包含头文件“ctpe.h”。

函数名	函数和形参类型	功　能	返 回 值
isalnum	int isalnum(ich) int ch;	检查 ch 是否为字母（alpha）或数字（numeric）	是字母或数字，返回 1；否则返回 0
isalpha	int isalpha(ch) int ch;	检查 ch 是否为字母	是，返回 1；不是返回 0
iscntrl	int iscntrl(ch) int ch;	检查 ch 是否为控制字符(ASCII 码在 0 ~ 0x1F 之间）	是，返回 1；不是返回 0
isdigit	int isdigit(ch) int ch;	检查 ch 是否为数字（0 ~ 9）	是，返回 1；不是返回 0
isgraph	int isgraph(ch) int ch	检查 ch 是否为可打印字符（ASCII 码在 33~126 之间，不包括空格）	是，返回 1；不是返回 0
islower	int islower(ch) int ch;	检查 ch 是否为小写字母（a~z）	是，返回 1；不是返回 0
isprint	int isprint(ch) int ch;	检查 ch 是否为可打印字符（ASCII 码在 32~126 之间，不包括空格）	是，返回 1；不是返回 0
ispunct	int ispunct(ch) int ch;	检查 ch 是否为标点字符（不包括空格），即除字母、数字和空格以外的所有可以打印的字符	是，返回 1；不是返回 0
isspace	int isspace (ch) int ch;	检查 ch 是否为空格、跳格符（制表符）或换行符	是，返回 1；不是返回 0
isupper	int isupper(ch) int ch;	检查 ch 是否为大写字母（A~Z）	是，返回 1；不是返回 0

函数名	函数和形参类型	功　　能	返　回　值
isxdigit	int isxdigit(ch) int ch;	检查 ch 是否为一个十六进制数字字符（即 0~9，或 A~F，或 a~f）	是，返回 1；不是返回 0
tolower	int tolower(ch) int ch;	将 ch 字符转换为小写字母	返回 ch 所代表的字符的小写字母
toupper	int toupper(ch) int ch;	将 ch 字符转换为大写字母	返回与 ch 相应的大写字母

3. 字符串处理函数

ANSIC 标准要求在使用字符串处理函数时，应包含头文件 "string.h"。

函　数　名	函数和形参类型	功　　能	返　回　值
memcmp	int memcmp(buf1,buf2,count) const void *buf1,*buf2; unsigned int count;	比较 buf1 和 buf2 指向的数组的前 count 个字符	buf1<buf2，返回负数； buf1=buf2，返回 0； buf1>buf2，返回正数
memcpy	void *memcpy(to,from,count) void *to; const void *from; unsigned int count;	从 from 指向的数组向 to 指向的数组复制 count 个字符，如果两数组重叠，不定义该数组的行为	返回指向 to 的指针
memmove	void *memmove(to,from,count) void *to; const void *from; unsigned int count;	从 from 指向的数组向 to 指向的数组复制 count 个字符，如果两数组重叠，则复制仍进行，但把内容放入 to 后修改 from	返回指向 to 的指针
memset	void *memset(buf,ch,count) void *buf; int ch; unsigned int count;	把 ch 的低字节复制到 buf 指向的数组的前 count 个字节处，常用于把某个内存区域初始化为已知值	返回 but 指针
strcat	char *strcat(str1,str2) char *str1; const char *str2;	把字符串 str2 连接到 str1 后面，在新形成的 str1 串后面添加一个'0'，原 str1 后面的'0'被覆盖。因无边界检查，调用时应保证 str1 的空间足够大，能存放 str1 和 str2 两个串的内容	返回 str1 指针
strcmp	int strcmp(str1,str2) const char *str1,*str2;	按字典顺序比较 str1 和 str2	str1<str2，返回负数； str1=str2，返回 0；str1>str2，返回正数
strcpy	char *strcpy(str1,str2) char *str1; const char *str2;	把 str2 指向的字符串复制 str1 中去，str2 必须是终止符为'0'的字符串指针	返回 str1 指针
strlen	unsigned int strlen(str) const char *str;	统计字符串 str 中字符的个数（不包括终止符'0'）	返回字符个数
strncat	char *srncat(str1,str2,count) char *str1; const char *str2; unsigned int count;	把字符串 str2 中不多于 count 个字符连接 str1 后面，并以'0'终止该串，原 str1 后面的'0'被 str2 的第一个字符覆盖	返回 str1 指针

函 数 名	函数和形参类型	功　能	返 回 值
strncmp	int strcnmp(str1,str2,count) constchar*str1,*str2; unsigned int count;	把字典顺序比较两个字符串 str1 和字符串 str2 的不多于 count 个字符	str1<str2，返回负数； str1=str2，返回 0；str1>str2，返回正数
strncpy	char *stmcpy(str1,str2,count) char*tr1; const char*str2; unsigned int count;	把 str2 指向的字符串中的 count 个字符复制到 str1 中去，str2 必须是终止符为'0'的字符串的指针，如果 str2 指向的字符串少于 count 个字符，则将'0'加到 str1 的尾部，直到满足 count 个字符串 为止，如果 str2 指向的字符串长度大于 count 个字符，则结果串 str1 不用'0'结尾	返回 str1 指针
strstr	char*strstr (str1,str2) char*str1,*str2;	找出 str2 字符串在 str1 字符串中第一次出现的位置（不包括 str2 的串结束符）	返回该位置的指针，若找不到则返回指针

4．缓冲文件系统的输入/输出函数

使用以下缓冲文件系统的输入/输出函数时，应该在源文件中包含头文件 "stdio.h"。

函数名	函数和形参类型	功　能	返 回 值
clearerr	void clearerr(fp) FILE *fp;	清除文件指针错误指示器	无
fclose	int fclose(fp) FILE *fp;	关闭 fp 所指的文件，释放文件缓冲区	成功返回 0，否则返回非 0
feof	int feof(fp) FILE *fp;	检查文件是否结束	遇文件结束符返回非零值，否则返回 0
ferror	int ferror(fp) FILE *fp;	检查 fp 指向的文件中的错误	无错时，返回 0，有错时返回非零值
fflush	int fflush(fp) FILE *fp;	如果 fp 所指向的文件是"写打开"的，则将输出缓冲区中的内容物理地写入文件；若文件是"读打开"的，则清除输入缓冲区中的内容。在这两种情况下，文件维持打开不变	成功，返回 0；出现些错误时，返回 EOF
fgetc	int fgetc(fp) FILE *fp;	从 fp 所指定的文件中取得下一个字符	返回所得的字符，若读入出错，返回 EOF
fgets	char *fgets(buf,n,fp) char *buf; int n; FILE *fp;	从 fp 指向的文件读取一个长度为（n–1）的字符串，存入起始地址为 buf 的空间	返回地址 buf，若遇文件结束或出错，返回 NULL
fopen	FILE *fopen(filename,mode) const char *filename,*mode;	以 mode 指定方式打开名为 filename 的文件	成功，返回一个文件指针，失败则返回 NULL 指针，错误代码在 errno 中
fprintf	int fprintf(fp,format,args,…) FILE *fp; const char *format;	把 args 的值以 format 指定的格式输出到 fp 所指定的文件中	实际输出的字符数

函数名	函数和形参类型	功　　能	返　回　值
fputc	int fputc(ch,fp) char ch; FILE *fp	将字符 ch 输出到 fp 指向的文件中	成功，则返回该字符，否则返回 EOF
fputs	int fputs(str,fp) const char *str; FILE *fp;	将 str 指向的字符串输出到 fp 所指定的文件	返回 0，若出错返回非 0
fread	int fread(pt,,size,n,fp) char *pt; unsigned int size,n; FILE *fp;	从 fp 所指定的文件中读取长度为 size 的 n 个数据项，存到 pt 所指向的内存区	返回所读的数据项个数，若遇文件结束或出错，返回 0
fscanf	int fscanf(fp,format,args,…) FILE *fp; char format;	从 fp 指定的文件中按 format 给定的格式将输入数据送到 args 所指向的内存单元（args 是指针）	已输入的数据个数
fseek	int fseek(fp,offset,base) FILE *fp; long int offset; Int base;	将 fp 所指向的文件的位置指针移到以 base 所指出的位置为基准、以 offset 为位移量的位置	返回当前位置；否则，返回 −1
ftell	long ftell(fp); FILE *fp;	返回 fp 所指向的文件中的读写位置	返回 fp 所指向的文件中的读写位置
fwrite	unsigned int fwrite(prt,size,n,fp) const char *ptr ; unsigned int size,n; FILE *fp;	把 ptr 所指向的 n*size 个字节输出到 fp 所指向的文件中	写到 fp 文件中的数据项的个数
getc	int getc(fp) FILE *fp;	从 fp 所指向的文件中读入一个字符	返回所读的字符；若文件结束或出错，返回 EOF
getchar	int getchar( )	从标准输入设备读取并返回下一个字符	返回所读字符；若文件结束或出错，返回−1
gets	char *gets(str) char *str;	从标准输入设备读入字符串，放到 str 指向的字符数组中，一直读到接收新行符或 EOF 时为止，新行符不作为读入串的内容，变成'\0' 后作为该字符串的结束	成功，返回 str 指针；否则返回 NULL 指针
perror	void perror(str) const char *str;	向标准错误输出字符串 str，并随后附上冒号以及全局变量 errno 代表的错误消息的文字说明	无
printf	int printf(format,args,……) const char *format;	将输出表列 args 的值输出到标准输出设备	输出字符的个数；若出错，返回负数
putc	int putc(ch ,fp) int ch; FILE *fp;	把一个字符 ch 输出到 fp 所指的文件中	输出的字符 ch；若出错，返回 EOF

续表

函数名	函数和形参类型	功　能	返　回　值
putchar	int putchar(ch) char ch	把字符 ch 输出到标准输出设备	输出的字符，若出错，返回 EOF
puts	int puts(str) const char *str;	把 str 指向的字符串输出到标准输出设备，将'\0'转换为回车换行符	返回换行符，若失败，返回 EOF
rename	int rename(oldname,newname) const char *oldname,*newname;	把 oldname 所指的文件名改为由 newname 所指的文件名	成功返回 0，出错返回 1
rewind	void rewind(fp) FILE *fp;	将 fp 指示的文件中的位置指针置于文件开头位置，并清除文件结束标志	无
scanf	int scanf(format,args,...) const char *format	从标准输入设备按 format 指向的字符串规定的格式，输入数据给 args 所指向的单元	读入并赋给 args 的数据个数，遇文件结束返回 EOF，出错返回 0

5．动态内存分配函数

ANSI C 标准建议在"stdlib.h"头文件中包含有关动态内存分配函数的信息，也有编译系统用"malloc.h"来包含。

函　数　名	函数和形参类型	功　能	返　回　值
calloc	void (或 char)*calloc(n,size) Unsigned n; unsign size	分配 n 个数据项的内存连续空间，每项大小为 size 字节	分配内存单元的起始地址，如果不成功，返回 0
free	void free(p) void (或 char)*p	释放 p 所指的内存区	无
malloc	void (或 char)*malloc(size) unsigned size	分配 size 字节的存储区	所分配的内存的起始地址；如果内存不够，返回 0
realloc	void (或 char)*realloc（p, size） void （或 char）*p; Unsigned size;	将 f 所指出的已分配内存区的大小改为 size，size 可比原来分配的空间大或小	返回指向该内存区的指针

6．其他常用函数

函　数　名	函数和形参类型	功　能	返　回　值
atof	#include<stdlib.h> fouble atof(str) const char *str	把 str 指向的字符串转换成双精度浮点值，串中必须包含合法的浮点数，否则返回值无定义	返回转换后的双精度浮点值
atoi	#include<stdlib.h> int atoi(str) const char *str	把 str 指向的字符串转换成整型值，串中必须包含合法的整型数，否则返回值无定义	返回转换后的整型值
atol	#include<stdlib.h> long int atoll(str) const char *str;	把 str 指向的字符串转换成长整型值，串中必须包含合法的整型数，否则返回值无定义	返回转换后的长整型值

续表

函 数 名	函数和形参类型	功 能	返 回 值
exit	#include<stdlib.h> void exit(code) int code;	该函数时程序立即正常终止，清空和关闭任何打开的文件。程序正常退出状态由 code 等于 0 或 EXIT_SUCCESS 表示，非 0 值或 EXIT_FALURE 表明定义实现出错	无
rand	#include<stdlib.h> int rand(void)	产生伪随机数序列	返回 0~RAND_MAX 之间的随机整数，RAND_MAX 至少是 32767
srand	#include<stdlib.h> void srand(seed) unsigned int seed;	为 rand 函数生成的伪随机数序列设置起点种子值	无
time	#include<time.h> time_t time(time_t *time)	调用时可使用空指针，也可使用指向 time_t 类型变量的指针，若使用后者，则该变量可被赋予日历时间	返回系统的当前日历时间；如果系统丢失时间设置，函数返回−1

7. 非缓冲文件系统的输入/输出函数

使用以下非缓冲文件系统的输入/输出函数时，应该在源文件中包含头文件 "io.h" 和 "fcntl.h"，这些函数是 UNIX 系统的一员，不是 ANSI C 标准定义的，但由于这些函数比较重要，而且书本中部分程序使用了这些函数，所以这里仍将这些函数列在下面，以便读者查阅。

函数名	函数和形参类型	功 能	返 回 值
close	int close(handle) int handle;	关闭 handle 说明的文件	关闭失败，返回−1，errno 说明错误类型，否则返回 0
creat	int creat(pathname,mode) const char *pathname; unsigned int mode;	专门用来建立并打开新文件，相当于 access 为 O_CREAT|O_WRONLY|O_TRUNC 的 open( ) 函数	成功，返回一个文件句柄，否则，返回−1，外部变量 errno 说明错误类型
open	int open(pathname,access,mode) const char *pathname; int access; unsigned int mode;	以 access 指定的方式打开名为 pathname 的文件，mode 为文件类型及权限标志，仅在 access 包含 O_CREAT 时有效，一般用常数 0666	成功，返回一个文件句柄；否则，返回−1，外部变量 errno 说明错误类型
read	int read (handle,buf,len) int handle; void *buf; unsigned int len;	从 handle 说明的文件中读取 len 字节的数据存放到 buffer 指针指向的内存	实际读入的字节数，0 表示读到文件末尾，−1 表示出错，errno 说明错误类型
rand	#include <stdlib.h> int rand(void)	产生伪随机数序列	返回 0~RAND_MAX 之间的随机整数，RAND_MAX 至少是 32 767
lseek	long lseek(handle,offset,fromwhere) int handle; long offset int fromwhere	从 handle 说明的文件中的 fromwhere,开始，移动位置指针 offset 个字节。offset 为正，表示向文件末尾移动；为负，表示向文件头部移动。移动的字节数是 offset 的绝对值	移动后的指针位置。−1L 表示出错，errno 说明错误类型
write	int write(handle,buf,len) int handle; void *buf unsigned int len	把从 buf 开始的 len 个字节写入 handle 说明的文件	实际写入的字节数，−1 表示出错，errno 说明错误类型

参 考 文 献

[1] 教育部高等学校大学计算机课程教学指导委员会. 高等学校计算机基础核心课程教学实施方案[M]. 北京：高等教育出版社，2011.

[2] 中国工程教育专业认证协会秘书处. 工程教育认证工作指南[Z]. 中国工程教育专业认证协会秘书处，2015.

[3] 教育部高等学校大学计算机课程教学指导委员会. 大学计算机基础课程教学基本要求[M]. 北京：高等教育出版社，2016.

[4] 大学计算机基础教育改革理论研究与课程方案项目课题组. 大学计算机基础教育改革理论研究与课程方案[M]. 北京：中国铁道出版社，2014.

[5] 甘勇，尚展垒. C语言程序设计[M]. 北京：水利水电出版社，2011.

[6] 包空军. 大学计算机[M]. 北京：电子工业出版社，2017.

[7] 尚展垒，王鹏远. C语言程序设计[M]. 北京：电子工业出版社，2017.

[8] 王鹏远，尚展垒. C语言程序设计实践教程[M]. 北京：电子工业出版社，2017.

[9] LINDEN P V D. C专家编程[M]. 徐波，译. 北京：人民邮电出版社，2008.

[10] KELLEY A, POHL L. C语言教程[M]. 徐波，译. 北京：机械工业出版社，2008.

[11] SUMMINT S. 你必须知道的495个C语言问题[M]. 孙云，朱群英，译. 北京：人民邮电出版社，2009.

[12] 苏小红，王宇颖，孙志岗，等. C语言程序设计[M]. 3版. 北京：高等教育出版社，2015.

[13] 苏小红，王甜甜，车万翔，等. C语言程序设计学习指导[M]. 3版. 北京：高等教育出版社，2015.

[14] 许家珩，白忠建，吴磊. 软件工程：理论与实践[M]. 3版. 北京：高等教育出版社，2017.

[15] 王鹏远. 大学计算机实践教程[M]. 北京：电子工业出版社，2017.

[16] 王鹏远，程静，陈嫄玲，等. 大学计算机学习与实践指导[M]. 北京：电子工业出版社，2017.